信息技术

李建新　毛爱茹　白　洁　主编

徐新宁　主审

U0161565

 化学工业出版社

·北京·

内容简介

本书针对中等职业院校信息技术课程需求编写。全书从信息技术基础知识+拓展提升模块入手组织内容，主要包括计算机基础知识、Windows 10操作系统的使用、计算机网络基础、办公软件、多媒体技术基础知识、信息安全、新一代信息技术等。本书操作步骤简单、详细，适合中职学生学习使用。

图书在版编目（CIP）数据

信息技术/李建新，毛爱茹，白洁主编．—北京：化学工业出版社，2023.11

ISBN 978-7-122-44614-5

Ⅰ.①信…　Ⅱ.①李…②毛…③白…　Ⅲ.①电子计算机-中等专业学校-教材　Ⅳ.①TP3

中国国家版本馆CIP数据核字（2023）第228265号

责任编辑：郝英华　　　　　　　加工编辑：吴开亮
责任校对：宋　夏　　　　　　　装帧设计：张　辉

出版发行：化学工业出版社
　　　　　（北京市东城区青年湖南街13号　邮政编码100011）
印　　装：北京科印技术咨询服务有限公司数码印刷分部
787mm×1092mm　1/16　印张20$\frac{1}{2}$　字数449千字
2023年12月北京第1版第1次印刷

购书咨询：010-64518888　　　　售后服务：010-64518899
网　　址：http://www.cip.com.cn
凡购买本书，如有缺损质量问题，本社销售中心负责调换。

定　　价：58.00元　　　　　　　　　　版权所有　违者必究

信 息 技 术

编写人员名单

主　编　李建新　毛爱茹　白　洁

副主编　黄　芸　蔚承刚　郭金鑫

参　编　蔡　强　张国正　毛爱英　毛庆航

信息技术

前言

　　本教材依据中等职业学校信息技术课程最新标准和专升本计算机考试大纲要求编写而成。全书以科技创新为引领，以培养技能型、应用型、创新型人才为目标，以就业为导向，融入思政、中国传统文化、中国科学技术发展等元素，强调计算机知识的掌握与技能的实践应用，加强教材和学生之间的深层次互动。

　　本教材对教学内容进行了全面升级，以Windows 10操作系统为平台，实施模块教学，包括计算机基础知识、Windows 10操作系统的使用、计算机网络基础、字处理软件、电子表格系统、演示文稿软件、多媒体技术基础知识、信息安全和新一代信息技术共九个模块。

　　在本教材的编写过程中，得到了许多同事的大力支持与指导，在此表示衷心的感谢！计算机技术的发展日新月异，鉴于编者水平有限，书中难免有疏漏之处，恳请广大师生给予批评指正。

编　者

2023 年 10 月

信息技术

目录

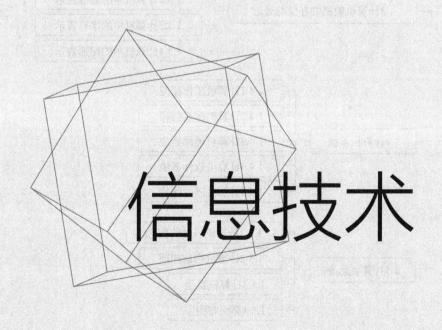

①

模块 1　计算机基础知识

信息技术

思维导图

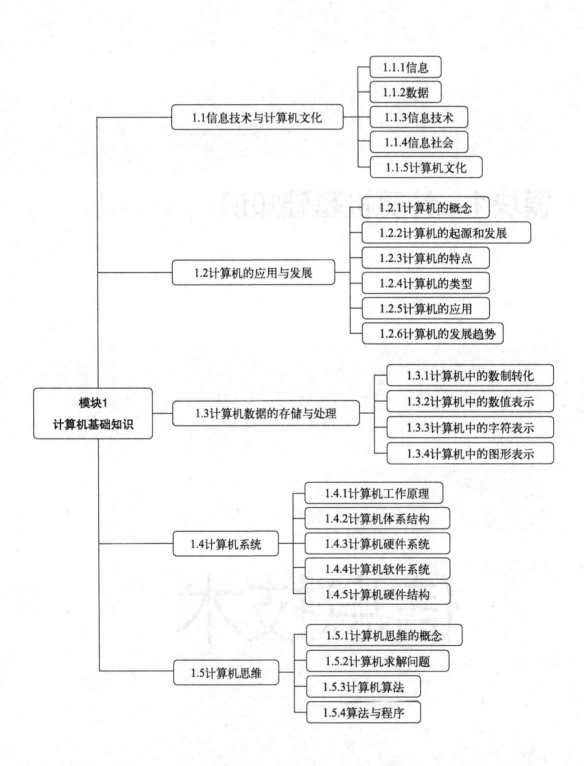

1.1　信息技术与计算机文化

 课时目标

知识目标	1. 掌握信息和数据的概念和特征。 2. 掌握信息技术的概念。 3. 了解信息技术和计算机文化。
能力目标	提高学生自主学习的能力和查阅信息的能力。
素质目标	1. 培养学生对信息课程的学习兴趣。 2. 增强学生的爱国主义情感，培养学生的信息素养。

1.1.1　信息

信息，是指音讯、消息、通信系统传输和处理的对象，泛指人类社会传播的一切内容。信息是对客观世界中各种事物的运动状态和变化的反映，是客观事物之间相互联系和相互作用的表征，表现的是客观事物运动状态和变化的实质内容。

信息特征即信息的属性和功能，具体如下。

（1）普遍性与客观性

在自然界和人类社会中，事物都是在不断发展和变化的。事物所表达出来的信息也是无所不在的。因此，信息是普遍存在的。由于事物的发展和变化是不以人的主观意识为转移的，所以信息也是客观的。

（2）依附性

信息不是具体的事物，也不是某种物质，而是客观事物的一种属性。信息必须依附于某个客观事物（媒体）而存在。同一个信息可以借助不同的媒体表现出来，如文字、图像、声音、视频和动画等。

信息不能脱离物质和能量而独立存在。

① 在远古时期，以口耳相传或借助器物来传播信息，但是这种信息传递速度慢、不精确。

② 在古代依靠驿差长途跋涉传递信息，信息传递速度不仅慢，而且信息形式也单一。

③ 在近代依靠邮政系统，信息传递速度相对快一些，但如果距离远，则相对慢且费用高。

④ 在现代利用电报、电话等新型通信设备传递信息，虽然速度快，但是信息单一。

⑤ 在当代利用计算机、手机等设备通过网络传递信息，传递的信息量大、多样化，传递速度极快，不再受地域阻碍。

（3）共享性

非实物的信息不同于物质和能量，物质和能量在使用之后，会被消耗、被转化。信息也是一种资源，具有使用价值。信息传播的范围越广，使用信息的人越多，信息的价值和作用会越大。信息在复制、传递、共享的过程中，可以不断地产生副本，所以，信息本身并不会减少，也不会被消耗掉。

（4）时效性

随着事物的发展与变化，信息的可利用价值也会相应地发生变化。随着时间的推移，信息可能会失去使用价值，变为无效的信息。这就要求人们必须及时获取信息，利用信息，这样才能体现信息的价值。

（5）传递性

① 信息通过传输媒体的传播，可以实现在空间中的传递。例如，我国载人航天飞船"神舟十二号"与"天和核心舱"自主快速交会对接的现场直播，实现了信息在空间中的传递，向全国及世界各地的人们展示了我国航天事业的发展成就。

② 信息通过存储媒体的保存，可以实现在时间上的传递。例如，没能看到"神舟十二号"与"天和核心舱"对接的现场直播的人，可以采用回放或重播的方式来收看，这就是利用了信息存储媒体的牢固性，实现了信息在时间上的传递。

1.1.2　数据

数据（data）是事实或观察的结果，是对客观事物的逻辑归纳，是用于表示客观事物的未经加工的原始素材。数据可以是连续的，比如语音、图像，称为模拟数据；也可以是离散的，比如符号、文字，称为数字数据。在计算机系统中，数据以二进制信息单元0、1的形式表示。

信息与数据既有联系，又有区别。数据是信息的表现形式和载体，可以是符号、文字、数字、语音、图像、视频等。而信息是数据的内涵，信息是加载于数据之上的，对数据作具有含义的解释。数据和信息是不可分离的，信息依赖数据来表达，数据则生动具体表达出信息。数据是符号，是物理性的，信息是对数据进行加工处理之后所得到的并对决策产生影响的数据，是逻辑性和观念性的。数据是信息的表现形式，信息是数据有意义的表示。数据是信息的表达、载体，信息是数据的内涵，两者是形与质的关系。数据本身没有意义，数据只有对实体行为产生影响时才成为信息。

1.1.3　信息技术

广义而言，信息技术是指能充分利用与扩展人类信息器官功能的各种方法、工具与技能的总和。

中义而言，信息技术是指对信息进行采集、传输、存储、加工、表达的各种资源之和。

狭义而言，信息技术（information technology，IT）是用于管理和处理信息所采用的各种技术的总称，是利用计算机、网络、广播电视等各种硬件设备及软件工具与科学方法，对文、图、声、像等各种信息进行获取、加工、存储、传输与使用的技术。

信息技术的特点有以下几个。

（1）高速化

信息技术发展的趋势是高速度、大容量。

（2）网络化

信息网络分为电信网、广电网和计算机网，三网有各自的形成过程，其服务对象、发展模式和功能有所交叉，又互为补充。信息网络的发展异常迅猛，从局域网到广域网再到国际互联网，计算机网络在现代信息社会中扮演了重要的角色。

（3）数字化

数字化就是将信息按二进制编码的方法加以处理和传输。在信息处理和传输领域，广泛采用的是"0"和"1"组成的二进制编码。二进制数值信号是现实世界中最容易被表达、物理状态最稳定的信号。

（4）个人化

信息技术将实现以个人为目标的通信方式，充分体现可移动性和全球性。实现个人通信需要全球性的、大规模的网络容量和智能化的网络功能。

（5）智能化

在面向21世纪的技术变革中，信息技术的发展方向之一是智能化。智能化的应用体现在利用计算机模拟人的智能，例如机器人、医疗诊断专家系统及推理证明等方面。

1.1.4　信息社会

信息社会也称信息化社会，是脱离工业社会以后，信息将起主要作用的社会。所谓信息社会，是以电子信息技术为基础，以信息资源为基本发展资源，以信息服务产业为基本社会产业，以数字化和网络化为基本社会交往方式的新型社会。信息社会具有以下特点。

① 在信息社会中，信息、知识成为重要的生产力要素，和物质、能量一起构成社会赖以生存的三大资源。

② 信息社会的经济是以信息经济、知识经济为主导的经济，它有别于农业社会（以农业经济为主导）与工业社会（以工业经济为主导）。

③ 在信息社会，劳动者的知识成为基本要素。

④ 科技与人文在信息、知识的作用下更加紧密地结合起来。

⑤ 人类生活不断趋向和谐，社会可持续发展。

1.1.5　计算机文化

所谓计算机文化，就是人类社会的生存方式因使用计算机而发生根本性变化而产生的一种崭新文化形态。计算机文化是以计算机为中心，汇集了网络文化、信息文化、多媒体文化，对社会活动和人类行为产生深远影响的文化。计算机文化是人类文化发展的里程碑之一，它将一个人经过文化教育后所具有的能力由传统的读、写、算上升到了一个新高度——具有计算机信息处理的能力。

 巩固练习

一、选择题

1.下面关于信息技术的叙述正确的是（   ）。

    A.信息技术就是计算机技术

    B.信息技术就是通信技术

    C.信息技术就是传感技术

    D.信息技术是可以扩展人类信息功能的技术

2.简单地讲，信息技术是指人们获取、存储、传递、处理、开发和利用（   ）的相关技术。

    A.多媒体数据   B.信息资源

    C.网络资源   D.科学知识

3.关于数据的描述中，下列错误的是（   ）。

    A.数据可以是数字、文字、声音、图像

    B.数据可以是数值型数据和非数值型数据

    C.数据是数值、概念或指令的一种表达形式

    D.数据就是指数值的大小

二、多项选择题

1.以下属于信息属性的是（   ）。

    A.普遍性与客观性   B.依附性

    C.共享性   D.时效性

2.以下属于信息技术特点的是（   ）。

    A.高速化   B.网络化

    C.共享性数字化   D.智能化

三、简答题

1.举例说明信息的特征。

2.信息社会的特点有哪些？

知识巩固与归纳表

激励式教学评价表

1.本任务学习之后，请扫描二维码下载知识巩固与归纳表，填写本任务的记忆点，并归纳总结。

2.激励式教学评价表可作为期末成绩的一项考评，请扫描下载并填写。

1.2 计算机的应用与发展

 课时目标

知识目标	1. 能够掌握计算机的概念和特点。 2. 掌握计算机的类型和应用。 3. 了解计算机的起源。
能力目标	提高学生自己查阅知识解决实际问题的能力。
素质目标	培养学生团队协作精神，使其积极参与信息交流活动。

1.2.1 计算机的概念

计算机（computer）是电子数字计算机的简称，俗称电脑，是一种自动高速进行数值运算和信息处理的电子设备。它主要由一些机械电子器件组成，再配以适当的程序和数据，可以自动处理输入的程序与数据，以解决实际问题。计算机中的各个物理实体称为计算机硬件，程序和数据则称为计算机软件。

从广义上讲，计算机是一种能够进行计算或辅助计算的工具。当我们谈到计算机的时候，除加以特殊说明之外，都是指电子数字计算机。计算机是一种自动化的电子设备，它按照人们事先编写的程序对输入的原始数据进行加工处理，以获得预期的输出信息，并利用这些信息来提高社会生产率、改善人民的生活质量。冯·诺依曼在设计 EDVAC（电子离散变量自动计算机）时提出的报告对计算机的概念进行了描述，此报告被称为"在计算机科学史上最具影响力的论文"。冯·诺依曼将计算机称为"自动计算系统"，指出"计算机"是一种可以在程序的控制下接受输入数据、处理数据、存储数据并产生输出的电子装置。

现在，计算机不仅能作为计算工具进行数值计算，而且能进行信息处理，并用于自动控制等各种领域。随着计算机的飞速发展，其应用领域不断扩大，但计算机更多地用于信息处理。由于计算机在出现的初期阶段主要进行数值计算，所以"计算机"这个名称延续了下来。因此，当我们沿用"计算机"这个称谓的时候，应对计算机的含义有一个比较全面的理解。现在，更多的人把它叫做"电脑"，主要是指计算机可作为人脑功能的扩展和延伸。

1.2.2 计算机的起源和发展

计算工具的演化经历了由简单到复杂、从低级到高级的不同阶段，例如从"结绳记事"中的绳结发展到算盘、计算尺、机械计算机等。它们在不同的历史时期发挥了各自的历史作用，同时也启发了现代电子计算机的研制思想。

1889年，美国科学家赫尔曼·何乐礼研制出以电力为基础的电动制表机，用以存储

图1-1　ENIAC

计算资料。

1930年，美国科学家范内瓦·布什造出世界上首台模拟电子计算机。

1946年2月14日，世界上第一台通用计算机——电子数字积分计算机（Electronic Numerical Integrator And Calculator，ENIAC），在美国宾夕法尼亚大学问世。ENIAC（中文名：埃尼阿克）是美国奥伯丁武器试验场为了满足计算弹道需要而研制的。这台计算机（图1-1）使用了17840个电子管，大小为80英尺×8英尺（1英尺＝30.48cm），重达28吨，功耗为170kW，其运算速度为每秒5000次的加法运算，造价约为487000美元。ENIAC的问世具有划时代的意义，表明电子计算机时代的到来。在以后70多年里，计算机技术以惊人的速度发展，没有任何一门技术的"性能比"能在30年内增长6个数量级。

计算机的发展主要经历以下4个阶段。

（1）第一代——电子管计算机（1946—1958年）

硬件方面：逻辑元件采用的是真空电子管，主存储器采用汞延迟线、阴极射线示波管静电存储器、磁鼓、磁芯；外存储器采用的是磁带。软件方面：采用机器语言、汇编语言。应用领域以军事和科学计算为主。特点是体积大、功耗高、可靠性差、速度慢（一般为每秒数千次至数万次）、价格昂贵，但为以后的计算机发展奠定了基础。

（2）第二代——晶体管计算机（1958—1964年）

软件方面的操作系统、高级语言及其编译程序的应用领域，以科学计算和事务处理为主，并开始进入工业控制领域。特点是体积缩小，能耗降低，可靠性提高，运算速度提高（一般为每秒数十万次，可高达300万次），性能比第一代计算机有很大的提高。

（3）第三代——集成电路计算机（1964—1970年）

硬件方面：逻辑元件采用中、小规模集成电路（MSIC、SSIC），主存储器采用磁芯。软件方面：出现了分时操作系统以及结构化、规模化程序设计方法。特点是速度更快（一般为每秒数百万次至数千万次），而且可靠性有了显著提高，价格进一步下降。产品走向了通用化、系列化和标准化等，并开始应用到文字处理和图形图像处理领域。

（4）第四代——大规模集成电路计算机（1970年至今）

硬件方面：逻辑元件采用大规模集成电路和超大规模集成电路（LSIC和VLSIC）。软件方面：出现了数据库管理系统、网络管理系统和面向对象语言等。1971年世界上第一块微处理器在美国硅谷诞生，开创了微型计算机的新时代。应用领域从科学计算、事务管理、过程控制逐步走向家庭。

由于集成技术的发展，半导体芯片的集成度更高，每块芯片可容纳数万个乃至数百万个晶体管，并且可以把运算器和控制器都集中在一块芯片上，从而出现了微处理器，并且可以用微处理器和大规模、超大规模集成电路组装成微型计算机，就是人们常说的微电脑或个人计算机（即PC）。微型计算机体积小，价格便宜，使用方便，但它的功能和运算速度已经达到甚至超过了过去的大型计算机。另外，利用大规模、超大规模集成电路制造的各种逻辑芯片，已经制成了体积并不很大但运算速度可达每秒1亿次甚至几十亿次的巨型计算机。

我国继1983年研制成功每秒运算1亿次的"银河Ⅰ号"巨型机以后，又于1993年研制成功每秒运算10亿次的"银河Ⅱ号"通用并行巨型计算机，开启了超算世界的征程。2010年11月我国的"天河一号A"第一次登上了全球超级计算机榜首，打破了由美国、日本垄断的局面。2013年"天河二号"再度成为世界运算速度最快的超级计算机。2017年"天河二号"用国产的芯片"matrix2000"替换了英特尔的"至强"芯片，计算速度从3.39亿亿次提高到6.14亿亿次。2021年中国超级计算机的数量增长到228台，占据全球的32.3%。在不到40年的时间，通过科技上的奋发图强，我国在超算领域完成了从跟跑到领跑的巨大转变。

随着物理元器件的变化，不仅计算机主机经历了更新换代，它的外部设备也在不断地变革。比如外存储器，由最初的阴极射线显示管发展到磁芯、磁鼓，后来又发展为通用的磁盘，现在又出现了体积更小、容量更大、速度更快的U盘与固态硬盘等。

1.2.3　计算机的特点

随着计算机技术的迅猛发展，它的应用范围迅速扩展到自动控制、信息处理、智能模拟等各个领域，处理数字、文字、表格、图形、图像等在内的各种各样的信息。与其他计算工具和人类自身相比，计算机有以下几个主要特点。

（1）运算速度快

计算机的运算部件采用的是电子器件，其运算速度远非其他计算工具所能比拟，且运算速度以每隔几个月提高一个数量级的速度在快速发展。目前巨型计算机的运算速度已经达到每秒几百亿次运算，能够在很短的时间内解决极其复杂的运算问题。即使是微型计算机，其运算速度也已经大大超过了早期的大型计算机，一些原来需要在专用计算机上完成的动画制作、图片加工等，现在在普通微型计算机上就可以完成。

（2）存储容量大

计算机的存储性是计算机区别于其他计算工具的重要特征。计算机的存储器可以把原始数据、中间结果、运算指令等存储起来，以备随时调用。存储器不但能够存储大量的信息，而且能够快速准确地存入或取出这些信息。

（3）通用性强

通用性是计算机能够应用于各个领域的基础。任何复杂的任务都可以分解为大量的基本的算术运算和逻辑操作，计算机程序员可以把这些基本的运算和操作按照一定规则（算法）写成一系列操作指令，加上运算所需的数据，形成适当的程序，就可以完成各种各样的任务。

（4）工作自动化

计算机内部的操作运算是根据人们预先编制的程序自动控制执行的。只要把包含一连串指令的处理程序输入计算机，计算机便会依次取出指令，逐条执行，完成各种规定的操作，直到得出结果为止。

（5）精确性高、可靠性高

计算机的可靠性很高，差错率极低。由于计算机内部独特的数值表示方法，使得其有效数字的位数相当长（可达百位以上甚至更高），满足了人们对精确计算的需要。

1.2.4　计算机的类型

计算机可分为超级计算机、工业控制计算机、网络计算机、个人计算机、嵌入式计算机等，较先进的计算机有生物计算机、光子计算机、量子计算机等。

计算机的分类方法较多，根据处理的对象、用途和规模不同有不同的分类方法。

（1）按处理对象不同分类

计算机按处理的对象不同可分为模拟计算机、数字计算机和混合计算机。

① 模拟计算机指专用于处理连续的电压、温度、速度等模拟数据的计算机。其特点是参与运算的数值由不间断的连续量表示，其运算过程是连续的；由于受元器件质量影响，其计算精度较低，应用范围较窄。

② 数字计算机指用于处理数字数据的计算机。其特点是处理的输入和输出数据都是数字量，参与运算的数值用非连续的数字量表示，具有逻辑判断等功能。数字计算机是以近似人类大脑的"思维"方式进行工作的，所以又被称为"电脑"。

③ 混合计算机指模拟技术与数字计算灵活结合的电子计算机，输入和输出既可以是数字数据，也可以是模拟数据。

（2）按用途不同分类

计算机根据其用途不同可分为专用计算机和通用计算机两种。

① 通用计算机适用于解决一般问题，其适应性强，应用面广（如科学计算、数据处理和过程控制等），但其运行效率、速度和经济性依据不同的应用对象会受到不同程度的影响。

② 专用计算机用于解决某一特定方面的问题，配有为解决某一特定问题而专门开发的软件和硬件，应用于自动化控制、工业仪表、军事等领域。专用计算机针对某类问题能显示出最有效、最快速和最经济的特性，但它的适用性较差，不适合其他方面的应用。

（3）按规模不同分类

计算机根据其规模不同可分为巨型机、小巨型机、大型主机、小型机、微机、图形工作站等。

计算机的规模由计算机的一些主要技术指标来衡量，例如字长、运算速度、存储容量、外部设备、输入和输出能力、配置软件丰富与否、价格高低等。

①　巨型机又称超级计算机，一般用于国防尖端技术和现代科学计算等领域。巨型机是当代运算速度最快、容量最大、体积最大且造价最高的计算机。目前巨型机的运算速度已达每秒几亿亿次，并且这个纪录还在不断刷新。巨型机是计算机发展的一个重要方向，研制巨型机也是衡量一个国家经济实力和科学水平的重要标志。

②　小巨型机又称小超级计算机或桌上型超级电脑。

③　大型主机包括通常所说的大、中型计算机，这类计算机具有较高的运算速度和较大的存储容量，一般用于科学计算、数据处理或用作网络服务器。但随着微机与网络的迅速发展，正在被高档微机所取代。

④　小型机一般用于工业自动控制、医疗设备中的数据采集等方面，例如 DEC 公司的 PD111 系列、VAX-11 系列与 HP 公司的 1000、3000 系列等。目前，小型机同样受到高档微机的挑战。

⑤　微型计算机简称微机，又称个人计算机（PC），是目前发展最快、应用最广泛的一种计算机。微机的中央处理器采用微处理芯片，体积小巧轻便。目前微机使用的微处理芯片主要有 Intel 公司的 Pentium 系列、AMD 公司的 Athlon 系列以及 IBM 公司 Power PC 等。

⑥　图形工作站是以个人计算环境和分布式网络环境为基础的高性能计算机，通常配有高分辨率的大屏幕显示器及容量很大的内存储器和外存储器，并且具有较强的图形、图像处理功能以及联网功能。它主要应用在专业的图形处理和影视创作等领域。

1.2.5　计算机的应用

计算机的应用已经渗透到社会各个行业，正在改变着人们传统的工作、学习和生活方式，推动着社会的发展。计算机的应用主要表现在以下几个方面。

（1）科学计算

科学计算又称为数值计算，是计算机的传统应用领域。在科学研究和工程设计中，有大量复杂的计算问题，利用计算机高速运算和大容量存储的能力，可进行复杂的、人工难以完成或根本无法完成的多种数值计算。它是电子计算机的重要应用领域之一，世界上第一台计算机就是为科学计算而设计的。计算机高速、高精度的运算解决了人工计算难以解决的复杂计算问题。例如，在卫星轨迹计算、大规模天气预报、天文学、量子化学、空气动力学、核物理学等领域，都需要依靠计算机进行复杂的运算。科学计算的特点就是计算量大和数值变化范围广。

（2）数据处理

数据处理又称为信息处理，是目前计算机应用的主要领域。所谓数据处理，是指用计算机对原始数据进行收集、存储、分类、加工、输出等处理，其结果是有用的信息。与科学计算不同，数据处理涉及的数据量大，但计算方法较简单。目前，数据处理广泛应用于办公自动化、企业管理、事务管理、情报检索等，数据处理已成为计算机应用的一个重要方面。

（3）过程控制

过程控制是指用计算机作为控制部件对单台设备或整个生产过程进行控制，也就是用计算机及时采集数据，将数据处理后，按最佳值迅速地对控制对象进行控制。

计算机过程控制已在石油、化工、纺织、水电、机械、航天等领域得到广泛的应用。

（4）计算机辅助系统

计算机辅助系统包括计算机辅助教育（computer based education，CBE）、计算机辅助设计（computer aided design，CAD）、计算机辅助制造（computer aided manufacturing，CAM）、计算机辅助教学（computer assisted instruction，CAI）、计算机辅助测试（computer aided text，CAT）和计算机管理教学（computer managed instruction，CMI）等。

（5）人工智能

人工智能（artificial intelligence，AI）一般是指模拟人脑进行演绎推理和决策的思维过程。如在计算机中存储一些定理和推理规则，然后设计程序让计算机自动探索解题的方法。人工智能是计算机应用研究的前沿科学，其研究领域主要包括自然语言理解、智能机器人、博弈、专家系统、自动定理证明、模拟识别等方面。

近几年我国在人工智能领域取得了巨大的进展，比如华为公司的无人驾驶技术已经开始投入使用。特别是在面对新型冠状病毒肺炎疫情的冲击时，人工智能产业呈现出逆风增长的势头。人工智能企业如百度、旷视科技、京东数科等在疫情防控中积极发挥企业优势，及时推出新技术、新产品，如疫情问询机器人、智能外呼语音机器人；开发"战疫金盾"平台，向政府部门、企业以及公共服务机构等开放多款在线服务产品；推出优化算法模型，提升戴口罩人脸检测准确率；搭建"高危人群疫情态势感知系统"等。这些都为疫情防控做出了突出贡献。

1.2.6　计算机的发展趋势

（1）巨型化

巨型化指计算机具有极高的运算速度、大容量的存储空间、更加强大和完善的功能，主要用于航空航天、军事、气象、人工智能、生物工程等学科领域。

（2）微型化

微型化是大规模及超大规模集成电路发展的必然。从第一块微处理器芯片问世以来，微型化发展速度与日俱增。计算机芯片的集成度每18个月翻一番，而价格则减一半，这就是信息技术的摩尔定律。计算机芯片集成度越来越高，所拥有的功能越来越强，使计算机微型化的进程和普及率越来越快。

（3）网络化

计算机技术和通信技术紧密结合。进入21世纪20年代以来，随着网络的飞速发展，计算机网络已广泛应用于政府、学校、企业、科研、家庭等领域，越来越多的人接触并熟悉了计算机网络。计算机网络将不同地理位置上具有独立功能的不同计算机通过通信设备和传输介质互连起来，在通信软件的支持下，网络中的计算机之间实现了共享资源、交换信息与协同工作。计算机网络的发展水平已成为衡量国家现代化程度的重要指标，在社会经济发展中发挥着极其重要的作用。

（4）智能化

智能化是让计算机能够模拟人类的智力活动，比如学习、感知、理解、判断、推理等能力，具备理解自然语言、声音、文字和图像的能力，具有说话的能力，使人机能够用自然语言直接对话。计算机可以利用已有的和不断学习到的知识，进行思考、联想、推理，并得出结论，能解决复杂问题，具有汇集记忆、检索有关知识的能力。

知识拓展

图灵奖全称A.M.图灵奖（A.M.Turing Award），是由美国计算机协会（ACM）于1966年设立的计算机奖项，名称取自艾伦·麦席森·图灵（Alan M.Turing），旨在奖励对计算机事业做出重要贡献的个人。图灵奖是计算机领域的国际最高奖项，被誉为"计算机界的诺贝尔奖"。

图灵奖一般在每年3月下旬颁发。从1966年至2021年，图灵奖共授予75名获奖者。2000年，科学家姚期智获图灵奖，是华人第一次获得图灵奖。

艾伦·麦席森·图灵（Alan Mathison Turing，1912年6月23日—1954年6月7日）是英国数学家、逻辑学家，被称为计算机之父、人工智能之父。1931年，图灵进入剑桥大学国王学院，毕业后到美国普林斯顿大学攻读博士学位。第二次世界大战爆发后，回到剑桥大学，后来协助军方破解德国的著名密码系统Enigma，帮助盟军取得了第二次世界大战的胜利。图灵对于人工智能的发展有诸多贡献，提出了一种用于判定机器是否具有智能的试验方法，即图灵测试。至今，每年都有相关的比赛。此外，图灵提出的著名的图灵机模型为现代计算机的逻辑工作方式奠定了基础。

巩固练习

一、选择题

1.第一代电子计算机采用的电子元器件是（　　）。

    A.晶体管

    B.电子管

    C.集成电路

    D.大规模集成电路

2.第一台电子计算机是1946年在美国研制的，该机的英文缩写为（　　）。

    A.EDSAC

    B.EDVAC

C.ENIAC

D.UNIVAC

3.在计算机辅助系统中，CAM的含义是（ ）。

  A.计算机辅助设计

  B.计算机辅助制造

  C.计算机辅助教学

  D.计算机辅助测试

4.计算机的发展趋势不包括（ ）。

  A.巨型化

  B.微型化

  C.智能化

  D.专业化

5.第二代电子计算机采用的电子元器件是（ ）。

  A.晶体管

  B.电子管

  C.集成电路

  D.大规模集成电路

二、多项选择题

1.以下属于计算机的特点的是（ ）。

  A.运算速度快

  B.存储容量大

  C.精确性高

  D.专业化

2.以下属于计算机的应用的是（ ）。

  A.科学计算

  B.数据处理

  C.人工智能

  D.计算机辅助系统

三、简答题

1.简述计算的类型。

2.计算机的应用主要表现在哪些方面？

知识巩固与归纳表　　激励式教学评价表

1.本任务学习之后，请扫描二维码下载知识巩固与归纳表，填写本任务的记忆点，并归纳总结。

2.激励式教学评价表可作为期末成绩的一项考评，请扫描下载并填写。

1.3 计算机数据的存储与处理

 课时目标

知识目标	1. 能够掌握计算机中的数制转换。 2. 掌握计算机中的数值表示。 3. 掌握计算机中的字符和图像表示。
能力目标	提高学生逻辑计算和独立思考的能力。
素质目标	培养学生对计算机的兴趣爱好以及严谨的学习态度。

1.3.1 计算机中的数制转化

（1）进位计数制的特点

虽然计算机能极快地进行运算，但其内部并不像人类在实际生活中使用的十进制，而是使用只包含0和1两个数值的二进制。输入计算机的十进制数被转换成二进制数进行计算，计算后的结果又由二进制数转换成十进制数，这都由操作系统自动完成，并不需要手工去做。

数制也称计数制，是用一组固定的符号和统一的规则来表示数值的方法。通常采用的数制有二进制、八进制、十进制和十六进制。

数码：数制中表示基本数值大小的不同符号。例如，十进制有10个数码，即0、1、2、3、4、5、6、7、8、9。

基数：数制所使用数码的个数。例如，二进制的基数为2，十进制的基数为10。

位权：数制中某一位上所表示数值的大小（所处位置的价值）。例如十进制的123，1的位权是100，2的位权是10，3的位权是1。又如二进制中的1011，从左向右第一个1的位权是8，0的位权是4，第二个1的位权是2，第三个1的位权是1。

计数规则：在进位计数制中，表示数的符号在不同的位置上时所代表的数的值是不同的。

（2）计算机科学中的常用数制

十进制（D）是人们日常生活中最常用的进位计数制。计数规则是逢十进一，基数为10，用1、2、3、4、5、6、7、8、9共10个数字表示。例如：

$$123.45 = 1 \times 10^2 + 2 \times 10^1 + 3 \times 10^0 + 4 \times 10^{-1} + 5 \times 10^{-2}$$

二进制（B）是在计算机系统中采用的进位计数制。计数规则是逢二进一，基数为2，用0与1两个数字表示。例如：

$$101.01_2 = 1 \times 2^2 + 0 \times 2^1 + 1 \times 2^0 + 0 \times 2^{-1} + 2 \times 2^{-2}$$

八进制（O）也是计算机系统中采用的进位计数制。计数规则是逢八进一，基数为8，用0、1、2、3、4、5、6、7共8个数字表示。例如：

$$(131.1)_8 = 1×8^2+3×8^1+1×8^0+1×8^{-1}$$

十六进制（H）是人们在计算机指令代码和数据书写中经常使用的数制。计数规则是逢十六进一，基数为16，用0、1、2、3、4、5、6、7、8、9、A、B、C、D、E、F共16个字符表示。例如：

$$(1FA.7)_{16} = 1×16^2+15×16^1+10×16^0+7×16^{-1}$$

计算机科学中的常用数制如表1-1所示。

● 表1-1　计算机科学中的常用数制

数制	二进制	八进制	十进制	十六进制
基数 R	2	8	10	16
位权 R^k	2^k	8^k	10^k	16^k
数字符号	0与1	0～7	0～9	0～9、A、B、C、D、E、F
表示方法	1010B $(1010)_2$	247O $(247)_8$	119D $(119)_{10}$	7C2FH $(7C2F)_{16}$
进位规则	逢二进一	逢八进一	逢十进一	逢十六进一

（3）数制之间的相互转换

① 其他进制转换为十进制　方法是：将其他进制按位权展开，然后各项相加，就得到相应的十进制数。

【例1.1】 N=10110.101B=(　)D。

按位权展开：$N = 1×2^4+0×2^3+1×2^2+1×2^1+0×2^0+1×2^{-1}+0×2^{-2}+1×2^{-3}$

$$= 16+4+2+0.5+0.125 = 22.625D$$

【例1.2】 将二进制、八进制、十六进制分别转换为十进制。

$(10.01)_2 = 1×2^1+0×2^0+0×2^{-1}+1×2^{-2}$=2.25

$(23.4)_8 = 2×8^1+3×8^0+4×8^{-1}$=19.5

$(1F.8)_{16} = 1×16^1+15×16^0+8×16^{-1}$=31.5

② 将十进制转换成其他进制　方法是：分两部分进行的，即整数部分和小数部分。

a.整数部分：把要转换的数除以新进制的基数，把余数作为新进制的最低位；把上一次得的商再除以新进制的基数，把余数作为新进制的次低位；继续上一步，直到最后的商为零，这时的余数就是新进制的最高位。

b.小数部分：（基数乘法）把要转换数的小数部分乘以新进制的基数，把得到的整数部分作为新进制小数部分的最高位；把上一步得到的小数部分再乘以新进制的基数，把整数部分再作为新进制小数部分的次高位；继续上一步，直到小数部分变成零为止，或者达到预定的要求。

【例1.3】将100.45分别转换成二进制数、八进制数、十六进制数。

```
2|100
  2|50 ··········0   0.45×2=0.90 ·····0
    2|25 ········0   0.90×2=1.80 ·····1
      2|12 ······1   0.80×2=1.60 ·····1
        2|6 ·····0   0.60×2=1.20 ·····1
          2|3 ···0   0.20×2=0.40 ·····0
            2|1 ·1   0.40×2=0.80 ·····0
              0 ··1   0.80×2=1.60 ·····1
```

$(100.45)_{10}=(1100100.0111001)_2$

```
8|100
  8|12 ··········4   0.45×8=3.60 ·····3
    8|1 ·········4   0.60×8=4.80 ·····4
      0 ·········1   0.80×8=6.40 ·····6
```

$(100.45)_{10}=(144.346)_8$

```
16|100
  16|6 ··········4   0.45×16=7.20 ·····7
     0 ··········6   0.20×16=3.20 ·····3
```

$(100.45)_{10}=(64.73)_{16}$

> **注意**
>
> 　　一个有限的十进制小数并非一定能够转换成一个有限的二进制小数，即上述过程中乘积的小数部分可能永远不等于0，这时可按要求进行到某一精确度为止。由此可见，计算机中由于字长的限制，计算时可能会截去部分有用小数位而产生截断误差。

　　③ 二进制与八进制、十六进制的相互转换　二进制转换为八进制、十六进制时，它们之间满足2^3和2^4的关系，因此把要转换的二进制数从低位到高位每3位或4位一组，高位不足时在有效位前面添"0"，然后把每组二进制数转换成八进制数或十六进制数即可。

　　八进制、十六进制转换为二进制时，把上面的过程逆过来即可。

【例1.4】二进制数和八进制数之间的转换。

　　将二进制数1101101.0111B转换为八进制数，即

　　$(001\ 101\ 101.011\ 100)_2=(155.34)_8$

　　将八进制数245.670转换为二进制数，即

　　$(245.670)_8=(010\ 100\ 101.110\ 111)_2$

　　因为$8=2^3$，所以需要3位二进制数表示1位八进制数；而$16=2^4$，所以需要4位二进制数表示1位十六进制数。由此可以看出，二进制、八进制、十六进制之间的转换是比较容易的。

【例1.5】二进制数和十六进制数之间的转换。

　　将二进制数1101101.0111B转换为十六进制数，即

　　$(0110\ 1101.0111)_2=(6D.7)_{16}$

将十六进制数245.67H转换为二进制数，即

$(245.67)_{16}=(0010\ 0100\ 0101.0110\ 0111)_2$

> **！注意**
>
> 　整数部分：从右向左进行分组表示。小数部分：从左向右进行分组表示。转化成八进制需三位一组，不足补零，即"三合一"。转化成十六进制需四位一组，不足补零，即"四合一"。

每一位八进制数用三位二进制数表示，即"一拆三"；每一位十六进制数用四位二进制数表示，即"一拆四"。

数制之间的转换如表1-2所示。

● 表1-2　数制之间的转换

计数转换要求	相应转换遵循的规律	
其他进制到十进制	按"位权展开求和"法	
十进制到其他进制	整数部分： 除R倒取余	小数部分： 乘R正取整
二进制到八进制、十六进制	整数部分： 从右向左进行分组 （三合一、四合一）	小数部分： 从左向右进行分组 （三合一、四合一）
八进制、十六进制到二进制	一拆三、一拆四	一拆三、一拆四

1.3.2　计算机中的数值表示

（1）信息存储单位

位、字节、字是计算机数据存储的单位。位是最小的存储单位，每一个位存储一个1位的二进制码，一个字节由8位组成。而字通常为16、32或64个位组成。

① 位（bit）　位是计算机存储信息的最小单位，指二进制数中的一个数位，用小写字母b或bit表示。其值为0或1，表示两种状态。

② 字节（byte）　在计算机中，通常将8个二进制位组成一个存储单元，称为字节，用大写字母B表示。计算机的主存储量、磁盘容量都是以字节为单位表示的。

存储器可容纳的二进制信息量称为存储容量。目前，度量存储容量的基本单位是字节。此外，常用的存储容量单位还有KB（千字节）、MB（兆字节）、GB（吉字节）和TB（太字节）。存储容量计量单位之间的换算关系如下：

$1B=8bit$　　$1KB=1024B=2^{10}B$　　$1MB=1024KB=2^{20}B$　　$1GB=1024MB=2^{30}B$

1TB=1024GB=2^{40}B

③ 字（word）　字通常取字节的整倍数，是计算机进行数据存储和处理的运算单位。字和计算机的字长概念相关，字长是指计算机同时处理的二进制数的位数，具有这一长度的二进制数则被称为计算机中的一个字。计算机按照字长可分为8位机、16位机、32位机和64位机，例如在64位机中，一个字则含有64个二进制位。

（2）数值的表示

机器数值是真值在计算机中的表示。因为计算机只能存储0和1，而真值却有正负符号，所以以原码表示的机器数规定将真值中的正号用0表示，负号用1表示，且符号位一般位于最高位。另外，计算机中还可以用反码和补码来表示数值。

1.3.3　计算机中的字符表示

在计算机中，对非数值的文字和其他符号进行处理时，要对文字和符号进行数字化，即用编码来表示文字和符号。其中西文字符最常用到的编码方案有ASCII编码和EBCDIC编码。对于汉字，我国也制定了相应的编码方案。

（1）ASCII编码

微机中普遍采用ASCII码（美国标准信息交换代码）表示字符数据，该编码被ISO（国际化标准组织）采纳，作为国际上通用的信息交换代码。

ASCII码由7位组成，由于$2^7=128$，所以能够表示128个字符数据。参照表1-3，可以看出ASCII码具有以下特点。

● 表1-3　ASCII码表

$D_3D_2D_1D_0$ ＼ $D_6D_5D_4$	000	001	010	011	100	101	110	111
0000	NUL	DLE	SP	0	@	P	、	p
0001	SOH	DC1	!	1	A	Q	a	q
0010	STX	DC2	"	2	B	R	b	r
0011	ETX	DC3	#	3	C	S	c	s
0100	EOT	DC4	$	4	D	T	d	t
0101	ENQ	NAK	%	5	E	U	e	u
0110	ACK	SYN	&	6	F	V	f	v
0111	BEL	ETB	'	7	G	W	g	w
1000	BS	CAN	(	8	H	X	h	x
1001	HT	EM	)	9	I	Y	i	y

续表

$D_3D_2D_1D_0$ ＼ $D_6D_5D_4$	000	001	010	011	100	101	110	111
1010	LF	SUB	*	:	J	Z	j	z
1100	FF	FS	,	<	L	\	l	|
1101	CR	GS	–	=	M	]	m	}
1110	SO	RS	.	>	N	^	n	~
1111	SI	US	/	?	O	–	o	DEL

① 表中前32个字符和最后一个字符为控制字符，在通信中起控制作用。

② 10个数字和26个英文字母由小到大排列，且数字在前，大写字母次之，小写字母最后，这一特点可用于字符数据的比较。

③ 数字0~9由小到大排列，ASCII码分别为48~57，ASCII码与数值恰好相差48。

④ 在英文字母中，A的ASCII码值为65，a的ASCII码值为97，且由小到大依次排列。因此，只要知道了A和a的ASCII码，也就知道了其他字母的ASCII码。

ASCII码是7位编码，为了便于处理，在ASCII码的最高位前增加1位0，凑成8位的一个字节。所以，一个字节可存储一个ASCII码，也就是说一个字节可以存储一个字符。ASCII码使用最广，数据使用ASCII码的文件称为ASCII文件。

（2）ANSI编码和其他扩展的ASCII码

ANSI编码是一种扩展的ASCII码，使用8bit来表示每个符号。8bit能表示出256个信息单元，因此它可以对256个字符进行编码。ANSI码开始的128个字符的编码和ASCII码定义的一样，只是在最左边加了一个0。例如，字符"a"在ASCII编码中，用1100001表示，而在ANSI编码中用01100001表示。除了ASCII码表示的128个字符外，ANSI码还可以表示另外的128个符号，如版权符号、英镑符号、希腊字符等。

除了ANSI编码外，世界上还存在着另外一些对ASCII码进行扩展的编码方案，ASCII码通过扩展甚至可以编码中文、日文和韩文字符。正是由于这些编码方案的存在，导致了编码的混淆和不兼容性。

（3）EBCDIC编码

尽管ASCII码是计算机世界的编码主要标准，但是在许多IBM大型机系统上却没有采用。在IBM System/360计算机中，IBM研制了自己的8位字符编码——EBCDIC码（extended binary coded decimal interchange code，扩展的二十进制交换码）。该编码是对早期的BCDIC 6位编码的扩展，其中一个字符的EBCDIC码占用一个字节，用8位二进制码表示信息，一共可以表示出256种字符。

（4）Unicode编码

在假定会有一个特定的字符编码系统能适用于世界上所有语言的前提下，1988年，几个主要的计算机公司一起开始研究一种替换ASCII码的编码，称为Unicode编码。鉴于ASCII码是7位编码，Unicode采用16位编码，每一个字符需要2个字节。这意味着Unicode的字符编码范围从0000H～FFFFH，可以表示65536个不同字符。

Unicode编码不是从零开始构造的，开始的128个字符编码0000H～007FH就与ASCII码字符一致，能够兼顾已存在的编码方案，并有足够的扩展空间。从原理上来说，Unicode可以表示现在正在使用的或者已经不使用的任何语言中的字符。对于国际商业和通信来说，这种编码方式是非常有用的，因为在一个文件中可能需要包含有汉语、英语和日语等不同的文字。另外，Unicode还适合于软件的本地化，也就是针对特定的国家修改软件。使用Unicode，软件开发人员可以修改屏幕的提示、菜单和错误信息来适应于不同的语言和地区。目前，Unicode编码在Internet（因特网）中有着较为广泛的使用，Microsoft和Apple公司也已经在各自的操作系统中支持Unicode编码。

（5）国家标准汉字编码（GB/T 2312—1980）

国家标准汉字编码简称国标码。该编码集的全称是《信息交换用汉字编码字符集》，国家标准号是"GB/T 2312—1980"。该编码的主要用途是作为汉字信息交换码使用。

GB 2312—1980标准含有6763个汉字，其中一级汉字（最常用）3755个，按汉语拼音顺序排列；二级汉字3008个，按部首和笔画排列。另外还包括682个西文字符、图符。GB 2312—1980标准将汉字分成94个区，每个区又包含94个位，每位存放一个汉字。这样，每个汉字就有一个区号和一个位号，所以我们也经常将国标码称为区位码。例如，汉字"青"在39区64位，其区位码是3964；汉字"岛"在21区26位，其区位码是2126。

国标码规定一个汉字用两个字节来表示，每个字节只用前七位，最高位均未作定义。国标码不同于ASCII码，并非汉字在计算机内的真正表示代码，它仅仅是一种编码方案。计算机内部汉字的代码叫做汉字机内码，简称汉字内码。

在微机中，汉字内码一般采用两个字节表示，前一字节由区号与十六进制数A0H相加，后一字节由位号与十六进制数A0H相加。因此，汉字编码两个字节的最高位都是1，避免了国标码与标准ASCII码的二义性（用最高位来区别）。在计算机系统中，由于汉字内码的存在，输入汉字时就允许用户根据自己的习惯使用不同的输入码，进入计算机系统后再统一转换成汉字内码存储。

（6）其他汉字编码

除了前面谈到的国标码之外，还有另外的一些汉字编码方案。例如，在我国的台湾地区，就使用Big5汉字编码方案。这种编码不同于国标码，因此在双方的交流中就会涉及汉字内码的转换，特别是Internet的发展使人们更加关注这个问题。现在虽然已经推出了许多支持多内码的汉字操作系统平台，但是全球汉字信息编码的标准化已成为社会发展的必然趋势。

1.3.4　计算机中的图形表示

（1）矢量图的概念

矢量图是由计算机程序绘制的点、直线、圆、矩形、曲线等基本几何图形以及由多个基本几何图形组成的复杂图形。矢量图中，通常含有多个基本图形对象，每个基本图形对象由外部轮廓线及对轮廓线所封闭区域的颜色填充组成。

矢量图表示原理：矢量图是在计算机中创建的。创建矢量图的应用程序提供了友好的界面和操作方法，用户可以利用直线和曲线的连接构成基本图形对象的外部轮廓线，并用颜色填充外部轮廓线所形成的封闭区域，得到基本图形对象。在计算机中，记录下来的并不是真正的图形，而是将矢量图中的每一个基本图形对象都转换为一系列能够重构图形对象的指令和数据。当需要再次显示矢量图时，处理矢量图的程序就能够利用记录矢量图的指令和数据重新绘制出这个图形。

（2）位图的概念

计算机中的图像也称位图（bit mapped image），是由数码相机、扫描仪、摄像头等外部设备捕捉实际画面所产生的数字图像，其中包含了一系列的像素。

① 单色位图的表示原理：位图中仅含有黑白两种颜色。计算机将图像按照屏幕分辨率分割成一矩阵。计算机检查矩阵中的每个单元，当单元为白色时编码为1，当单元为黑色时编码为0。

② 彩色位图的表示原理：彩色位图的基本表示原理与单色位图相似，但需用更多的二进制位来表示颜色信息。通常计算机中可以处理16种、256种、65536种、1670万种颜色的彩色位图。对于16色位图，每个像素的颜色需用4个二进制位表示；对于256色位图，每个像素的颜色需用8个二进制位表示；对于65536色位图，每个像素需用16个二进制位表示；对于1670万色位图，每个像素需用24个二进制位表示。

【例1.6】已知显示器的分辨率为1024×768，计算存储一幅全屏单色位图所需要的存储容量。

因为显示器的分辨率为1024×768，所以一幅全屏单色图像中含有786432个像素。其中每个像素使用1位二进制数表示颜色，故需要的存储容量为1024×768×1/8=98304（B）。

【例1.7】已知显示器的分辨率为1024×768，分别计算存储一幅全屏16色、256色、65536色、1670万色位图所需要的存储容量。

16色位图的存储容量为1024×768×4/8=393216（B）。

256色位图的存储容量为1024×768×8/8=786432（B）。

65536色位图的存储容量为1024×768×16/8=1572864（B）。

1670万色位图的存储容量为1024×768×24/8=2359296（B）。

巩固练习

一、选择题

1.有一个数值152，它与十六进制6AH相等，那么该数值是（　）。

　A.二进制数
　B.八进制数
　C.十进制数
　D.四进制数

2.十六进制数ACH转换成二进制数是（　）。

　A.10101011
　B.10101100
　C.10111101
　D.10111010

3.将十进位数56转化为二进制数是（　）。

　A.111000
　B.000111
　C.101010
　D.100111

4.下列描述中，正确的是（　）。

　A.1KB=1000B
　B.1KB=1024×1024B
　C.1MB=1024B
　D.1MB=1024×1024B

5.汉字信息交换码（　）是我国颁布的国家标准。

　A.GB/T 2312—1980
　B.UTF-8
　C.原码
　D.补码

6.一张分辨率为640×480的位数为32位真彩色的位图，其文件大小是（　）。

　A.307200MB
　B.307200KB
　C.1200KB
　D.1200B

7.一幅分辨率为1280×1024的8：8：8的RGB彩色图像，其存储容量约为（　）。

　A.2.34MB
　B.3.75MB
　C.30MB
　D.1.2MB

二、填空题

1.二进制运算：$(1001)_2-(111)_2=(\underline{})_2$。

2.内存容量为8GB，其中B指＿＿＿＿＿＿＿。

3.计算机中英文字符的最常用编码是＿＿＿＿＿＿＿码。

4.二进制数"11100011"对应的十进制数是＿＿＿＿＿＿＿。

5.当采用ASCII编码时，在计算机中存储一个标点符号要占用＿＿＿＿＿＿＿个字节。

知识巩固与归纳表

激励式教学评价表

　1.本任务学习之后，请扫描二维码下载知识巩固与归纳表，填写本任务的记忆点，并归纳总结。

　2.激励式教学评价表可作为期末成绩的一项考评，请扫描下载并填写。

1.4   计算机系统

 课时目标

知识目标	1. 掌握计算机的硬件组成与应用。 2. 掌握计算机的工作原理。
能力目标	提高学生的观察力和自我探索总结的能力。
素质目标	培养学生浓厚的学习兴趣和积极探索精神。

1.4.1   计算机工作原理

　　计算机的基本工作原理主要分为存储程序和程序控制，预先要把控制计算机操作的指令序列（称为程序）和原始数据通过输入设备输送到计算机内存中。每一条指令中明确规定了计算机从哪个地址取数、进行什么操作、送到什么地址等步骤。

　　计算机在运行时，先从内存中取出第一条指令，通过控制器的译码，按指令的要求，从存储器中取出数据进行指定的运算和逻辑操作等加工处理，然后再按地址把结果送到内存中去。接下来，再取出第二条指令，在控制器的指挥下完成规定操作。依次进行下去，直至遇到停止指令。程序与数据一样存取，按程序编排的顺序，一步一步地取出指令，自动地完成指令规定的操作是计算机最基本的工作原理，这一原理最初是由美籍匈牙利数学家冯·诺依曼于1945年提出来的，故称为冯·诺依曼原理。冯·诺依曼体系结构计算机的工作原理可以概括为存储程序、程序控制。

　　存储程序：将解题的步骤编成程序（通常由若干指令组成），并把程序存放在计算机的存储器中（指主存或内存）。

　　程序控制：从计算机主存中读出指令并送到计算机的控制器，控制器根据当前指令的功能，控制全机执行指令规定的操作，完成指令的功能。如此重复操作，直到程序中指令执行完毕。

　　计算机根据人们预定的安排，自动地进行数据的快速计算和加工处理。人们预定的安排是通过一连串指令（操作者的命令）来表达的，这个指令序列就称为程序。一条指令规定计算机执行一个基本操作，一个程序规定计算机完成一个完整的任务。一种计算机所能识别的一组不同指令的集合，称为该种计算机的指令集合或指令系统。在微机的指令系统中，主要使用了单地址指令和二地址指令。其中，第1个字节是操作码，规定计算机要执行的基本操作，第2个字节是操作数。计算机指令包括以下类型：数据处理指令（加、减、乘、除等）、数据传送指令、程序控制指令、状态管理指令。整个内存被分成若干个存储单元，每个存储单元一般可存放8位二进制数（字节编址），每个存储单元可以存放数据或程序代码。为了能有效地存取存储单元，每个单元都给出了一个唯一的编号来标识，即地址。

按照冯·诺依曼存储程序的原理，计算机在执行程序时须先将要执行的相关程序和数据放入内存中，在执行程序时CPU根据当前程序指针寄存器的内容取出指令并执行指令，然后再取出下一条指令并执行，如此循环下去直到取出程序结束指令时才停止执行。其工作过程就是不断地取指令和执行指令的过程，最后将计算的结果放入指令指定的存储器地址中。

1.4.2　计算机体系结构

计算机体系结构解决的是计算机系统在总体上、功能上需要解决的问题。计算机体系结构的逻辑实现，包括机器内部数据流和控制流的组成以及逻辑设计等。其目标是合理地把各种部件、设备组成计算机，以实现特定的系统结构，同时满足所希望达到的性能比。

计算机体系结构是程序员所看到的计算机的属性，即计算机的逻辑结构和功能特征，包括其各个硬件和软件之间的相互关系。对计算机系统设计者来说，计算机体系结构是对计算机的基本设计思想和由此产生的逻辑结构的研究；对程序设计者来说，是对系统的功能描述（如指令集、编制方式等）。

计算机体系结构主要研究软件、硬件功能分配和对软件、硬件界面的确定。计算机系统结构如图1-2所示。

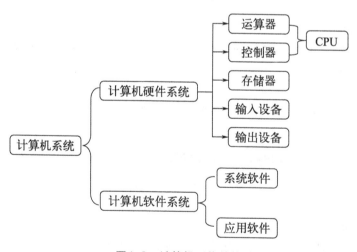

图1-2　计算机系统结构

1.4.3　计算机硬件系统

自第一台计算机ENIAC发明以来，计算机系统的技术已经得到了很大的发展，但计算机硬件系统的基本结构没有发生很大变化，仍然属于冯·诺依曼体系计算机。

计算机硬件是计算机的重要组成部分，其中包含了5个重要的组成部分：运算器、控制器、存储器、输入设备、输出设备。

（1）运算器

计算机硬件中运算器的主要功能是对数据和信息进行运算和加工。运算器包括以下几个部分：通用寄存器、状态寄存器、累加器和关键的算术逻辑单元。运算器可以进行算术计算（加减乘除）和逻辑运算（与或非）。

（2）控制器

控制器和运算器共同组成了中央处理器（CPU）。控制器可以看作计算机的大脑和指挥中心，它通过整合分析相关的数据和信息，可以让计算机的各个组成部分有序地完成指令。

（3）存储器

存储器就是计算机的记忆系统，是计算机系统中的记事本。存储器不仅可以保存信息，还能接收计算机系统内不同的信息并对保存的信息进行读取。存储器分为RAM和ROM两个部分。

① 只读存储器（ROM）：ROM中的数据或程序一般是在将ROM装入计算机前事先写好的。一般情况下，计算机工作过程中只能从ROM中读出事先存储的数据，而不能改写。ROM常用于存放固定的程序和数据，并且断电后仍能长期保存。ROM的容量较小，一般存放系统的基本输入/输出系统（BIOS）等。

② 随机存储器（RAM）：RAM的容量与ROM相比要大得多，目前微机一般配置几吉字节到十几吉字节。CPU从RAM中既可读出信息又可写入信息，但断电后所存的信息就会消失。

（4）输入设备

输入设备（图1-3）的任务是向计算机提供原始信息，并将其转化为计算机所能识别和接收的指令和数据。

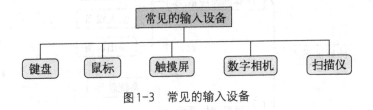

图1-3　常见的输入设备

（5）输出设备

输出设备（图1-4）是人机互动的关键设备，它的特点是可以将计算机的信息以不同的形式展现出来，具有很好的直观性。常见的输出设备有显示器、打印机、语音和视频输出装置等。

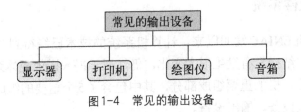

图1-4　常见的输出设备

1.4.4 计算机软件系统

计算机的软件系统是指计算机运行所需的各种程序、数据及相关的文档资料。计算机软件系统通常被分为系统软件和应用软件两大类。计算机系统软件能保证计算机按照用户的意愿正常运行，可满足用户使用计算机的各种需求，帮助用户管理计算机和维护资源，执行用户命令，控制系统调度等。

（1）系统软件

系统软件是管理、监控和维护计算机资源（包括硬件和软件）以及支持开发应用程序的软件。系统软件主要包括操作系统、程序语言、支持和服务程序、数据库管理系统等。

① 操作系统（operating system，OS）：一组对计算机资源进行控制与管理的系统化程序的集合。它是用户和计算机硬件系统之间的接口，为用户和应用软件搭建了访问和控制计算机硬件的桥梁。

② 程序语言：可以简单地理解为一种计算机和人都能识别的语言。这种语言让程序员能够准确地定义计算机所需要使用的数据，并精确地定义在不同情况下应当采取的行动。

③ 支持和服务程序：这些程序又称工作软件，如系统诊断程序、调试程序、排错程序、编辑程序、查杀病毒程序等。它们都是为维护计算机系统的正常运行或支持系统开发所配置的程序。

④ 数据库管理系统：主要用来建立存储各种数据资料的数据库，并进行操作和维护。常用的数据库管理系统有微机上的FoxPro、FoxBASE+、Access等和大型数据库管理系统如Oracle、DB2、Sybase、SQL Server等，它们都是关系型数据库管理系统。

（2）应用软件

应用软件是为了解决计算机各类应用问题而编写的软件，如办公类软件Microsoft Office、WPS Office，图形处理软件PhotoShop、美图秀秀等，三维动画软件3DS Max、Maya等，即时通信软件QQ、微信、MSN等。

1.4.5 计算机硬件结构

计算机硬件的功能是输入并存储程序和数据，以及执行程序把数据加工成可以利用的形式并输出。计算机的硬件系统由主机箱和外部设备组成。主机箱内主要包括主板、CPU、内存、硬盘驱动器、光盘驱动器、电源、各种扩展卡、连接线等，外部设备包括显示器、鼠标、键盘等。

（1）主板

主板又称主机板、系统板或母板（图1-5），是计算机最基本最重要的部件之一。主板一般为矩形电路板，安装了组成计算机的主要电路系统，一般有BIOS芯片、I/O控制芯片、键盘和面板控制开关

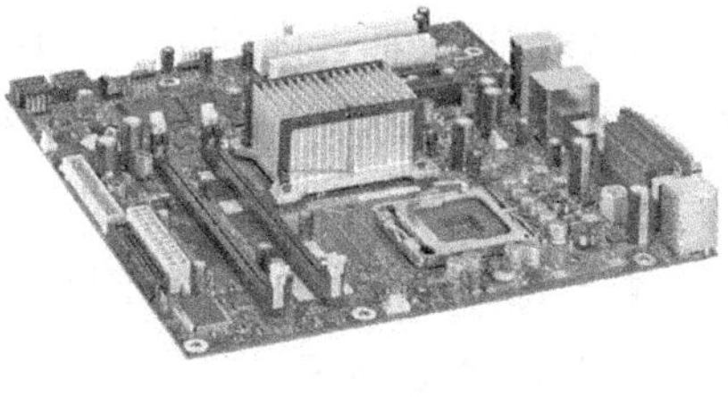

图1-5 主板

接口、指示灯插接件、扩充插槽、主板及插卡的直流电源供电接插件等元件。

（2）CPU

中央处理器（central processing unit，CPU）作
为计算机系统的运算和控制核心，是信息处理、程
序运行的最终执行单元，如图1-6所示。

在计算机体系结构中，CPU是对计算机的所有
硬件资源（如存储器、输入/输出单元）进行控制
调配、执行通用运算的核心硬件单元。计算机系统
中所有软件层的操作，最终都将通过指令集映射为
CPU的操作。

图1-6　CPU

目前CPU主要生产商是Intel和AMD公司。Intel公司目前生产的CPU主流型号有
i9、i7、i5、i3、奔腾、赛扬等。AMD公司目前生产的CPU主流型号有锐龙5000系列
Ryzen9、Ryzen7、Ryzen5、Ryzen3等。

我国计算机芯片技术起步较晚，一直受制于国外。近几年国产CPU进入高速发展阶
段，已经取得了重大的成就。例如，我国的"龙芯"已经全面成熟起来，能够在各类计
算机上全面地应用。龙芯是由中国科学院计算技术研究所自主研发的，2021年龙芯的研
发再次获得巨大突破，目前已经成为主流的CPU处理器，而且在我国主要的计算机上已
经得到全面的验证。CPU研发公司北京君正在物联网领域取得了巨大进步。另外，飞腾
公司发展也十分迅速，它是中国国防科技大学高性能处理器研究团队建立的企业。

华为海思是国内ARM（手机处理器）处理器商业化最成功的公司，乃至是所有国产
CPU公司中商业化最成功的公司。华为海思的处理器主要应用于移动端产品，应用场景
包括但不仅限于手机、监控设备、机顶盒、电视机和路由器等。例如麒麟990 5G版，采
用7nm EUV工艺打造，集成了5G基带，其CPU性能可与当时世界一流水平的手机处理
器骁龙865、苹果A13同台竞技。华为海思已经成为中国最成功的CPU研发企业之一，甚
至在世界高科技领域也有了一席之地。

（3）内存

内存（memory）是计算机的重要部件之一，也称内存储器和主存储器。它用于暂时
存放CPU中的运算数据，与硬盘等外部存储器交换数据。它是外存与CPU进行沟通的桥
梁，计算机中所有程序的运行都在内存中进行，内存性能直接影响计算机整体性能发挥
的水平。

内存槽用来插入内存条（图1-7），一根内存条上
安装有多个RAM芯片。这种"内存条结构"可以节
省主板空间并加强配置的灵活性。现在常用内存条的
容量有4GB、8GB、16GB等规格。

（4）硬盘驱动器

硬盘驱动器（hard disk drive，HDD）简称硬盘，

图1-7　内存条

是一种主要的计算机存储媒介，由一个或者多个铝制或者玻璃制的碟片组成。这些碟片外覆盖有铁磁性材料。绝大多数硬盘都是被永久性地密封固定在硬盘驱动器中。现在可移动硬盘越来越普及，种类也越来越多。硬盘主要分为机械式硬盘和固态硬盘，如图1-8所示。

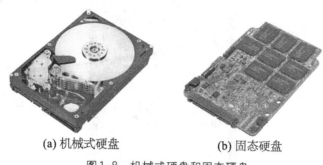

(a) 机械式硬盘　　　　(b) 固态硬盘

图1-8　机械式硬盘和固态硬盘

（5）光盘驱动器

光盘驱动器就是光驱，是一种读取光盘信息的设备，如图1-9所示。因为光盘存储容量大，价格便宜，保存时间长，适合保存大量的数据，如声音、图像、动画、视频等多媒体信息，所以光盘驱动器是多媒体计算机不可缺少的硬件。

（6）电源

电源是安装在一个金属壳体内的独立部件，如图1-10所示。它的作用是为系统主板、各种适配器和扩展卡、硬盘驱动器、光盘驱动器等系统部件以及键盘和鼠标提供稳定可靠的直流电。

图1-9　光盘驱动器　　　　　　　　　图1-10　电源

（7）机箱

机箱（图1-11）主要作用是放置和固定各种计算机配件，起到承托和保护作用。机箱一般包括外壳、支架、面板上的各种开关、指示灯等。外壳用钢板和塑料结合制成，硬度大，主要起保护机箱内部元件的作用；支架主要用于固定主板、电源和各种驱动器等。

（8）显示器

显示器属于计算机的I/O设备，即输入/输出设备。它是一种将一定的电子文件通过特定的传输设备显示到屏幕上再反射到人眼的显示工具。显示器是微型计算机与用户进行互动不可缺少的部件。

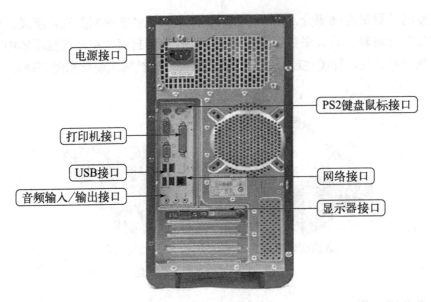

图1-11　机箱背部接口

（9）键盘和鼠标

键盘是最常用最主要的输入设备，如图1-12（a）所示。通过键盘可以将文字、数字、标点符号等输入到计算机中，从而向计算机发出命令、输入数据等。

鼠标［图1-12（b）］是计算机的一种外接输入设备，也是计算机显示系统纵横坐标定位的指示器，因形似老鼠而得名。鼠标的使用是为了使计算机的操作更加简便快捷，用来代替一部分键盘烦琐的指令。

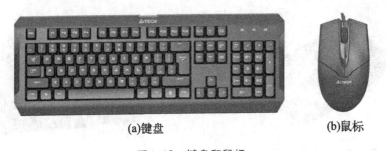

(a)键盘　　　　　　　　　(b)鼠标

图1-12　键盘和鼠标

 巩固练习

一、选择题

1.下列关于计算机语言的描述中，错误的是（　　）。

　　A.计算机可以直接执行的是机器语言程序

　　B.汇编语言是一种依赖于计算机的低级语言

　　C.高级语言可读性好，数据结构丰富

　　D.与低级语言相比，高级语言程序的执行效率高

2.（　）的性能直接影响计算机的运行速度，很大程度上代表了所配置的计算机系统的性能。

　　A.CPU

　　B.内存

　　C.硬盘

　　D.显卡

3.冯·诺依曼计算机工作原理的核心是（　）和程序控制。

　　A.顺序存储

　　B.存储程序

　　C.集中存储

　　D.运算存储分离

4.下列软件中，不属于应用软件的是（　）。

　　A.Windows

　　B.Word

　　C.财务管理软件

　　D.美图

二、填空题

1.完整的计算机系统应该包括_____。

2.根据计算机软件的分类，Windows附件中的计算器、画图等程序都属于_____软件。

3.微型计算机中的中央处理器由_____和控制器组成。

4.计算机的运算器是对数据进行_____和逻辑运算的部件。

三、简答题

1.如果自己组装一台计算机需要从网上购买哪些配件？（上网查阅资料。）

2.常用的计算机输出设备有哪些？

知识巩固与归纳表

激励式教学评价表

　　1.本任务学习之后，请扫描二维码下载知识巩固与归纳表，填写本任务的记忆点，并归纳总结。

　　2.激励式教学评价表可作为期末成绩的一项考评，请扫描下载并填写。

1.5   计算机思维

 课时目标

知识目标	1. 能够掌握计算机思维的概念。 2. 理解计算机如何求解问题。 3. 理解算法和程序的联系和区别。
能力目标	1. 提高学生归纳总结的能力与逻辑思维。 2. 锻炼学生从多渠道获取信息的能力。
素质目标	1. 培养学生的发散性思维。 2. 培养学生的信息素养。

1.5.1   计算机思维的概念

思维是人脑对客观事物的一种概括的、间接的反应，它反映客观事物的本质和规律。思维是在人的实践活动中，特别是在表象的基础上，借助于语言，以知识为中介来实现的。

计算思维是运用计算机科学的基础概念去求解问题、设计系统和理解人类的行为。它包括了涵盖计算机科学的一系列思维活动。

计算机思维是指人们要用操作计算机的思维来运作计算机。计算机语言没有思想，计算机语言的"思想"存在于编制程序的人的大脑之中，使计算机语言的思想与方法分离。

思维是创新的源头，思维是每一个人的技能组合成分，而不仅仅限于科学家。随着以计算机科学为基础的信息技术的迅猛发展，计算机思维的作用日益凸显，成为支持各学科研究创新的新型计算方法。计算机思维已融入人类社会生活的方方面面，对人们日常生活的管理、社会交往都起到重要作用，如科学与工程中的计算、信息管理、人工智能、生产自动控制、虚拟现实、教育领域、办公领域等。计算机思维作为一个解决问题的有效工具，人人都应该掌握，以便随时使用。

1.5.2   计算机求解问题

计算机求解问题主要经过问题描述、数学建模、算法设计、算法正确性证明、算法分析、算法程序实现六个步骤，具体如图1-13所示。

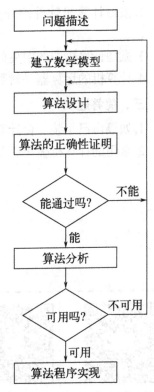

图1-13   计算机求解问题的过程

（1）问题描述

一个问题的正确描述应当使用科学规范的语言。例如排序问题，输入数据是一组待排序的学生成绩，输出数据是由高到低排序的学生成绩，学生成绩应为 0 ～ 100 之间的正整数等。

（2）建立数学模型

通过对问题的分析，找出其中所有操作对象以及操作对象之间的关系，并用数学语言加以描述，即建立数学模型。例如排序问题，输入数据是一组学生的学号、姓名及成绩，可以将这些数据按线性表结构进行组织。输出数据与输入内容的结构相同，只是数据排列顺序不同。

（3）算法设计

根据数据模型，给出求解问题的一系列步骤，且这些步骤可通过计算机的各种操作来实现，这个过程就是算法设计。例如通过递归算法的设计解决汉诺塔问题。

（4）算法的正确性证明

一旦完成对算法的描述，必须证明它是正确的。例如对一切合法的输入，算法均能在有限次的计算后产生正确的输出。

（5）算法分析

算法分析是指对执行一个算法所消耗的计算机资源进行估算。对数值型算法，还需分析算法的稳定性和误差等问题。例如，求两个正整数的最大公约数的算法会有多种，通过对各种算法的复杂性分析，从中找到最合适的算法——辗转相除法。

（6）算法的程序实现

将"算法描述"正确地编写成计算机语言程序。例如，确定算法后，用编程语言去具体实现。

1.5.3　计算机算法

（1）算法的概念

算法一词源于公元 825 年阿拉伯数学家阿科瓦里茨米的《波斯教科书》一书，原意指计算步骤或规则。在计算机科学中，算法一词有特殊的意义，特指用计算机求解某一问题的方法。即用计算机语言描述的并能在计算机上执行的各种方法。

数学算法和计算机算法是有差异的。由于计算机本身是一个有限离散结构，这决定了计算机所能处理的问题必须是确定有解的，而且能在有限步骤内得到解。有的问题可将求解过程写成算法由计算机求解，有的问题则不能。

（2）算法的特征

算法具有以下特征。

① 有穷性：一个算法须在执行有限运算步骤后终止，每一步必须在有限时间内完成。

②确定性：算法的每一步骤必须有确定的含义，对每一种可能出现的情况，算法都应给出确定的操作，不能有多意性。

③可行性：算法中的每一步骤都是能实现的，算法的执行结果应达到预期目的，即正确、有效。

④输入：在执行算法时需要从外界取得必要的信息，一个算法有0个或多个输入，以刻画运算对象的初始情况。所谓0个输入是指算法本身定出了初始条件。

⑤输出：算法的目的是求解。"解"就是输出，一个算法有一个或多个输出，以反映对输入数据加工后的结果。没有输出的算法是毫无意义的。

1.5.4　算法与程序

程序是计算机指令的有序集合，是算法用某种程序设计语言的表述，是算法在计算机上的具体实现。算法与程序的联系：算法和程序都是指令的有限序列，程序是算法，而算法不一定是程序，程序＝数据结构＋算法。算法的主要目的在于使人们了解所执行的工作的流程与步骤。数据结构与算法要变为程序，才能由计算机系统来执行。

（1）**算法和程序的主要区别**

① 形式不同

a.算法在描述上一般使用半形式化的语言。

b.程序是用形式化的计算机语言描述的。

② 性质不同

a.算法是解决问题的步骤。

b.程序是算法的代码实现。

③ 特点不同

a.算法要依靠程序来完成功能。

b.程序需要算法作为灵魂。

（2）**程序的运行**

为了使计算机程序得以运行，计算机需要加载代码，同时也要加载数据。从计算机的底层来说，这是由高级语言（例如Java、C／C＋＋、C＃等）代码转译成机器语言而被CPU所理解，进行加载。常用的计算机操作系统有Windows、Linux等，它们加载并执行很多的程序。在这种情况下，每一个程序是一个单独的映射。为了得到某种结果，程序可以由计算机等具有信息处理能力的装置代码化指令序列，或者自动转换成符号化指令序列或者符号化语句序列。

 巩固练习

一、选择题

1.以下不属于人工智能研究领域的是（　　）。

　　A.智能机器人

　　B.智能检索技术

　　C.模式识别系统

　　D.传感器技术

2.简单地说，物联网是（　　）。

　　A.一种网络接入方式

　　B.通过信息传感设备将物品与互联网相连接，以实现对物品进行智能化管理的网络

　　C.一个生产企业的产品销售计划

　　D.一种协议

3.算法可以看作是由（　　）组成的用来解决问题的具体过程，实质上反映的是解决问题的思路。

　　A.有限个步骤

　　B.一系列数据结构

　　C.无限个步骤

　　D.某种数据结构

4.以下不属于计算机求解问题过程的是（　　）。

　　A.寻找答案

　　B.建立数学模型

　　C.算法设计

　　D.编写程序

二、简答题

1.什么是算法？

2.算法的特征是什么？

知识巩固与归纳表

激励式教学评价表

　　1.本任务学习之后，请扫描二维码下载知识巩固与归纳表，填写本任务的记忆点，并归纳总结。

　　2.激励式教学评价表可作为期末成绩的一项考评，请扫描下载并填写。

②

模块2　Windows 10操作系统的使用

信息技术

思维导图

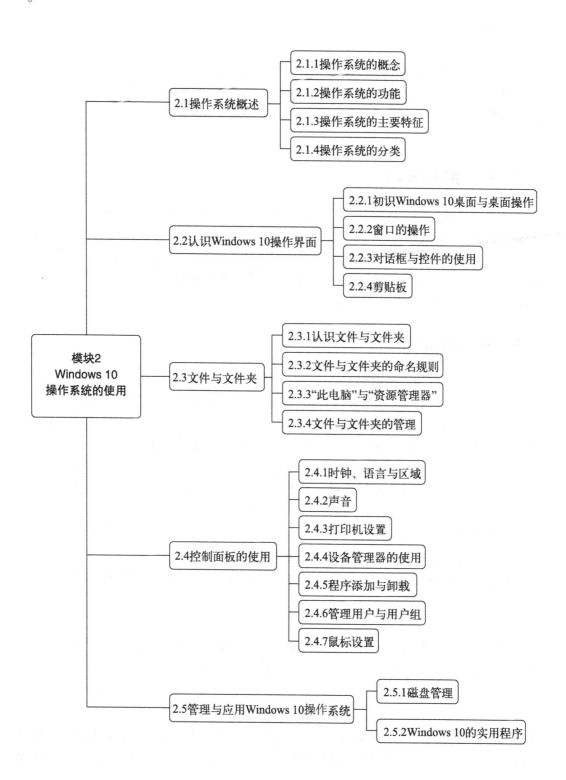

2.1　操作系统概述

 课时目标

知识目标	能够掌握操作系统的概念、功能、特征和分类。
能力目标	通过网络查找与学习，提高学生搜索信息的能力与信息技术应用能力。
素质目标	培养学生的信息素养和创新意识，增强学生辩证思维能力。

2.1.1　操作系统的概念

操作系统（operating system，OS）是管理计算机硬件资源、控制其他程序运行并为用户提供交互操作界面的系统软件的集合。操作系统是直接运行在"裸机"上的最基本系统软件，任何其他软件都必须在操作系统的支持下才能运行。操作系统是计算机系统的关键组成部分，负责管理与配置内存，决定系统资源供需的优先次序，控制输入/输出设备，操作网络与管理文件系统等基本任务。

2.1.2　操作系统的功能

操作系统的主要功能是资源管理、程序控制和人机交互等。计算机系统的资源可分为设备资源和信息资源两大类。设备资源指的是组成计算机的硬件设备，如中央处理器、内存、磁盘存储器、打印机、磁带存储器、显示器、键盘和鼠标等。信息资源指的是存放于计算机内的各种数据，如文件、程序库、知识库、系统软件和应用软件等。操作系统位于底层硬件与用户之间，是两者沟通的桥梁。用户可以通过操作系统的用户界面输入命令；操作系统则对命令进行解释，驱动硬件设备，实现用户要求。操作系统的重要功能包括处理器管理、存储管理、设备管理、文件管理和作业管理。

（1）处理器管理

处理器管理主要有两项工作：一是处理中断事件；二是处理器调度。正是由于操作系统对处理器的管理策略不同，其提供的作业处理方式也就不同，如批处理方式、分时处理方式、实时处理方式等。

（2）存储管理

存储管理的主要任务是管理存储器资源，为多道程序运行提供有力的支撑。存储管理的主要功能包括存储分配、存储共享、存储保护和存储扩充。

（3）设备管理

设备管理的主要任务是管理各类外围设备、完成用户提出的I/O请求、加快I/O信息的传送速度、发挥I/O设备的并行性、提高I/O设备的利用率、提供每种设备的设备驱动程序和中断处理程序以及向用户屏蔽硬件使用细节。设备管理具有以下功能：提供外围

设备的控制与处理、提供外围设备的分配、提供共享型外围设备的驱动和实现虚拟设备。

（4）文件管理

文件管理是对系统的信息资源进行管理。文件管理的主要任务是：提供文件的管理逻辑方法、物理组织方法、存取方法、使用方法，实现文件的目录管理、存取控制和存储空间管理。

（5）作业管理

用户需要计算机完成某项任务而要求计算机所做工作的集合称为作业。作业管理的主要功能是把用户的作业装入内存并投入运行，一旦作业进入内存，就称为进程。

2.1.3　操作系统的主要特征

（1）并发性

并发性是指多个程序同时在系统中运行。并发性体现了操作系统同时处理多个活动事件的能力。通过并发减少了计算机中各部件间因相互等待而造成的资源浪费，提高了资源利用率。

（2）共享性

共享性是指计算机系统中的资源能够被并行执行的程序共同使用。共享是在操作系统控制下实现了对资源的管理与调度，使得并发执行的多个程序能够合理地共享这些资源。

（3）虚拟性

虚拟性是操作系统通过某个技术将一个实际存在的实体变为多个逻辑上的对应体。并发的多个程序访问这些逻辑对应体，提高了实体的利用率。操作系统的虚拟性体现在CPU、内存、设备和文件管理等各个方面。正是操作系统的虚拟性才把裸机变成了功能更强、更易于使用的虚拟机。

（4）异步性

异步性也称为不确定性，是指在多个程序并发运行环境中，每个程序何时开始执行、何时暂停、推进速度和完成时间等都是不确定的。因此，操作系统的设计与实现要充分考虑各种可能性，以便稳定、高效、可靠、安全地达到程序并发和资源共享的目的。

2.1.4　操作系统的分类

早期的计算机没有操作系统，属于手工操作方式。随着计算机技术的发展，先后出现了单道批处理系统、多道批处理系统、分时操作系统、实时操作系统、现代操作系统等，操作系统的功能不断增强。

1946年第一台计算机诞生——20世纪50年代中期，还未出现操作系统，计算机工作采用手工操作方式。程序员将对应于程序和数据的已穿孔的纸带（或卡片）装入输入机，然后启动输入机把程序和数据输入计算机内存，接着通过控制台开关启动程序针对数据运行；计算完毕，打印机输出计算结果；用户取走结果并卸下纸带（或卡片）后，才让下一个用户上机。

20世纪50年代后期，出现了人机矛盾：手工操作的慢速度和计算机的高速度之间形成了尖锐矛盾，手工操作方式已严重损害了系统资源的利用率（使资源利用率降为百分之几，甚至更低），不能容忍。唯一的解决方法：摆脱人的手工操作，实现作业的自动过渡。这样就出现了成批处理。

20世纪50年代至60年代，以晶体管为主要元器件的第二代计算机出现了单道批处理系统。

20世纪60年代中期，在前述的批处理系统中引入多道程序设计技术后，形成了多道批处理系统。该系统把用户提交的作业成批地送入计算机内存，然后由作业调度程序自动地选择作业运行。

在操作系统中采用分时技术就形成了分时操作系统。分时操作系统将CPU的时间划分成若干个片段，称为时间片。操作系统以时间片为单位，轮流为每个终端用户服务。

为了能在某个时间限制内完成某些紧急任务而不需时间片排队，诞生了实时操作系统。实时操作系统是指使计算机能及时响应外部事件的请求，在严格规定的时间内完成对该事件的处理，并控制所有实时设备和实时任务协调一致地工作的操作系统。

进入20世纪80年代，随着大规模集成电路工艺技术的飞跃发展，以及微处理器的出现和发展，掀起了计算机大发展大普及的浪潮。一方面迎来了个人计算机的时代，另一方面又向计算机网络、分布式处理、巨型计算机和智能化方向发展。于是，操作系统有了进一步的发展，如个人计算机操作系统、网络操作系统、分布式操作系统等。

操作系统大致可分为以下6种类型。

① 简单操作系统。它是计算机发展初期所配置的操作系统，如IBM公司的磁盘操作系统DOS/360和微型计算机的操作系统CP/M等。这类操作系统的功能主要是操作命令的执行、文件服务、支持高级语言编译程序和控制外部设备等。

② 分时操作系统。它支持位于不同终端的多个用户同时使用一台计算机，彼此独立操作，互不干扰，用户感到计算机全为其所用。

③ 实时操作系统。它是为实时计算机系统配置的操作系统。其主要特点是资源的分配和调度首先要考虑实时性，然后才是效率。此外，实时操作系统应有较强的容错能力。

④ 网络操作系统。它是为计算机网络配置的操作系统。在其支持下，网络中的各台计算机能互相通信和共享资源。其主要特点是与网络的硬件相结合来完成网络的通信任务。

⑤ 分布操作系统。它是为分布计算机系统配置的操作系统。它在资源管理、通信控制和操作系统的结构等方面，与其他操作系统有较大的区别。由于分布计算机系统的资源分布于系统的不同计算机上，操作系统对用户的资源需求不能像一般的操作系统那样等待有资源时直接分配，而是要在系统的各台计算机上搜索，找到所需资源后进行分配。分布操作系统支持并行处理，因此它提供的通信机制和网络操作系统提供的有所不同，要求通信速率高。分布操作系统的结构也不同于其他操作系统，它分布于系统的各台计

算机上，能并行地处理用户的各种需求，有较强的容错能力。

⑥ 智能手机操作系统。智能手机操作系统是一种运算能力及功能比传统功能手机系统更强的操作系统。它是独立的操作系统，具有良好的用户界面，拥有很强的应用扩展性，能随意地安装和删除应用程序。

 巩固练习

选择题

1.Windows 10是一种（　　）。

　　A.文字处理系统

　　B.计算机语言

　　C.字符型的操作系统

　　D.图形化的操作系统

2.计算机操作系统的主要功能是（　　）。

　　A.实现软、硬件转换

　　B.管理系统所有的软、硬件资源

　　C.把程序转换为目标程序

　　D.进行数据处理

3.Windows 10是一种（　　）操作系统。

　　A.单用户、单任务

　　B.单用户、多任务

　　C.多用户、多任务

　　D.多用户、单任务

4.从用户的观点看，操作系统是（　　）。

　　A.用户与计算机硬件之间的接口

　　B.控制和管理计算机资源的软件

　　C.合理组织计算机工作流程的软件

　　D.计算机资源的管理者

5.在现代操作系统中，引入了（　　），从而使并发和共享成为可能。

　　A.单道程序　　　　　　　　　B.磁盘

　　C.对象　　　　　　　　　　　D.多道程序

知识巩固与归纳表

激励式教学评价表

　　1.本任务学习之后，请扫描二维码下载知识巩固与归纳表，填写本任务的记忆点，并归纳总结。

　　2.激励式教学评价表可作为期末成绩的一项考评，请扫描下载并填写。

2.2 认识Windows 10操作界面

 课时目标

知识目标	1.熟悉 Windows 10 操作界面。 2.初步掌握 Windows 10 的特点和基本操作。
能力目标	提高学生信息技术实践操作能力和类推能力。
素质目标	提高学生合作探究意识，激发学生学习兴趣。

2.2.1 初识Windows 10桌面与桌面操作

Windows 10启动成功后出现的主屏幕工作区域称为桌面。桌面由三部分组成：桌面背景、桌面图标、任务栏。Windows 10桌面的组成如图2-1所示。

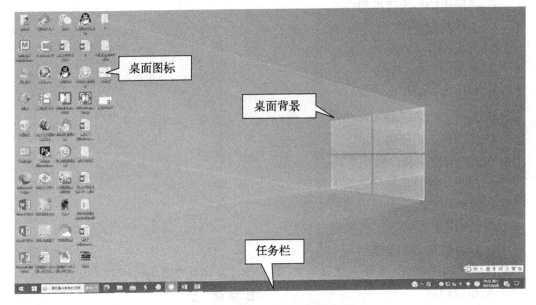

图2-1 Windows 10桌面的组成

（1）桌面快捷菜单的组成

快捷菜单（又称右键菜单）是显示与特定项目相关的一列命令的菜单，即鼠标右击时常出现的相应菜单。Windows快捷菜单中命令有多种不同的显示形式，不同的显示形式代表不同的含义。

① 快捷菜单小知识

a.快捷菜单中每条命令后带有括号加字母，又称热键，表示在键盘上直接按Ctrl+括

号内字母可以打开子菜单，如图2-2所示。

b.有些菜单项的右侧带有向右的箭头，表示有下一级子菜单，将鼠标指针移向菜单项将显示下一级子菜单项。

c.有些菜单项后边有省略号，表示能够打开此菜单项的对话框。

② 菜单命令

a.查看：可以进行改变桌面图标的大小等操作，如图2-3所示。

• 自动排列图标：在对桌面图标进行拖动时会出现一个选定标志，只能与其他桌面图标进行位置的互换，而不能拖动图标到桌面上任意位置。

• 将图标与网格对齐：调整图标的位置时，它们总是成行成列地排列，而不能移动到桌面上任意位置。

• 显示桌面图标：在此命令前的"√"标志取消后，桌面上将不显示任何图标。

b.排序方式：对桌面图标进行排序。

需要对桌面上的图标进行位置调整时，可在桌面的空白处单击鼠标右键，在弹出的快捷菜单中选择"排序方式"菜单项命令，在子菜单项中包含了多种排列方式，如图2-4所示。各选项的作用如下。

• 名称：按图标名称开头的字母或拼音顺序排列。

• 大小：按图标所代表文件的大小顺序来排列。

• 项目类型：按图标所代表文件的类型来排列。

• 修改日期：按图标所代表文件的最后一次修改时间来排列。

c.刷新：显示器的刷新电路对屏幕重新扫描。

d.新建：可以新建文件夹与文件等，如图2-5所示。

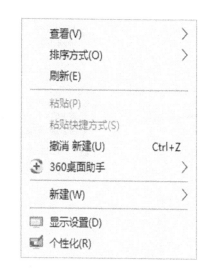

图2-2　桌面快捷菜单

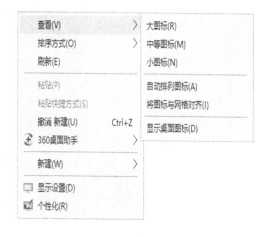

图2-3　桌面快捷菜单"查看"

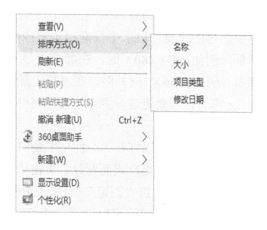

图2-4　桌面快捷菜单"排序方式"

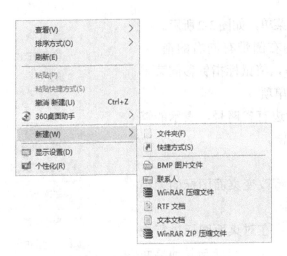

图2-5　桌面快捷菜单"新建"

e.显示设置：可以打开"显示设置"窗口，如图2-6所示。

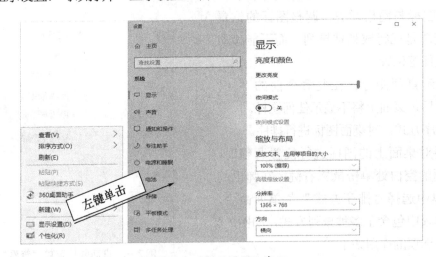

图2-6　"显示设置"窗口

• 分辨率：是指屏幕纵横方向上的像素（px）点数。分辨率是确定计算机屏幕上显示多少信息的设置，以水平像素和垂直像素来衡量。就相同大小的屏幕而言，当屏幕分辨率低（例如640×480）时，在屏幕上显示的像素少，单个像素尺寸比较大；当屏幕分辨率高（例如1366×768）时，在屏幕上显示的像素多，单个像素尺寸比较小。

• 声音：若要更改计算机在发生事件时发出的声音，可单击"声音"命令，依次更改设置选项。

f.个性化：可以打开"个性化"窗口，如图2-7所示。

• 背景：若要更改桌面背景，单击"背景"命令，选择某张图片或多张图片设置为桌面背景。也可以单击"浏览"按钮，选择本地文件夹中的图片设置为桌面背景。

• 颜色：若要更改窗口边框、任务栏和"开始"菜单的颜色，可单击"颜色"命令，设置颜色效果。

图2-7　"个性化"窗口

· 锁屏界面：若要添加或更改锁屏界面，可单击"锁屏界面"命令，设置屏保样式。

（2）任务栏的设置

① 任务栏的组成　　任务栏是位于桌面底部的条状区域，它包含"开始"菜单按钮以及所有已打开程序的任务按钮。Windows 10中的任务栏由"开始"菜单按钮、快速启动工具栏、窗口按钮和通知区域等几部分组成，如图2-8所示。

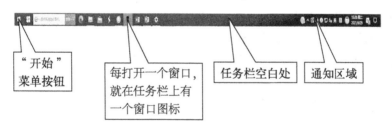

图2-8　任务栏的组成

"开始"菜单按钮：单击可以打开"开始"菜单。

快速启动工具栏：单击其中的按钮，即可启动相应程序。

任务图标按钮：单击任务图标按钮可以迅速地在任务的窗口之间进行切换。也可以右击任务图标按钮，通过弹出的快捷菜单对任务窗口进行控制。

语言栏：显示当前的输入法状态。

通知区域：包括时钟、音量、网络以及其他显示特定程序和计算机设置状态的图标。

② "开始"菜单　　"开始"菜单中存放着Windows 10的绝大多数命令和安装到系统里的所有程序，是操作系统的中央控制区域。通过该菜单可以方便地启动应用程序，还可以对系统进行各种设置和管理。单击任务栏最左侧的"开始"菜单按钮，即可弹出"开始"菜单，如图2-9所示。

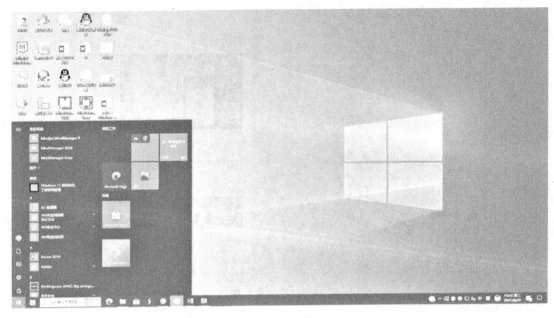

图2-9　"开始"菜单

③ 任务栏与"开始"菜单的个性化设置

右击任务栏的空白处，在快捷菜单中选择"任务栏"命令，打开"任务栏"设置窗口，如图2-10所示。

a.锁定或取消锁定任务栏。任务栏被锁定后，其大小、位置等都不可改变。

b.打开自动隐藏任务栏，任务栏将自动隐藏，以扩大应用程序的窗口区域。当鼠标指针移到屏幕的下边沿时，任务栏将自动弹出。

图2-10　"任务栏"设置窗口

c.任务栏的位置和高度也是可以改变的。在"任务栏"设置窗口中解锁任务栏，将鼠标指针移到任务栏上边线时，鼠标指针将变成上下箭头形状。此时，拖动鼠标左键可改变任务栏的高度，但不能满屏。把鼠标指针移到任务栏的空白处，然后向屏幕的其他边缘位置拖动任务栏，就可以将任务栏移到屏幕的其他边缘处。

> ！注意
>
> 通过鼠标拖动的方式调整任务栏的位置和高度的前提是"取消锁定任务栏"。

单击"开始"命令，可以设置"开始"菜单的外观和行为，如图2-11所示。

图2-11　"开始"菜单属性

2.2.2　窗口的操作

窗口分为应用程序窗口和文件夹窗口。Windows 10窗口的基本组成如图2-12所示。

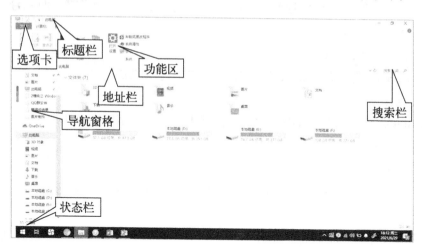

图2-12　Windows 10窗口的基本组成

（1）标题栏

标题栏位于窗口的顶部，显示已打开的应用程序的图标、名称等。在标题栏右侧有"最小化""最大化/向下还原"和"关闭"按钮。单击左上角的控制按钮图标，会打开应用程序的控制菜单，使用该菜单也可以实现窗口的最小化、最大化和关闭等功能。双击标题栏，可完成窗口的最大化和还原之间的切换。

❖ Windows 10操作系统是一个多任务操作系统，允许多个任务同时运行，但是在某一时刻，只能有一个窗口处于当前活动状态。所谓活动窗口，是指该窗口可以接收用户的键盘和鼠标的输入等操作；非活动窗口不会接收键盘和鼠标输入等操作，但仍在后台运行。

> **！注意**
>
> 当打开多个窗口时，按住Alt键不放，再轻点Tab键，可以在各个窗口之间进行切换。

（2）选项卡

每个选项卡代表一个活动的区域。单击不同的区域，即可展现不同的内容，以节约页面的空间。

（3）地址栏

地址栏显示当前所在的位置。通过单击地址栏中的不同位置，可以直接导航到这个位置。

（4）搜索栏

在搜索栏中输入内容后，将立即对文件夹中的内容进行筛选，并显示出与所输入内容相匹配的文件。在搜索时，如果对查找目标的名称记得不太确切，或需要查找文件名类似的多个文件，则可以在查找的文件名或文件夹名中适当地插入一个或多个通配符。通配符有两个，即问号？和星号*。其中，问号？代表任意一个字符，而星号*代表任意多个字符。

（5）"前进/后退"按钮

使用"前进/后退"按钮可以导航到已打开的其他文件夹。

（6）功能区

在Windows 10中，功能区中的功能会根据查看内容的不同而有所变化，单击选项卡，找到所需要的功能命令。

（7）导航窗格

用户可以在导航窗格中单击盘符或文件夹，包含的内容在工作区显示。

（8）状态栏

状态栏显示当前路径下的文件夹中的详细信息，如文件夹中的项目数、文件的修改日期、文件大小、文件的创建日期等。

（9）滚动条

当用户区域显示的内容的高度大于显示窗口的高度时，将在右侧出现垂直滚动条；当显示内容的宽度大于显示窗口的宽度时，将在底部出现水平滚动条。

❖ 移动窗口

用户在打开一个窗口后，窗口在还原状态，用户只需在标题栏上按住鼠标左键拖动，移动到合适的位置后再松开鼠标，即可完成移动操作。

❖ 缩放窗口

窗口不但可以移动到桌面的任何位置，还可以随意改变大小。

❖ 窗口最小化、关闭、最大化/向下还原

用户对窗口进行操作的过程中，可以根据需要把窗口最小化、最大化/向下还原、关闭。

① 最小化按钮：可将窗口缩至最小，后台继续运行，再单击任务栏中对应的窗口图标，可放大恢复。

> ! 注意
>
> **按最小化按钮不是关闭窗口。**

② 向下还原按钮：可将窗口还原到可调节窗口大小的状态。

③ 最大化按钮：可将窗口放大到满屏。

④ 关闭按钮：可关闭窗口。

2.2.3　对话框与控件的使用

对话框是Windows 10中用于与用户交互的重要工具。通过对话框，系统可以提示或询问用户，并提供一些选项供用户选择。

对话框包括一系列控件，控件是一种具有标准外观和标准操作方法的对象。下面介绍较常见的控件，如图2-13所示。

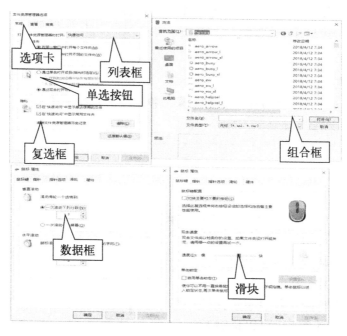

图2-13　Windows 10对话框的组成

（1）选项卡

选项卡多用于将一些比较复杂的对话框分为多个标签，实现切换操作。

（2）文本框

文本框可以让用户输入和修改文本信息。

（3）复选框

复选框的标记是一个方格，一组复选框出现时，用户可以选择任意多个选项。

（4）单选按钮

单选按钮的标记为一个圆点，用于在一组选项中做出选择，一次只能选择一个选项。

（5）命令按钮

命令按钮用于执行某个命令，单击按钮可实现某项功能。

（6）列表框

列表框给出一个项目列表，允许用户选择。如果用户可以在从上向下的列表中做出选择，则这种列表框称为下拉列表框。

（7）组合框

组合框同时包括文本框控件和列表框控件。用户可以根据需要从下拉列表中选择，也可以在组合框中输入。

（8）数据框

数据框是供用户输入数字的矩形框，还可以通过箭头增大或减小框内数值。

（9）滑块

滑块控件又称跟踪条，可以在给定范围内选择值。

> **！注意**
>
> 　　对话框不包含菜单栏，也没有"最小化"按钮和"最大化/向下还原"按钮。与窗口相比，对话框只能拖动标题栏在屏幕上移动，不能改变其大小，也不能缩小成任务栏图标。

2.2.4　剪贴板

剪贴板是Windows操作系统为传递信息而在内存中开辟的临时存储区域。通过剪贴板可以实现Windows环境中运行的应用程序之间或应用程序内的数据传递和共享。剪贴板能够共享或传送的信息可以是文字、数字或符号组合，也可以是图形、图像、声音等。利用剪贴板传递信息，首先要将信息从信息源区域复制到剪贴板，然后再将剪贴板内的信息粘贴到目标区域中，如图2-14所示。

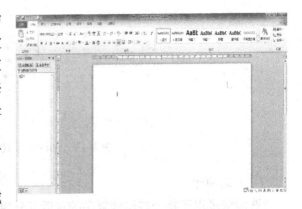

图2-14　剪贴板

剪贴板是在内存里的存储空间，当计算机关闭或重启时，存储在剪贴板中的内容将会丢失。

巩固练习

一、选择题

1.在Windows 10操作系统中，如果菜单项的文字后出现（　　）标记，则表明单击此菜单会打开一个对话框。

    A. □   B. …

    C. √   D. ●

2.在Windows 10操作系统中，如果菜单栏的文字前出现"√"标记，则表明（　　）。

    A.此菜单当前不可用

    B.此菜单正处于选中状态

    C.此菜单下还有下级菜单

    D.单击菜单会打开一个对话框

3.在Windows 10操作系统中，某窗口的大小占桌面的三分之二，该窗口标题栏最右边存在的按钮分别是（　　）。

    A.最小化、向下还原、关闭

    B.最小化、最大化、向下还原

    C.最大化、向下还原、关闭

    D.最小化、最大化、关闭

4.在Windows 10操作系统中，对话框分为（　　）。

    A.非模式对话框

    B.模式对话框

    C.单选框

    D.文本框

5.在Windows 10操作系统中，窗口与对话框的区别是（　　）。

    A.窗口有标题栏，而对话框没有

    B.窗口可以移动，而对话框不可移动

    C.窗口有命令按钮，而对话框没有

    D.窗口有菜单栏，而对话框没有

6.组合键（　　）可以在打开的多个程序或窗口之间切换。

    A.Win+D

    B.Ctrl+A

    C.Ctrl+Tab

    D.Alt+Tab

7.下列关于 Windows 10 操作系统的描述中，错误的是（　　）。

A.Windows 10 操作系统是一个多任务操作系统，允许多个程序同时运行

B.在某一时刻，只能有一个窗口处于活动状态

C.非活动窗口在后台运行

D.非活动窗口可以接收用户的键盘和鼠标输入等操作

8."剪贴板"中存放的信息，关闭计算机（　　）。

A.不会丢失

B.再开机可以恢复

C.会丢失

D.再开机可以继续使用

9.在窗口被最大化后，如果想要调整窗口的大小，应进行的操作是（　　）。

A.拖动窗口的边框线

B.单击"向下还原"按钮，再拖动边框线

C.先单击"最小化"按钮，再拖动边框线

D.拖动窗口的四角

10.在 Windows 10 操作系统中的"任务栏"上显示的是（　　）。

A.系统正在运行的所有程序

B.系统禁止运行的程序

C.仅在系统后台运行的程序

D.仅在系统前台运行的程序

二、判断题

1.对话框窗口的最小化形式是一个图标。（　　）

2.非活动窗口在后台运行，不能接收用户的键盘和鼠标输入等操作。（　　）

3.在 Windows 的默认设置下，将鼠标指针定位到某个对象后，单击鼠标左键，可启动一个程序或打开一个窗口。（　　）

4.剪贴板中的信息可以是一段文字、数字或符号组合，也可以是图形、图像、声音等。（　　）

5.同一个文件夹中，文件与文件不能同名，文件夹与文件夹可以同名。（　　）

知识巩固与归纳表

激励式教学评价表

1.本任务学习之后，请扫描二维码下载知识巩固与归纳表，填写本任务的记忆点，并归纳总结。

2.激励式教学评价表可作为期末成绩的一项考评，请扫描下载并填写。

2.3　文件与文件夹

课时目标

知识目标	1. 掌握 Windows 10 文件与文件夹的命名规则。 2. 能够学会文件与文件夹的基本操作方法。
能力目标	通过学习探究和自主练习，能够熟练操作，并能举一反三。
素质目标	培养学生的创新意识和发散思维。

　　存放在计算机中的所有程序以及各种类型的数据，都是以文件的形式存储在磁盘上的。在 Windows 10 中可以使用"此电脑"和"资源管理器"来完成对文件、文件夹或其他资源的管理。

2.3.1　认识文件与文件夹

　　所谓文件（file），是信息在计算机中的存储形式，是指存放在外存储器上的一组相关信息的集合。每个文件都有一个名字，称为文件名。文件名是操作系统中区分不同文件的唯一标志。计算机所操作或处理的所有对象都是数据，而数据是以文件的形式存储在计算机的磁盘上的。文件是最小的数据组织单位。文件中不仅可以存放文本、数据，还可以存放图像、声音、视频等，如图 2-15 所示。

　　文件夹（图 2-16）是存放文件的组织实体，一个磁盘上可以存放很多的文件。为了便于管理文件，还可以把文件组织到目录和子目录中。目录被认为是文件夹，而子目录则被认为是文件夹的子文件夹。一个文件夹可以包含多个文件，还可以包含多个子文件夹。

图 2-15　常用文件

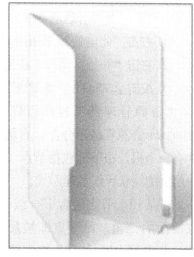

图 2-16　文件夹

2.3.2   文件与文件夹的命名规则

在Windows中，文件和文件夹的命名有以下规定。

① 文件名由主文件名和扩展名两部分组成。主文件名和扩展名之间用"."作为分隔符。一般把主文件名直接称为文件名，表示文件的名称；文件的扩展名一般标志着文件的类型，也称为文件的后缀。

② 文件或文件夹的名字最多可使用255个英文字符，用汉字命名最多可有127个汉字。文件名、文件夹名不能超过255个英文字符，键盘输入的英文字母、符号、空格等都可以作为文件名的字符来使用。但是，有几个特殊字符由系统保留不能使用的，比如在英文输入法状态下的：、/、?、*、"、<、>、|。

③ 文件名不区分英文字母的大小写，如同一文件夹中ABC.docx和abc.docx属于同一文件。

④ 在同一文件夹内不能有相同的文件名，而在不同的文件夹中可以重名。

2.3.3   "此电脑"与"资源管理器"

（1）"此电脑"

用户打开桌面上"此电脑"图标可以显示整个计算机中的文件与文件夹信息，可以完成启动应用程序，打开、查找、复制、删除、创建文件与文件夹等操作，还可以管理计算机软件资源。

（2）"资源管理器"

"资源管理器"程序也是Windows 10操作系统中常用的文件和文件夹管理工具，它以分层的方式显示计算机内所有文件的详细图标。使用"资源管理器"可以方便地实现浏览、查看、移动、复制文件或文件夹等操作，即在一个窗口中可以浏览所有的磁盘和文件夹。打开"资源管理器"的方法如下。

① 右击"此电脑"，在出现的快捷菜单中单击"打开"命令。

② 右击"开始"菜单，在出现的快捷菜单中单击"文件资源管理器"。

③ 按键盘Win+E快捷键也可以打开Windows资源管理器窗口，如图2-17所示。

"资源管理器"程序可以管理的项目很多，有"文档""此电脑""网络"等。Windows资源管理器分左、右两个窗口，其中左窗口为一个树形控件视图窗口。树形控件有一个根，根下面包括节点（又称项目），每个节点又可以包括下级子节点，这样形成一层层的树状组织管理形式。

当某一个节点包含下一级子节点时，该节点的前面将带有一个三角。单击这个节点前面的三角，此节点即被展开。节点展开后，如果单击此三角，就可以将节点收缩。单击某个节点的名称或图标，就可以在右窗口中打开此节点所包含的文件与文件夹。

图2-17　"文件资源管理器"窗口

2.3.4　文件与文件夹的管理

（1）新建文件与文件夹

① 新建文件　不论是计算机可以执行的应用程序还是用户撰写的文档、数据表、演示文稿，都是以文件的形式存放在磁盘上的。在操作系统中，不同类型的数据文件必须用相应的应用程序才能将其打开、编辑。操作系统在安装完成后，已经把常见类型的文件与相应的应用程序建立了关联。因此，用户可以使用"新建"级联菜单来建立一些已经在操作系统中注册了类型的文件，具体操作步骤和新建文件夹相似。值得注意的是：这些新建的文件只是定义了文件名和路径，文件中的内容还需要调用相应的应用程序来编辑产生。

② 新建文件夹　Windows允许在根目录下创建文件夹，文件夹下还可以再建文件夹。要新建一个文件夹，首先要确定需要新建文件夹的位置。打开"此电脑"，打开目标位置盘符→确定位置→右击，在弹出的快捷菜单中单击"新建"→单击"新建文件夹"。

（2）设置文件与文件夹的属性

在文件或文件夹上右击，在弹出的快捷菜单中选择"属性"命令，将打开其属性对话框，如图2-18和图2-19所示。

文件与文件夹的属性都可以设置"只读""隐藏"。当将文件或文件夹属性设置为"隐藏"后，在操作系统默认的设置中，该文件或文件夹将被隐藏起来。当将文件或文件夹属性设置为"只读"后，用户就不能修改该文件或文件夹的内容。单击"高级"按钮，还可以设置"存档和索引属性""压缩或加密属性"，如图2-20所示。

图2-18　文件属性对话框　　　　　　图2-19　文件夹属性对话框

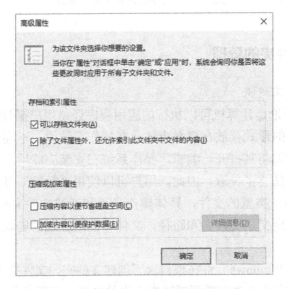

图2-20　高级选项卡

在文件夹属性对话框的"共享"选项卡中，用户可以决定是否将该文件夹设置为共享。如果用户选择共享该文件夹，则当该计算机与某个网络连接后，在该网络中的其他计算机可以通过网络来查看或使用该共享文件夹中的文件。

 注意

　　文件的属性不包括"共享"。要想共享文件，需将文件所在文件夹属性设置为"共享"。

（3）文件与文件夹的选定

对文件或文件夹操作前，需要先选择要操作的文件或文件夹。在Windows 10中选择文件或文件夹的方法如表2-1所示。

● 表2-1　选择文件或文件夹的方法

选择对象	操作方法
选择单个文件或文件夹	直接单击要选定的文件或文件夹
选择连续的文件或文件夹	① 按住鼠标左键，拖动选择多个连续的文件或文件夹。 ② 单击第一个要选择对象，按住 Shift 键，然后单击最后一个要选择的对象
选择不连续的文件或文件夹	选中一个对象，按住 Ctrl 键，再单击要选定的其他对象
选择全部文件或文件夹	① 按键盘 Ctrl+A 组合键。 ② 单击"主页"选项卡，在"选择"组单击"全部选择"命令
取消已选定的文件或文件夹	① 按住 Ctrl 键，再依次单击需要取消的对象。 ② 直接单击空白处。 ③ 单击"主页"选项卡，在"选择"组单击"全部取消"命令

（4）文件与文件夹的复制

文件或文件夹的复制是指给文件或文件夹建立一份副本保存到其他位置，多用于文件或文件夹的备份。复制文件或文件夹的方法如表2-2所示。

● 表2-2　复制文件或文件夹的方法

方法	操作方法
利用"剪贴板"	① 选定需要复制的文件或文件夹，单击"主页"组中的"复制到"命令，打开目标位置，单击"复制" ② 右击需要复制的文件或文件夹，在弹出的快捷菜单中选择"复制"命令，打开目标位置，右击空白处，在弹出的快捷菜单中选择"粘贴"命令 ③ 选定需要复制的文件或文件夹，按 Ctrl+C 组合键，打开目标位置，按 Ctrl+V 组合键
利用鼠标拖动	④ 选定需要复制的文件或文件夹，按住 Ctrl 键，用鼠标左键拖动选定的文件或文件夹到目标位置处，完成复制 ⑤ 选定需要复制的文件或文件夹，按住鼠标右键拖动到目标位置处，松开鼠标，选择"复制到此文件夹"，完成复制 ⑥ 在不同的磁盘之间复制时，选定需要复制的文件或文件夹，直接拖动选定的文件或文件夹到目标驱动器或其中的文件夹图标上即可

（5）文件与文件夹的移动

移动文件或文件夹可以改变其存储的位置。移动文件或文件夹的方法如表2-3所示。

● 表2-3　移动文件或文件夹的方法

方法	操作方法
利用"剪贴板"	① 选定需要复制的文件或文件夹，单击"主页"组中的"移动到"命令，打开目标位置，单击"移动"
	② 右击需要移动的文件或文件夹，在弹出的快捷菜单中选择"剪切"命令，打开目标位置，右击空白处，在弹出的快捷菜单中选择"粘贴"命令
	③ 选定需要移动的文件或文件夹，按 Ctrl+X 组合键，打开目标位置，按 Ctrl+V 组合键
利用鼠标拖动	④ 选定需要移动的文件或文件夹，直接按住鼠标左键拖动选定的文件或文件夹到目标位置处，完成移动
	⑤ 选定需要移动的文件或文件夹，按住鼠标右键拖动到目标位置处，松开鼠标，选择"移动到此文件夹"，完成移动
	⑥ 在不同的磁盘之间移动时，按住 Shift 键的同时拖动选定的文件或文件夹到目标磁盘或其中的文件夹的图标上

在"此电脑"或"资源管理器"中，对文件或文件夹进行复制操作后，可以进行多次粘贴；对文件或文件夹进行剪切操作后，只能进行一次粘贴。

!　**注意**

复制了文件或文件夹之后，原来的位置上还存在此文件或文件夹；移动了之后，原来的位置上已不存在该文件或文件夹。

（6）删除文件与文件夹

当存放在磁盘中的文件或文件夹不再需要时，可以将其删除以释放磁盘空间。为了安全起见，Windows在硬盘上建立了一个特殊的文件夹，命名为"回收站"。一般来说，都先将要删除的文件或文件夹移动到回收站，这样，一旦发现是误操作，只要打开回收站将其还原即可。另外，已经存放在回收站的文件或文件夹，如果确认不再需要，也可以在回收站将它们删除。

① 文件与文件夹的删除　删除文件或文件夹的方法如表2-4所示。

● 表2-4　删除文件或文件夹的方法

操作方法
① 打开"文件资源管理器"，找到要删除的文件或文件夹，然后选定要删除的文件或文件夹，单击"主页"选项卡，单击"删除"命令，单击"回收"或者"永久删除"
② 右击需要删除的文件或文件夹，在弹出的快捷菜单中选择"删除"命令
③ 选中需要删除的文件或文件夹，直接按下 Delete 键，即可将选定的文件或文件夹移动到回收站
④ 如果用户想彻底删除文件或文件夹而不是删除后放入回收站，按住 Shift 键不放，然后再单击"删除"，或直接按 Shift+Delete 快捷键，将出现图 2-21 所示的对话框，单击"是"按钮即可

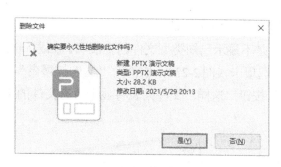

图2-21　删除提示对话框

②回收站的相关操作　双击桌面上的"回收站"图标，即可打开"回收站"窗口，如图2-22所示。如果要从回收站中恢复被删除的文件或文件夹，或从回收站中删除文件或文件夹，必须先选定文件或文件夹，然后右击，将出现一个快捷菜单，选择"还原"命令，即可将选定的文件或文件夹还原到被删除的位置。如选择快捷菜单的"删除"命令，则直接将文件或文件夹从计算机上彻底删除。单击"回收站"窗口中的"回收站工具管理"选项卡，也可以实现还原和删除操作。另外，利用其中的"清空回收站"命令，可以把回收站中的文件和文件夹全部删除。

❖ 回收站是硬盘中的一块区域，用户可以根据需要修改回收站的大小。具体操作步骤为：右击"回收站"图标，选择"属性"选项，在弹出的对话框中选择需要设置的磁盘，在"最大值"文本框中输入数字，单击"确定"按钮。这样就可以修改回收站的大小。回收站只能存放从计算机硬盘中删除的文件或文件夹，从移动硬盘、U盘或从网络中删除的文件或文件夹不会经过回收站，而是被彻底删除。

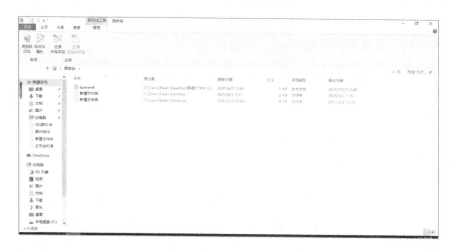

图2-22　"回收站"窗口

（7）重命名文件与文件夹

Windows中，用户可以根据需要随时更改文件或文件夹的名称。具体操作是：单击"此电脑"，选择要重命名的文件或文件夹，单击"主页"选项卡（或右击，出现快捷菜单，或按F2键重新命名），选择"重命名"命令，此时被选定的文件或文件夹的名称将变为蓝底色，输入新的名称后按Enter键即可。

Windows 10默认的是不显示已知类型文件的扩展名。如果确有必要修改文件扩展名，则可以切换到"查看"选项卡（图2-23），取消对"文件扩展名"的选择，即去掉其前面的"√"，单击"确定"按钮，这样，文件列表将显示所有文件的扩展名。

文件名选中与取消

图2-23　"文件扩展名"选中与取消

（8）查找文件与文件夹

在Windows 10中，名称是文件或文件夹在磁盘中唯一的标识，而文件可以存放在磁盘的任何一个文件夹下。如果用户忘记了文件或文件夹所在的位置，或用户想知道某个文件或文件夹是否存在，则可以通过系统提供的"搜索"功能来查找文件或文件夹。另外，Windows 10中的"搜索"功能不仅可以查找文件或文件夹，还可以在网络中查找计算机、网络用户，甚至可以在Internet上查找有关信息。

打开"此电脑"，选择磁盘，在右上角的搜索框中输入要搜索的关键字。例如，输入"计算机"，就会立即开始在当前位置下搜索，搜索的反馈信息会显示出来。若单击搜索框中的空白输入区，可激活筛选搜索界面，其中提供了"修改日期"和"大小"两项，可以根据文件的修改日期和大小对文件进行搜索操作。

❖ 可以利用通配符"？"和"*"搜索文件。搜索时，*和？代表匹配字符，*代表任意位，？只代表一位。

举例：假如想查找一个文件，文件名是以字母a开头的，并且不知道a后面有几个字符，那么就输入a*，这样以a开头的所有文件名（不管a后面有几个字符）就都列出来了。假如知道a后面只有一个字符，那就输入a？，那么所有以a开头且后面只有一个字符的文件名就列出来了。假如a后面有两个字符，那就输入a??，依此类推。也就是说，在确定字符数的时候用？，不确定字符数的时候用*。

举一反三：假如想查找以a开头且以x结尾的文件，可以输入a*x，所有以a开头、中间不管多少位且以x结尾的文件就都列出来了。如果查找以a开头、中间有一位且以x结尾的文件，那就输入a?x，所有以a开头、中间有一位且以x结尾的文件就都列出来了。

（9）文件与文件夹的加密

① 加密文件与文件夹　具体操作如下。

a.右击要加密的文件或文件夹，从弹出的快捷菜单中选"属性"命令，弹出其属性对话框，切换到"常规"标签，单击"高级"按钮，弹出"高级属性"对话框，选中"压缩或加密属性"组中的"加密内容以便保护数据"复选框，如图2-24所示。

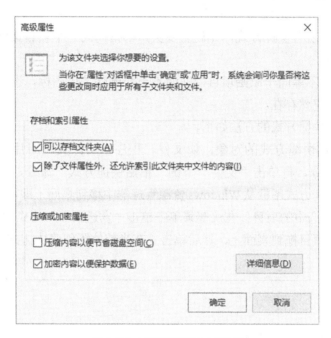

图2-24　"高级属性"对话框

b.单击"确定"按钮。

② 解密文件和文件夹　在图2-24所示的"高级属性"对话框中，取消对"加密内容以便保护数据"的选择。单击"确定"按钮，此时将对所选的文件或文件夹进行解密。

（10）文件与文件夹的压缩

① 创建压缩　右击要压缩的文件夹，在弹出的快捷菜单中选择"发送到"→"压缩文件夹"命令，则系统自动进行压缩。

② 添加或解压

a.添加：向已经压缩好的文件夹中添加新的文件，只需直接从"资源管理器"中将文件拖到压缩文件夹即可。要将文件从文件夹中取出来，需先双击压缩文件夹，将该文件夹打开，然后从压缩文件夹中将要解压缩的文件按Ctrl+C复制到剪贴板，再按Ctrl+V粘贴到新的位置。

b.解压：右击压缩文件夹，在弹出的快捷菜单中，选择"解压到当前文件夹"进行文件夹的解压。

（11）设置快捷方式

快捷方式是到计算机或网络上任何可访问的项目（如程序、文件、文件夹、磁盘驱动器、Web网页、打印机或者另一台计算机）的链接。因此，对某个程序的快捷方式的"运行"，实际上是在运行原来的项目，而对快捷方式的删除不会影响原来的项目。

为了和一般的文件图标、应用程序图标有所区别，快捷方式图标在左下角有一个小箭头。由于快捷方式图标仅仅对应一个"链接"，所以相比于简单的文件复制，它有以下特点。

① 快捷方式只占据很小的存储空间。

② 某个对象的所有快捷方式，无论有多少，都指向同一个项目文件，这样可以防止数据出现不完整性。

③ 快捷方式并不等同于原始项目，即使不小心删除了该图标，也仅仅是删除了一个"链接"，原始项目仍然存在。

在桌面上放置快捷方式的方法如下。

① 选定要创建快捷方式的对象，如文件、程序、文件夹、图片等，依次单击"文件"→"复制"命令，再单击"文件"下的"粘贴快捷方式"命令，可以创建相应的快捷方式，然后将快捷方式图标从Windows资源管理器中移到桌面上即可。

② 还可以右击选中的项目，在快捷菜单中单击"发送到"→"桌面快捷方式"命令，或者用鼠标右键将项目拖到桌面上，然后单击"在当前位置创建快捷方式"选项。

巩固练习

一、选择题

1.在Windows 10中，为保护文件不被修改，可将它的属性设置为（　　）。

　　A.只读　　　　　　　　　　B.存档

　　C.隐藏　　　　　　　　　　D.系统

2.在Windows 10中，文件属性中不包含（　　）。

　　A.隐藏　　　　　　　　　　B.只读

　　C.共享　　　　　　　　　　D.存档

3.在Windows 10"资源管理器"窗口右部选定所有文件，如果要取消其中几个文件的选定，应进行的操作是（　　）。

　　A.用鼠标左键依次单击要取消选定的文件

　　B.按住Ctrl键，再用鼠标左键依次单击要取消的文件

　　C.按住Shift键，再用鼠标左键依次单击要取消的文件

　　D.用鼠标右键依次单击要取消选定的文件

4.在Windows 10中，关于文件命名，下面哪两种说法是正确的。（　　）

　　A.在一个文件夹内，ABC.docx文件与abc.docx文件可以作为两个文件同时存在

　　B.在Windows 10中文版中，可以使用汉字文件名

　　C.给一个文件命名时不可以使用通配符，但同时给一批文件命名时可以使用

　　D.给一个文件命名时，可以不使用扩展名

5.在Windows 10中，文件名不能使用（　　）。

   A.空格　　　　　　　　　　　　　　B.\

   C.下划线　　　　　　　　　　　　　D.单引号

6.在Word中文档文件的默认扩展名是（　　）。

   A.DOCX　　　　　　　　　　　　　B.RTF

   C.GIF　　　　　　　　　　　　　　D.DOTX

7.在Windows 10中，下列打开"资源管理器"的方法中正确的是（　　）。

   A.单击"开始"按钮，在菜单中选择"计算机"

   B.右击任务栏，在出现的快捷菜单中选择"打开Windows资源管理器"

   C.在桌面空白处右击，在出现的快捷菜单中选择"打开Windows资源管理器"

   D.右击"开始"按钮，在出现的快捷菜单中选择"打开Windows资源管理器"

8.文件的类型可以根据（　　）来识别。

   A.文件的大小　　　　　　　　　　B.文件的用途

   C.文件的扩展名　　　　　　　　　D.文件的存放位置

9.启动应用程序，最快捷的方法是从（　　）运行该程序。

   A.此电脑　　　　　　　　　　　　B.开始按钮

   C.桌面上的快捷方式图标　　　　　D.资源管理器

10.在Windows 10中，下列有关快捷方式的叙述错误的是（　　）。

   A.快捷方式改变程序或文档在磁盘中的存放位置

   B.快捷方式提供了对常用程序和文档的访问捷径

   C.快捷方式只能放在桌面上

   D.删除快捷方式下不会对原程序或文档产生影响

二、判断题

1.在同一个文件夹中，文件"a.txt"和文件"A.txt"可以同时存在。（　　）

2.双击"资源管理器"窗口标题栏可以完成窗口的最大化和向下还原的切换。（　　）

3."资源管理器"是Windows 10最常用的文件和文件夹管理工具，它可以将文件的部分内容复制到另一个文件中。（　　）

4.Windows 10的回收站是一个系统文件夹。（　　）

5.在Windows系统中，U盘中删除的文件可通过回收站还原。（　　）

知识巩固与归纳表

激励式教学评价表

   1.本任务学习之后，请扫描二维码下载知识巩固与归纳表，填写本任务的记忆点，并归纳总结。

   2.激励式教学评价表可作为期末成绩的一项考评，请扫描下载并填写。

2.4 控制面板的使用

 课时目标

知识目标	会利用控制面板进行相关系统设置。
能力目标	通过自主探究与合作交流相结合，提升学生的信息技术水平。
素质目标	提高学生克服困难的决心，提高学生学习的自信心，培养学生自学能力和学习兴趣。

控制面板（control panel）是Windows系统图形用户界面的一部分，它允许用户查看并更改基本的系统设置，比如添加/删除软件、控制用户账户、更改辅助功能选项。对系统的有关设置大多是通过控制面板进行的。在桌面双击"控制面板"，就可以打开Windows 10系统的控制面板，如图2-25所示。

图2-25 "控制面板"窗口

Windows 10系统的控制面板默认以"类别"的形式来显示功能菜单，分别有"系统和安全""用户账户""网络和Internet""外观和个性化""硬件和声音""时钟和区域""程序""轻松使用"八个类别，每个类别下会显示该类的具体功能选项，可供快速访问。除了"类别"，Windows 10控制面板还提供了"大图标"和"小图标"的查看方式。单击控制面板右上角"查看方式"旁边的小箭头，可从中选择自己喜欢的方式。

控制面板中提供了搜索功能，只需在控制面板右上角的搜索框中输入关键词，按Enter键后即可看到在控制面板功能中相应的搜索结果。另外，还可以充分利用Windows 10控制面板中的地址栏导航，快速切换到相应的分类选项或者指定需要打开的程序。单击地址栏每类选项右侧向右的箭头，即可显示该类别下的所有程序。

2.4.1　时钟、语言与区域

Windows 10支持不同国家和地区的多种自然语言，但是在安装时，只安装默认的语言系统。若要支持其他的语言系统，需要安装相应的语言以及该语言的输入法和字符集。只要安装了相应的语言支持，不需要安装额外的内码转换软件就可以阅读相应的文字。

在"控制面板"窗口中单击"时钟和区域"链接，即可打开"时钟和区域"对话框，如图2-26所示。

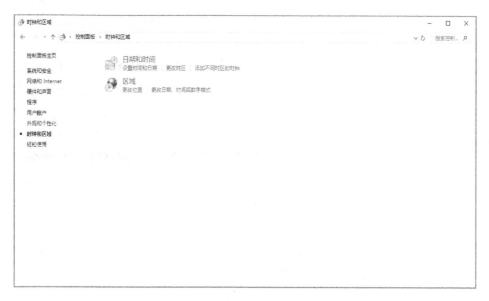

图2-26　"时钟和区域"对话框

（1）日期/时间设置

在"时钟和区域"对话框中单击"日期和时间"，打开"日期和时间"对话框，如图2-27所示。

① 在"日期和时间"标签下，可以调整系统的日期、时间及时区。

② 在"附加时钟"标签下，可以显示其他地区的时间，并可以通过任务栏时钟等方式查看这些附加时钟。

③ 在"Internet时间"标签下，可以使计算机与Internet时间服务器同步，这有助于确保系统时钟的准确性。如果要进行网络同步，必须将计算机连接到Internet。

（2）添加与删除输入法

① 添加和删除中文输入法　单击"开始"

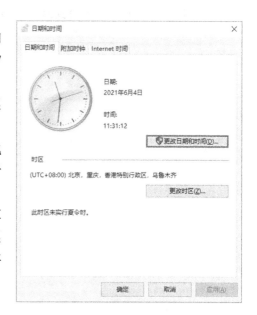

图2-27　"日期和时间"对话框

图2-28 "语言"对话框

菜单，单击"设置"，单击"时间和语言"，单击"语言"，选择"中文（简体，中国）"，单击"选项"，如图2-28所示。

a.在"添加键盘"下方可以看到计算机上已经添加的输入法，选中不需要的输入法，再单击"删除"按钮，即可删除此输入法。

b.如果要添加输入法，例如"某拼音输入法"，单击"添加键盘"，选中要添加的输入法即可。

c.如果要添加其他输入法，可以在网上下载安装，安装好后参照前面的操作步骤进行添加。

② 启用任务栏上的输入法指示器 "键盘"设置中可以设置是否在桌面上显示语言栏，以及是否在任务栏上显示其他语言栏图标。

③ 输入法的切换　如果系统中安装了两种以上的输入法，则可以通过任务栏上的输入法指示器来选择不同的输入法。首先单击任务栏上的输入法指示器，打开输入法选择菜单，然后单击要使用的输入法即可。也可以按Ctrl+Shift组合键在各个输入法之间切换。

！注意

在中、英文输入法之间切换的组合键是Ctrl+Space（空格键），注意区分。

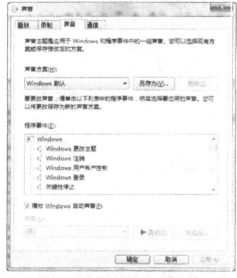

图2-29 "声音"窗口

2.4.2 声音

在系统设置过程中，用户可能执行添加或删除打印机和其他硬件、更改系统声音及更新设备驱动等操作，这就需要使用控制面板提供的功能。

例如，更改系统声音，单击"控制面板"窗口中的"声音"，打开"声音"对话框（图2-29），设置声音效果。

在"程序事件"列表框中有很多以Windows为目录的根结构，这就是Windows 10系统中各个程序进行时所一一对应的声音设定。

单击"测试"按钮，可以听到当前状态下Windows 10在登录时发出的声音提示；单击"浏览"按钮，可以看到Windows 10自带的系统声音。

2.4.3　打印机设置

打印机是用户经常使用的设备之一。安装打印机和安装其他设备一样，必须安装打印机驱动程序。

（1）添加打印机

单击"控制面板"窗口中的"硬件和声音"，在弹出的"硬件和声音"窗口中单击"设备和打印机"下的"添加打印机"，将打开"添加打印机"对话框。单击添加"本地打印机"或添加"网络、无线或Bluetooth打印机"，单击"下一步"按钮，将执行添加打印机向导。安装向导将逐步提示用户选择打印端口、选择制造商和型号、打印机命名、是否共享、打印测试页等，最后安装Windows 10系统下的打印机驱动程序，如图2-30所示。

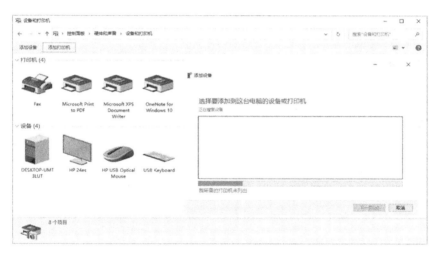

图2-30　"添加打印机"对话框

（2）设置默认打印机

如果系统中安装了多台打印机，在执行具体的打印任务时可以选择打印机，或者将某台打印机设置为默认打印机。要设置默认打印机，在某台打印机图标上单击右键，在弹出的快捷菜单中选择"设置默认打印机"即可。默认打印机的图标左下角有一个"✓"标志。

（3）取消或暂停文档打印

在打印过程中，用户可以取消正在打印或打印队列中的打印作业。单击"查看现在正在打印什么"链接，打开打印队列，右击一个文档，然后在弹出的快捷菜单中选择"取消"命令则停止该文件的打印，选择"暂停"命令则暂时停止文档的打印，也可"重新启动"或"继续"打印。

> **⚠ 注意**
>
> 一台计算机可以连接多台打印机，但默认打印机只有一台。

2.4.4　设备管理器的使用

使用设备管理器可以查看计算机中安装的设备驱动程序，查看硬件是否正常工作及修改硬件设置。

单击"控制面板"窗口中的"硬件和声音"，在弹出的"硬件和声音"窗口中单击"设备管理器"链接，将打开"设备管理器"窗口，如图2-31所示。窗口中列出了本机的所有硬件设备，可以查看设备的属性、更新设备驱动程序、更新设备资源分配等。

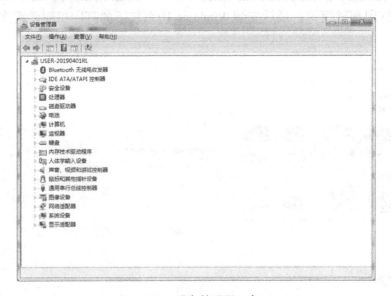

图2-31　"设备管理器"窗口

2.4.5　程序添加与卸载

一台计算机在安装完操作系统后，往往需要安装大量软件。这些软件分为绿色软件和非绿色软件，这两种软件的安装和卸载完全不同。

安装程序时，对于绿色软件，只要将组成该软件系统的所有文件复制到本机的硬盘，然后双击主程序就可以运行。而有些软件的运行需要动态库，其文件必须安装在Windows 10的系统文件夹下，特别是这些软件需要向系统注册表写入一些信息才能运行，这样的软件叫作非绿色软件。一般来说，大多数非绿色软件为了方便用户的安装，都专门编写了安装程序（通常安装程序取名为Setup.exe），这样，用户只要运行安装程序就可以安装。

卸载程序时，对于绿色软件，只要将组成软件的所有文件删除即可；而对于非绿色软件，在安装时就会生成一个卸载程序，必须运行卸载程序才能将软件彻底删除。当然，Windows 10也提供了"卸载程序"功能，可以帮助用户完成软件的卸载。

在"控制面板"窗口中单击"程序"链接，在"程序"窗口中单击"程序和功能"，将打开"程序和功能"窗口，如图2-32所示。

图2-32　"程序和功能"窗口

（1）删除程序

在右侧窗口中显示了目前已经安装的程序，如图2-32所示。从列表框中选定程序，单击鼠标右键，再单击"卸载"按钮，即可实现对该程序的删除操作。

（2）打开或关闭Windows 10功能

在安装Windows 10时，一般是根据安装时计算机的配置来安装相应的组件的。单击"程序和功能"窗口左侧的"启用或关闭Windows功能"链接，打开"Windows功能"窗口，可以通过选定复选框的方式打开Windows 10的某些功能。

2.4.6　管理用户与用户组

Windows 10是多用户操作系统，允许多个用户使用同一台计算机，每个用户都可以拥有属于个人的数据和程序。用户登录计算机前需要提供登录名和密码，登录成功后，用户只能看到自己权限范围内的数据和程序，只能进行自己权限范围内的操作。Windows 10中设立"用户账号"的目的是便于对用户使用计算机的行为进行管理，以更好地保护每位用户的私有数据。

（1）用户账户

Windows 10有三种类型的用户账户，分别是标准账户、管理员账户和来宾账户，每种账户类型为用户提供对计算机的不同的控制级别。

① 管理员账户　管理员账户是允许进行可能影响到其他用户的更改操作的用户账户。

管理员账户对计算机拥有最高的控制权限，可以更改安全设置、安装软件和硬件、访问计算机上的所有文件，还可以对其他用户账户进行更改。

② 标准账户　标准账户允许用户使用计算机的大多数功能，但是如果要进行的更改可能会影响到计算机的其他用户或安全，则需要管理员的认可。

③ 来宾账户　来宾账户允许用户使用计算机，但没有访问个人文件的权限，也无法安装卸载软件和硬件，不能更改计算机的设置，也不能创建密码。来宾账户主要提供给临时需要访问计算机的用户使用。

（2）创建新账户

管理员类型的账户可以创建一个新的账户，具体操作如下。

① 使用管理员账户登录计算机，打开控制面板，单击"用户账户"，单击"用户账户"，弹出"用户账户"窗口，如图2-33所示。

图2-33　"用户账户"窗口

② 单击"管理其他账户"，然后单击"在电脑设置中添加新账户"，再单击"将其他人添加到这台电脑"。在新用户的创建窗口中，输入需要创建的用户的基本信息与密码，单击"创建"按钮完成创建。回到所有用户的主面板，即可看到刚刚创建的新用户，此用户可以登录了。

（3）更改用户

在上述所示的窗口中单击"在电脑设置中更改我的账户信息"链接，在出现的"账户信息"窗口中更改用户账户信息。

2.4.7　鼠标设置

单击"控制面板"窗口中的右上角"查看方式"为"大图标"，找到"鼠标"设置，打开"鼠标属性"对话框，如图2-34所示。该对话框中有"鼠标键""指针""指针选项""滑轮"和"硬件"标签，可以查看与修改鼠标的常用属性，如切换主要和次要的按钮、设

置双击速度、启用单击锁定、设置鼠标指针形状、
设置鼠标指针移动速度以及设置使用鼠标滑轮时
屏幕滚动的行数等。

 巩固练习

选择题

1.在Windows 10中，在"控制面板"中单击
"日期和时间"图标，可以设置系统的（　）。

    A.时间

    B.日期

    C.声音

    D.程序

2.关于用户账号的描述不正确的是（　）。

    A.要使用运行Windows 10的计算机，用户
必须拥有自己的账户

    B.可以使用任何身份登录到计算机创建新的用户账号

    C.使用控制面板中的添加或删除用户账户可以创建新的用户

    D.当将用户添加到某组后，可以将该组的所有权限授予这个用户

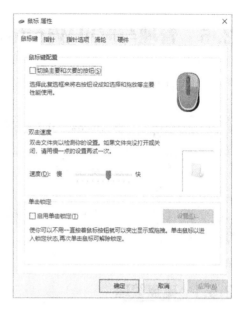

图2-34　"鼠标 属性"对话框

3.在Windows 10中设置、控制计算机硬件，配置和修改桌面布局的应用程序是（　）。

    A.Word　　　　　　　　　　B.Excel

    C.资源管理器　　　　　　　D.控制面板

4.在Windows 10中，不属于"控制面板"操作的是（　）。

    A.打印机设置　　　　　　　B.修改文本

    C.添加和删除账户　　　　　D.鼠标的设置

5.在"控制面板"窗口中单击（　），可以卸载程序。

    A.管理工具　　　　　　　　B.安全和维护

    C.设备管理器　　　　　　　D.程序和功能

知识巩固与归纳表　　激励式教学评价表

1.本任务学习之后，请扫描二维码下载知识巩
固与归纳表，填写本任务的记忆点，并归纳总结。

2.激励式教学评价表可作为期末成绩的一项考
评，请扫描下载并填写。

2.5 管理与应用Windows 10操作系统

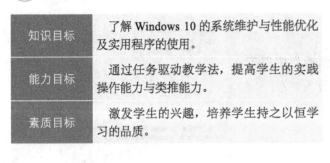

课时目标

知识目标	了解 Windows 10 的系统维护与性能优化及实用程序的使用。
能力目标	通过任务驱动教学法，提高学生的实践操作能力与类推能力。
素质目标	激发学生的兴趣，培养学生持之以恒学习的品质。

2.5.1 磁盘管理

（1）磁盘的格式化

右击要操作的磁盘分区，在出现的快捷菜单中单击"格式化"命令，将出现"格式化 本地磁盘"对话框，如图2-35所示。选择好"容量""文件系统""分配单元大小"等选项后，单击"开始"按钮，即可对该磁盘进行格式化（一般称为完全格式化）。如果选中"快速格式化"，则可以对该磁盘进行扫描检查，将发现的坏道、坏区进行标注。快速格式化只清除磁盘中的所有数据，速度相对较快。

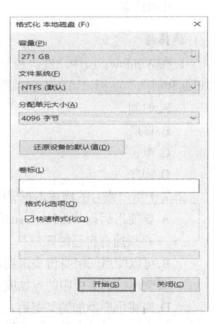

图2-35 "格式化 本地磁盘"对话框

（2）磁盘的清理

在用户使用计算机的过程中会产生一些临时文件（如回收站中的文件、Internet临时文件、不用的程序和可选Windows组件等），这些临时文件会占用一定的磁盘空间并影响系统的运行速度。因此，当计算机使用一段时间后，应对系统磁盘进行一次清理，将垃圾文件从系统中彻底删除。

右击要清理的磁盘分区，在出现的快捷菜单中单击"属性"命令，打开"本地磁盘 属性"对话框，如图2-36所示。单击"磁盘清理"按钮，将弹出"磁盘清理"对话框，从"要删除的文件"列表中选中要清理的文件，单击"确定"按钮，在弹出的提示框中单击"删除文件"按钮，即开始清理所选中的垃圾文件。

图2-36 "本地磁盘（F:）属性"对话框

（3）磁盘碎片整理

频繁地安装、卸载程序或者复制、删除文件，会在系统中产生磁盘碎片。这些磁盘碎片降低系统的运行速度，进而引起系统性能下降。通过磁盘碎片整理程序可以重新排列碎片数据，以便磁盘和驱动器能够更有效地工作，达到提高计算机的整体性能和运行速度的目的。

在"本地磁盘　属性"对话框中，切换至"工具"标签，单击"优化"按钮，将打开"优化驱动器"窗口，如图2-37所示。选中要整理碎片的磁盘分区，单击"分析"按钮，分析完毕后，在磁盘信息右侧显示磁盘当前状态。如果磁盘碎片比例较高，单击"优化"按钮，开始整理磁盘碎片。整理完毕后，单击"关闭"按钮。

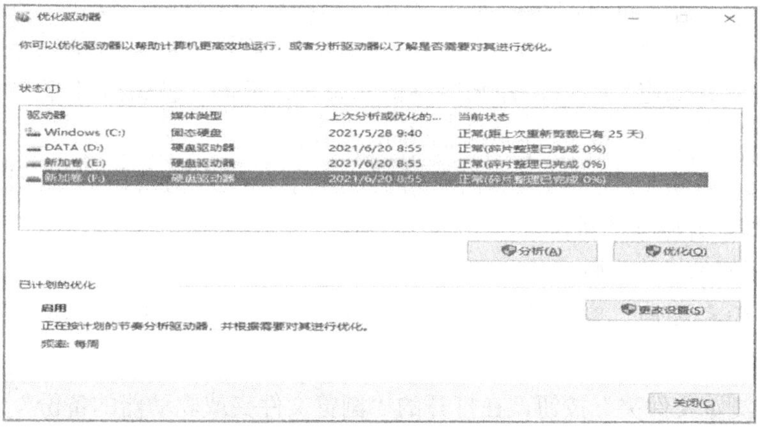

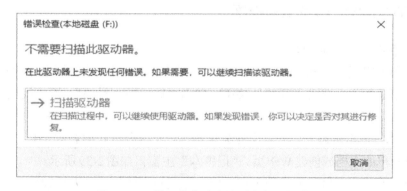

图2-37　"优化驱动器"窗口

（4）检查磁盘

利用Windows 10提供的磁盘检查工具，可以检测当前磁盘分区存在的错误，进而对错误进行修复，以确保磁盘中存取数据的安全。

右击要检查错误的磁盘分区，在出现的快捷菜单中单击"属性"命令，打开"本地磁盘　属性"对话框，切换到"工具"标签，单击"检查"按钮，弹出"错误检查（本地磁盘）"对话框（图2-38），单击"扫描驱动器"按钮，程序自动检查分区。

图2-38　"错误检查（本地磁盘）"对话框

（5）文件的备份与还原

为了避免文件和文件夹被病毒感染，或者因意外删除而丢失，导致一些重要的数据无法恢复，Windows 10提供了文件备份与还原功能。用户可将一些重要的文件或文件夹进行备份，如果将来这些原文件或文件夹出现了问题，用户可以通过还原备份的文件或文件夹来弥补损失。

① 文件备份的操作　依次单击"控制面板"→"备份和还原"，打开"备份和还原"窗口，单击"设置备份"按钮，打开"设置备份"对话框，选择保持备份的位置，单击"下一步"按钮，打开"您希望备份哪些内容？"页面，选择"让我选择"单选项，单击"下一步"按钮，选择要备份的内容，单击"下一步"按钮，打开"查看备份设置"页面（在此页面中显示了备份摘要信息）；单击"更改计划"按钮，打开"您希望多久备份一次"页面，设置自动备份频率；单击"更改计划"按钮，返回"查看备份设置"页面，单击"保存设置并退出"按钮，开始保存备份设置；返回"备份或还原文件"窗口，开始对系统设置的文件进行备份，同时显示备份进度。

备份完成后，窗口下方显示当时备份时间与下一次自动备份时间，以后可以单击"立即备份"按钮开始新的备份。

② 文件还原的操作步骤

a.在"备份和还原"窗口中，单击"还原我的文件"按钮，打开"还原文件"对话框。

b.单击"浏览文件夹"按钮，在打开的"浏览文件夹或驱动器的备份"对话框中选择之前完成备份的文件夹。

c.单击"添加文件夹"按钮，返回"还原文件"对话框，并显示要还原的备份目录。

d.单击"下一步"按钮，打开"您想在何处还原文件？"页面，选择还原位置，单击"还原"按钮，开始从备份目录中还原文件与设置。

在选择备份信息时，选中整个磁盘，就可以对该磁盘进行备份；也可以右击要进行备份操作的磁盘，在快捷菜单中选择"属性"命令，单击"工具"标签，选择"开始备份"选项，即可对磁盘进行备份操作。

2.5.2　Windows 10的实用程序

（1）记事本、写字板和计算器

记事本和写字板是Windows 10自带的两个文字处理程序，这两个应用程序都提供了基本的文字编辑能力。单击"开始"菜单，单击"Windows附件"，即可找到记事本和写字板。

① 记事本　记事本是一个文本文件编辑器，其文件默认扩展名为.txt。用户可以使用记事本编辑简单的文档或创建Web页。"记事本"主窗口如图2-39所示。

打开记事本后，会自动创建一个空文档，标题栏上将显示"无标题"。记事本是一个典型的单文档应用程序，在同一时间只能编辑一个文档。

在新建了一个文件或者打开了一个已存在的文件后，在"记事本"的用户编辑区可以输入文件的内容，或编辑已经输入的内容。

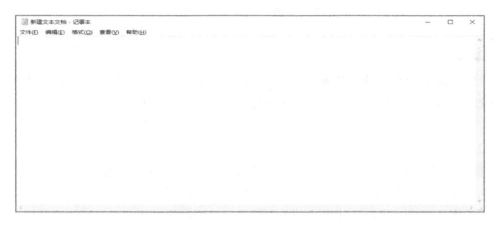

图2-39　"记事本"主窗口

② 写字板　写字板是Windows 10系统中自带的更为高级的文字编辑工具，其文件默认扩展名为 .rtf。相比记事本，它具备了格式编辑和排版的功能，可以对文档进行编辑、排版。"写字板"主窗口如图2-40所示。

> **！ 注意**
>
> 　写字板中可以插入图片和其他对象，记事本不能。

③ 计算器　"计算器"主界面如图2-41所示。通过"查看"菜单下的相应命令，可以进行数制转换、三角函数运算等。除此之外，Windows 10的计算器还具备了单位转换、日期计算以及抵押、租赁计算等功能。

图2-40　"写字板"主窗口

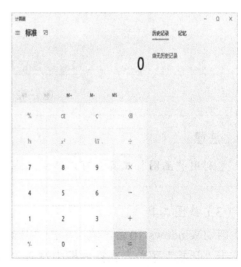

图2-41　"计算器"主界面

通过单位换算功能，可以将面积、角度、功率、体积等的不同计量进行相互转换；通过日期计算功能，可以很轻松地帮助用户计算倒计时等；而通过"工作表"菜单项下的功能，则可以帮助用户计算贷款月供额、油耗等。

> **注意**
>
> 　　Windows 10中的计算器有四种模式，即标准型模式、科学型模式、程序员模式和统计信息模式。单击"导航"，可以选择需要的计算器模式。

（2）画图

　　"画图"是一个用于调色和编辑图片的程序。用户可以使用"画图"工具绘制黑白或彩色的图形，并可以将这些图形存为位图文件（.bmp文件）。这些图片文件可以打印，也可以设为桌面背景，或者粘贴到另一个文档中。另外，用户还可以使用"画图"工具查看和编辑扫描图片等。"画图"主窗口如图2-42所示。用绘制工具在画布上绘图完毕，通过"画图"下拉菜单中的"保存"命令，可以将图片保存为一个图片格式的文件。

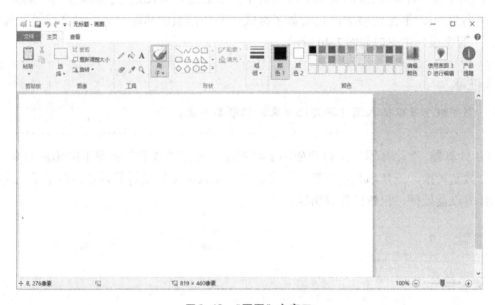

图2-42　"画图"主窗口

> **注意**
>
> 　　利用"画图"工具，可以将文本或设计图案添加到其他图片中。

（3）截图工具

　　启动Windows 10后，依次单击"开始"按钮→"Windows附件"→"截图工具"，或者右击"开始"菜单，在搜索框中输入"Snipping Tool"，并按Enter键，均可启动截图工具。如图2-43所示。

图2-43　"截图工具"窗口

打开截图工具后，在"截图工具"的界面上单击"新建"按钮右边的小三角按钮，从弹出的下拉列表中选择"任意格式截图""矩形截图""窗口截图"或"全屏幕截图"，其中"任意格式截图"可以截取不规则图形。

选择截图模式后，整个屏幕就像被蒙上一层白纱，此时按住鼠标左键，选择要捕获的屏幕区域，然后释放鼠标左键，截图工作就完成了。可以使用笔、荧光笔等工具添加注释，操作完成后，在标记窗口中单击"保存截图"按钮，在弹出的"另存为"对话框中输入截图的名称，选择保存截图的位置及保存类型，然后单击"保存"按钮。

（4）录音机

"录音机"是Windows 10提供给用户的一种具有语音录制功能的工具。用户使用它可以收录自己的声音，并以声音文件格式保存。

将麦克风连接好后，单击"开始"，单击"录音机"，打开"录音机"窗口，单击"开始录制"按钮即可开始录音；录制完后单击"停止录制"按钮，就会弹出"另存为"对话框，输入文件名，选择保存位置进行保存，默认文件类型是".wma"。

（5）数学输入面板

在人们日常工作中，难免需要输入公式，科技论文、药方中更是经常遇到公式。虽然Office中带有公式编辑器，但输入公式时仍需要经过多个步骤的选择。而Windows 10操作系统提供了手写公式功能。具体操作步骤如下。

① 右击"开始"菜单，在搜索框内输入"mip"并按Enter键，打开Windows 10内置的数学输入面板组件。

② 公式输入完成后，单击右下角的"插入Insert"按钮，即可将其直接输入至Word文案窗口或其他的编辑器窗口。

巩固练习

选择题

1.在Windows中，格式化磁盘的可选方式有（　　）。

　　A.软盘格式化　　　　　　　　　　　B.硬盘格式化

　　C.快速格式化　　　　　　　　　　　D.启用压缩

2.记事本和写字板所在位置是（　　）。

　　A."开始"菜单　　　　　　　　　　　B.Windows附件

　　C.资源管理器　　　　　　　　　　　D.控制面板

3.以下可以作图的是（　　）。

　　A.计算器　　　　　　　　　　B.记事本

　　C.写字板　　　　　　　　　　D.画图

4.磁盘清理的文件包括（　　）。

　　A.回收站中的文件和文件夹　　　　B.Internet临时文件

　　C.不用的程序　　　　　　　　　　D.可选Windows组件

5.Windows 10系统中，有关写字板的说法正确的是（　　）。

　　A.不能改变字符颜色　　　　　　　B.不能改变字体大小

　　C.不能输入数字　　　　　　　　　D.不能手工绘制表格

知识巩固与归纳表

激励式教学评价表

1.本任务学习之后，请扫描二维码下载知识巩固与归纳表，填写本任务的记忆点，并归纳总结。

2.激励式教学评价表可作为期末成绩的一项考评，请扫描下载并填写。

③

模块3　计算机网络基础

信息技术

思维导图

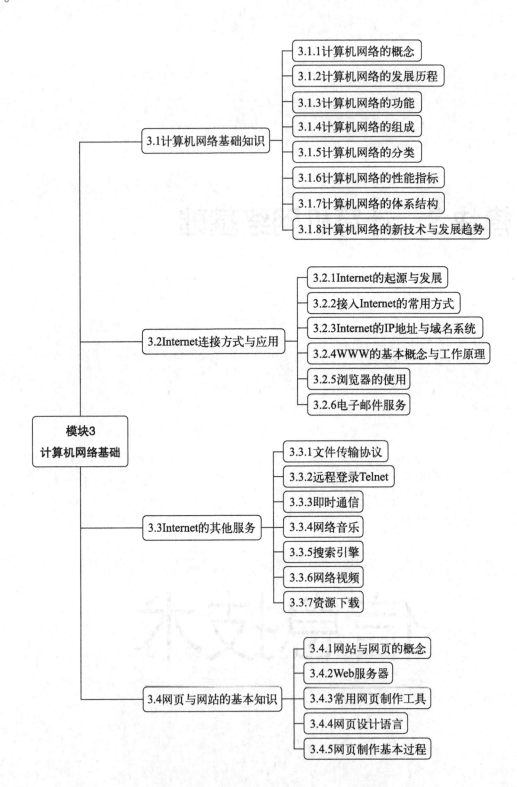

3.1　计算机网络基础知识

 课时目标

知识目标	1. 能够掌握计算机网络的基本概念、组成、分类、功能与体系结构。 2. 了解计算机网络新技术与发展趋势。
能力目标	提高学生自主学习的能力与网络查阅能力。
素质目标	1. 激发学生对网络知识学习的热情。 2. 培养学生自主学习、合作学习的精神。

3.1.1　计算机网络的概念

计算机网络是将分布在不同地理位置上具有独立计算能力的计算机和其他电子终端设备依靠通信线路连接起来，在网络操作系统、网络管理软件和网络通信协议的管理和协调下，以实现设备间信息传输与资源共享的系统。计算机网络是计算机技术和通信技术紧密结合的产物，两者的迅速发展与相互渗透，形成了计算机网络技术。

随着网络技术和通信技术的发展，计算机网络已渗透到人们的日常生活中，广泛应用于休闲、娱乐、工作和学习中，如图3-1所示。

办公
购物
娱乐
……

图3-1　计算机网络应用

3.1.2　计算机网络的发展历程

（1）网络雏形阶段

20世纪50年代中期，以单台计算机为中心的远程联机系统构成了面向终端的计算机网络，称为第一代计算机网络。

（2）网络初级阶段

20世纪60年代中期出现了主机互连，多台独立的主计算机通过线路互连构成计算机

网络，没有网络操作系统，只是通信网。60年代后期，美国国防部高级研究计划管理局开始建立一个命名为ARPAnet的网络。ARPAnet的出现成为现代计算机网络诞生的标志，称为第二代计算机网络。

（3）网络发展阶段

20世纪70年代至80年代中期，随着以太网的出现，国际标准化组织（International Organization for Standardization，ISO）制定了网络互联标准（Open System Interconnection Reference Model，OSI），世界上有了统一的网络体系结构，遵循国际标准化协议的计算机网络迅猛发展，这个阶段的计算机网络称为第三代计算机网络。

（4）网络成熟阶段

从20世纪90年代中期开始，计算机网络向综合化、高速化发展，同时出现了多媒体智能化网络，目前已经发展到第四代计算机网络。第四代计算机网络就是以千兆位传输速率为主的多媒体智能化网络。

我国计算机网络起源于20世纪80年代末，可以分为以下三个阶段。

第一阶段为1987—1993年，也是研究试验阶段。在此期间，我国一些科研部门和高等院校开始研究Internet联网技术，并开展了科研课题和科技合作工作，但这个阶段的网络应用仅限于小范围的电子邮件服务。

第二阶段为1994—1996年，是起步阶段。1994年4月，中国国家计算机与网络设施（NCFC，国内称为中关村地区教育与科研示范网络）通过美国Sprint公司连入Internet的64K国际专线开通，实现了与Internet的全功能连接，自此我国正式成为应用Internet的国家。

第三阶段从1997年至今，是Internet在我国高速发展的阶段。经过几十年的发展，形成了四大主流网络体系，即中国科学技术网CSTNET、中国教育与科研网CERNET、中国公用计算机互联网CHINANET和中国金桥信息网CHINAGBN。

3.1.3　计算机网络的功能

下面介绍计算机网络四大功能。

（1）数据通信

数据通信是计算机网络的基本功能之一，用于实现计算机之间的信息传送。在计算机网络中，用户可以收发电子邮件，发布新闻、信息，进行电子商务、远程教育、远程医疗，传递文字、图像、声音、视频等多媒体信息。

（2）资源共享

所谓的资源是指构成系统的所有要素，包括软硬件资源，如计算处理能力、大容量磁盘、高速打印机、绘图仪、通信线路、数据库、文件和其他计算机上的有关信息。

用户在网络上不仅可以使用自身的资源，也可以共享网络上的部分或全部资源。资源共享功能增强了网络上计算机的信息处理能力，提高了计算机软硬件的利用率，是计算机网络最本质的功能。

（3）分布式处理

计算机资源主要是指计算机的硬件、软件和数据资源。资源共享功能是组建计算机网络的驱动力之一，使得用户可以克服地理位置的差异性，共享网络中的计算机资源。利用网络技术还可以将许多小型机或微型机连成高性能的分布式计算机系统，使它具有解决复杂问题的能力，以达到降低成本、提高工作效率的目的。

（4）提高系统可靠性

在单机使用的情况下，任何一个系统都可能发生故障，这样就会为用户带来不便。而当计算机联网后，各计算机可以通过网络互为后备，一旦某台计算机发生故障，则由别处的计算机代为处理，还可以在网络的一些节点上配置一定的备用设备。这样计算机网络就能起到提高系统可靠性的作用了。更重要的是，由于数据和信息资源存放于不同的地点，因此可防止因故障而无法访问或由于灾害造成数据破坏。

3.1.4 计算机网络的组成

（1）按计算机网络的逻辑功能分

计算机网络从逻辑功能上可分为两个部分：通信子网和资源子网。

① 通信子网 通信子网提供计算机网络的通信功能，由网络节点和通信链路组成。通信子网是由节点处理机和通信链路组成的一个独立的数据通信系统。

a.网络节点。网络节点主要负责网络中信息的发送、接收和转发。网络节点是计算机与网络的接口，计算机通过网络节点会向其他计算机发送信息，鉴别和接收其他计算机发送来的信息。

b.通信链路。通信链路是连接两个节点的通信信道。通信信道包括通信线路和相关的通信设备，相关的通信设备包括中继器、调制解调器等。其中，中继器的作用是将数字信号放大，调制调解器能进行数字信号和模拟信号的相互转换，以便将数字信号通过只能传输模拟信号的线路来传播。

② 资源子网 资源子网提供访问网络和处理数据的能力，由主机、终端控制器和终端组成。主机负责本地或全网的数据处理，运行各种应用程序或大型数据库系统，向网络用户提供各种软硬件资源和网络服务；终端控制器用于把一组终端连入通信子网，并负责控制终端信息的接收和发送，包括打印机、大型存储设备等。

（2）按计算机网络的实际构成分

计算机网络从实际构成上可分为两个部分：网络硬件和网络软件。

① 网络硬件 网络硬件就是连接收发双方的物理设备，包括传输介质、通信设备等。传输介质是通信中传送信息的载体，又分为有线介质、无线介质。有线介质包括双绞线、同轴电缆、光纤等；无线传输指在空间中采用无线频段、红外线和激光等进行传输，不需要使用线缆传输，无线介质主要包括无线电波、微波、红外线、激光。

常用的通信设备主要有中继器、集线器、网桥、交换机、路由器、调制解调器、网关、网络接口卡、无线接入点等。

a. 中继器。中继器（repeater）是一种连接网络线路的装置，常用于两个网络节点之间物理信号的双向转发工作。

功能：信号在传输介质中传输会因为距离大而导致信号减弱失真，中继器起放大信号作用，以便延长传输距离。

b. 集线器。集线器（hub）是将多条以太网双绞线或光纤集合连接在同一段物理介质中的设备。

功能：对接收到的信号进行再生整形放大，以扩大网络的传输距离，同时把所有节点集中在以它为中心的节点上。

c. 网桥。网桥（bridge）也称桥接器，是一种连接两个局域网的存储/转发设备。它能将一个大的 LAN 分割为多个网段，或将两个以上的 LAN 互连为一个逻辑 LAN，使 LAN 上的所有用户都可访问服务器。

功能：用来分割冲突域，减少网内的广播流量。通常在早期的一些大网络中，当集线器数量过多时，冲突域过大，就会造成广播风暴。这时在网络中间适当地放置网桥，就能够分割冲突域，减少广播风暴的可能。

d. 交换机。交换机（switch）意为"开关"，是一种用于电（光）信号转发的网络设备。它可以为接入交换机的任意两个网络节点提供独享的电信号通路。较常见的交换机是以太网交换机，其他常见的还有电话语音交换机、光纤交换机等。

交换机根据工作位置的不同，可以分为广域网交换机和局域网交换机。广域网交换机就是一种在通信系统中完成信息交换功能的设备，它应用在数据链路层。交换机有多个端口，每个端口都具有桥接功能，可以连接一个局域网或一台高性能服务器或工作站。实际上，交换机有时被称为多端口网桥。

功能：包括物理编址、网络拓扑、错误校验以及流控等。目前交换机还具备了一些新功能，如对 VLAN（虚拟局域网）的支持、对链路汇聚的支持，甚至有的还具有防火墙的功能。

e. 路由器。路由器（router）是连接两个或多个网络的硬件设备，在网络间起网关的作用。它是读取每一个数据包中的地址，然后决定如何传送的专用智能性的网络设备。

功能：主要是实现信息的传送，因此把这个过程称之为寻址过程。因为路由器处在不同网络之间，但并不一定是信息的最终接收地址，所以在路由器中通常存在着一张路由表，根据网站传送的信息的最终地址寻找下一转发地址。

f. 调制解调器。调制解调器是调制器（modulator）与解调器（demodulator）的简称，中文称为调制解调器。根据 Modem 的谐音，调制解调器俗称"猫"，是一种能够实现通信所需的调制和解调功能的电子设备。

功能：把计算机的数字信号翻译成可沿普通电话线传送的模拟信号，而这些模拟信号又可被线路另一端的另一台调制解调器接收，并译成计算机数字信号，这一简单过程完成了两台计算机间的通信。

② 网络软件　网络软件包括通信支撑平台软件、网络服务支撑平台软件、网络应用支撑平台软件、网络应用系统、网络管理系统以及用于特殊网络站点的软件等。通信软

件和各层网络协议软件是这些网络软件的基础和主体。

a.通信软件。通信软件是用以监督和控制通信工作的软件。它除了作为计算机网络软件的基础组成部分外，还可用作实现计算机与自带终端或附属计算机之间通信的软件。通信软件通常由线路缓冲区管理程序、线路控制程序以及报文管理程序组成。报文管理程序通常由接收、发送、收发记录、差错控制、开始和终了5个部分组成。

b.协议软件。网络中各类实体通常按照共同遵守的规则和约定彼此通信、相互合作，完成共同的任务。这些规则和约定称为计算机网络协议（简称网络协议），是网络软件的重要组成部分，按网络所采用的协议层次模型（如ISO建议的开放系统互连基本参考模型）组织而成。除物理层外，其余各层协议大都由软件实现。每层协议软件通常由一个或多个进程组成，其主要任务是完成相应层协议所规定的功能，以及与上、下层的接口功能。

3.1.5 计算机网络的分类

（1）根据网络覆盖的范围划分

计算机网络按网络覆盖范围划分如表3-1所示。

● 表3-1　按网络覆盖范围划分

分类	阐述	特点
局域网（LAN）	一般用微机通过高速通信线路连接，覆盖范围从几百米到几千米，通常用于连接一个房间、一层楼或一座建筑物	传输速率高，误码率低，可靠性好，组网灵活方便，适用各种传输介质，建设成本低
城域网（MAN）	是在一座城市范围内建立的计算机通信网，一般可将同一城市内不同地点的主机、数据库以及LAN等互相连接起来	常使用与局域网相似的技术，但对媒介访问控制在实现方法上有所不同
广域网（WAN）	用于连接不同城市之间的LAN或MAN，通信子网主要采用分组交换技术，常常借用传统的公共传输网（如电话网）。广域网可以覆盖一个地区或国家	数据传输相对较慢，传输误码率也较高

（2）按网络的拓扑结构划分

计算机网络按网络拓扑结构划分如表3-2所示。

● 表3-2　按网络拓扑结构划分

按网络的拓扑结构划分	阐述	优点	缺点
总线型拓扑	总线型拓扑采用单一信道作为传输介质，所有主机（或站点）通过专门的连接器接到总线的公共信道上，如图3-2所示。任何一个站点的信号都可以沿着介质传播，而且能被其他站点接收	结构简单，易于实现，站点扩展灵活方便，可靠性高	故障检测和隔离较困难，总线负载能力较低，数据传输最大等待时间不确定。应用于对时间要求不太高和网络负担不太重的场合

续表

按网络的拓扑结构划分	阐述	优点	缺点
环形拓扑	环形拓扑是一个包括若干节点和链路的单一封闭环，每个节点只与相邻的两个节点相连，如图3-3所示	容易安装和监控，传输最大延迟时间是固定的，传输控制机制简单，实时性强	网络中任何一台计算机的故障都会影响整个网络的正常工作，故障检测比较困难，节点增删不方便
星形拓扑	星形拓扑是由各个节点通过专用链路连接到中央节点上而形成的网络结构，如图3-4所示。在星形拓扑中，信息从计算机通过中央节点传送到网络上的所有计算机	传输速率高，误差小，扩容比较方便，易于管理和维护，网络中某一台计算机或者一条线路的故障不会影响整个网络的运行	中央节点一旦发生故障，整个网络就会瘫痪；需要耗费大量的电缆
树状拓扑	在树状拓扑中，任何一个节点发送信息后都要传送到根节点，然后从根节点返回整个网络，如图3-5所示	扩容方便，容错性强，很容易将错误隔离在小范围内	依赖根节点，如果根节点出现故障，则整个网络将会瘫痪
网状拓扑	网状拓扑由节点和连接节点的点到点链路组成，每个节点都有一条或几条链路同其他节点相连，如图3-6所示。网状拓扑通常用于广域网中	节点间路径多，局部的故障不会影响整个网络的正常工作，可靠性高，扩容方便	网络的结构和协议比较复杂，建网成本高

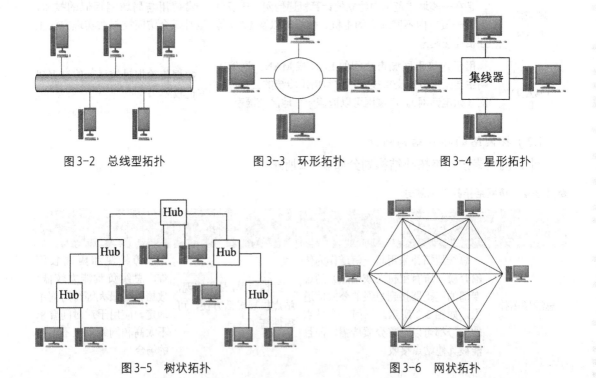

图3-2　总线型拓扑　　　　图3-3　环形拓扑　　　　图3-4　星形拓扑

图3-5　树状拓扑　　　　　　　图3-6　网状拓扑

（3）按传输介质划分

① 有线网　有线网采用双绞线、同轴电缆、光纤作为传输介质。采用双绞线和同轴电缆连成的网络经济且安装简便，但传输距离相对较短。以光纤为传输介质的网络传输距离远，传输速率高，损耗小，带宽大，不受电磁波干扰，保密性好，中继距离长，体积小，重量轻，安全好用；但连接技术比较复杂，成本较高。

② 无线网　无线网主要以无线电波或红外线等为传输介质，联网方式灵活方便，但可靠性和安全性还有待完善。另外，还有卫星数据通信网，它是通过卫星进行数据通信的。

（4）按网络的使用性质划分

计算机网络按网络的使用性质的不同，可分为公用网和专用网。

① 公用网　公用网（public network）是一种付费网络，属于经营性网络。公用网由电信部门或其他提供通信服务的经营部门组建、管理和控制，任何单位和个人可付费租用一定带宽的数据信道。如我国的电信网、广电网、联通网等属于公用网。

② 专用网　专用网（private network）是某个部门根据本系统的特殊业务需要而建造的网络，这种网络一般不对外提供服务。例如军队、政府、银行、电力等系统的网络就属于专用网。

3.1.6 计算机网络的性能指标

（1）速率

计算机发送出的信号都是数字形式的。比特（bit）来源于 binary digit，意思是一个"二进制数字"，因此一个比特就是二进制数字中的1或0。比特也是信息论中使用的信息量的单位。网络技术中的速率指的是数据的传送速率，也称为数据率或比特率。速率的单位是 bit/s（比特每秒）（或 b/s，有时也写作 bps，即 bit per second）。

当提到网络的速率时，往往指的是额定速率或标称速率，而并非网络实际运行的速率。

（2）带宽

带宽本来指某个信号具有的频带宽度，信号的带宽是指该信号所包含的各种不同频率成分所占据的频率范围。这种意义的带宽的单位是赫兹（或千赫、兆赫、吉赫等）。在过去很长的一段时间，通信的主干线路传送的是模拟信号（即连续变化的信号），因此表示某信道允许通过的信号频带范围就称为该信道的带宽。

（3）吞吐量

吞吐量表示在单位时间内通过某个网络（或信道、接口）的数据量。吞吐量受网络的带宽或网络的额定速率的限制。对于100Mbit/s的以太网，其典型的吞吐量可能只有70Mbit/s。

（4）时延

时延是指数据从网络的一端传送到另一端所需的时间。时延是一个很重要的性能指标，它有时也称为延迟或者迟延。它包括发送时延、传播时延、处理时延与排队时延

（总时延＝发送时延＋传播时延＋处理时延＋排队时延）。一般，发送时延与传播时延是人们主要考虑的。

① 发送时延　发送时延是指主机或路由器发送数据帧所需要的时间，也就是从发送数据帧的第一个比特算起，到该帧的最后一个比特发送完毕所需的时间。因此发送时延也称为传输时延，发送时延的计算式是

$$发送时延 = 数据帧长度（bit）/ 发送速率（bit/s）$$

② 传播时延　传播时延是指电磁波在信道中传播一定的距离需要花费的时间。传播时延的计算式是

$$传播时延 = 信道长度（m）/ 电磁波在信道上的传播速率（m/s）$$

电磁波在自由空间的传播速率是光速，即 3.0×10^5 km/s。

发送时延发生在机器内部的发送器中，与传输信道的长度没有任何关系。传播时延发生在机器外部的传输信道上，而与信道的发送速率无关。信号传送的距离越远，传播时延就越大。

③ 处理时延　处理时延是指主机或路由器在收到分组时为处理分组（如分析分组首部、从分组中提取数据部分、差错检验或查找合适的路由等）所花费的时间。

④ 排队时延　分组在进行网络传输时，要经过许多路由器，但分组在进入路由器后要先在输入队列中排队等待，在路由器确定了转发接口后，还要在输出队列中排队等待转发，这就产生了排队时延。排队时延的长短取决于网络当时的通信量。当网络的通信量很大时会发生队列溢出，使分组丢失，这相当于排队时延无穷大。

这样，数据在网络中经历的总时延就是以上四种时延之和：总时延＝发送时延＋传播时延＋处理时延＋排队时延。

一般来说，小时延的网络要优于大时延的网络。

（5）时延带宽积

把传播时延和带宽相乘，就可以得到时延带宽积，即

$$时延带宽积 = 传播时延 \times 带宽$$

（6）往返时间

在计算机网络中，往返时间（RTT）是一个重要的性能指标。这是因为在许多情况下，互联网上的信息不仅仅单方向传输，而且要双向交互。因此，我们有时需要知道双向交互一次所需的时间。

（7）利用率

利用率有信道利用率和网络利用率等。信道利用率指出某信道有百分之几的时间是被利用的（有数据通过），完全空闲的信道利用率是零。网络利用率则是全网络的信道利用率的加权平均值。

信道利用率并非越高越好。这是因为根据排队理论，当某信道的利用率增大时，该信道引起的时延也就迅速增加。信道或网络的利用率过高会产生非常大的时延。

3.1.7　计算机网络的体系结构

计算机网络协议是按照层次结构模型来组织的，我们将网络层次结构模型与计算机网络各层协议的集合称为网络的体系结构或参考模型。目前，计算机网络有两种体系结构占主导地位：OSI/ISO参考模型和TCP/IP参考模型（图3-7）。

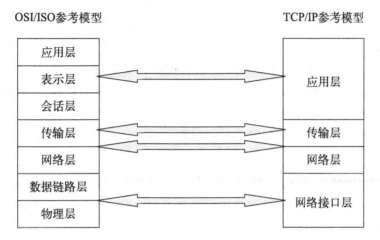

图3-7　OSI/ISO参考模型与TCP/IP参考模型及其对照关系

（1）OSI/ISO参考模型

① 物理层　物理层是OSI/ISO参考模型的第一层，其目的是提供网内两实体间的物理接口，实现它们之间的物理连接，传输数据的单位是bit。它将数据信息从一个实体经物理信道送往另一个实体，为数据链路层提供一个透明的比特流传送服务。

② 数据链路层　数据链路层位于OSI/ISO参考模型的第二层，其功能是对物理层传输的比特流进行校检，并采用检错重发等技术，使本来可能出错的数据链路变成不出错的数据链路，从而对上层提供无差错的数据传输。数据链路层以帧为单位传输数据。

③ 网络层　网络层位于OSI/ISO参考模型的第三层，网络层数据的传送单位是分组或包（packet）。它的任务就是选择合适的路由，使发送端的传输层传下来的分组能够正确无误地按照目的地址发送到接收端，使传输层及以上各层在设计时不再需要考虑传输路由。

④ 传输层　传输层位于OSI/ISO参考模型的第四层，在发送端和接收端之间建立一条不会出错的路由，对上层提供可靠的报文传送服务。与数据链路层提供的相邻节点间比特流的无差错传输不同，传输层保证的是发送端和接收端之间的无差错传输，主要控制的是包丢失、错序、重复等问题。

⑤ 会话层　会话层位于OSI/ISO参考模型的第五层，会话层虽然不参与具体的数据传输，但要对数据传输进行管理。会话层建立在两个互相通信的应用进程之间，组织并协调其交互。

⑥ 表示层　表示层位于OSI/ISO参考模型的第六层，表示层主要解决上层用户信息的语法表示问题。其主要功能是完成数据转换、数据压缩和数据加密。

⑦ 应用层　应用层位于OSI/ISO参考模型的第七层，应用层是OSI参考模型中的最高层，它确定进程之间的通信性质以满足用户的需要，负责用户信息的语义表示，并在两个通信者之间进行语义匹配。

（2）TCP/IP参考模型

TCP/IP的中文译名为传输控制协议/因特网互联（网际）协议，又称网络通信协议。TCP/IP是Internet最基本最常使用的协议，是Internet的基础。OSI/ISO参考模型虽然提出了将网络进行分层的思想，但是实现起来比较困难。TCP/IP在1974年和1975年经过两次修订后正式成为国际标准，同时也诞生了TCP/IP参考模型。

① 网络接口层　网络接口层又称为主机-网络层，负责对硬件的沟通，接收IP数据报并进行传输。从网络上接收物理帧，抽取IP数据报转交给下一层，对实际的网络媒体进行管理，定义如何使用实际网络来传送数据。TCP/IP参考模型的网络接口层对应OSI/ISO参考模型的物理层和数据链路层。

② 网络层　网络层（网际层）负责提供基本的数据封包传送功能，让每一个数据包能够到达目的主机（但不检查是否被正确接收），如网际协议（IP）。TCP/IP参考模型的网络层对应OSI/ISO参考模型的网络层。

③ 传输层　传输层又称为主机对主机层，负责传输过程中流量的控制、差错处理、数据重传等工作。如传输控制协议（TCP）、用户数据报协议（UDP）等。TCP和UDP给数据包加入传输数据并把它传输到下一层中。这一层负责传送数据，并且确定数据已被送达并接收。TCP/IP参考模型的传输层对应OSI/ISO参考模型的传输层。

④ 应用层　应用层是应用程序间进行沟通的层，如简单的电子邮件传输协议（SMTP）、文件传输协议（FTP）、网络远程访问（Telnet）协议、超文本传输协议（HTTP）等。TCP/IP参考模型的应用层对应OSI/ISO参考模型的会话层、表示层和应用层。

3.1.8　计算机网络的新技术与发展趋势

（1）物联网

物联网（internet of things，IoT）是新一代信息技术的重要组成部分。顾名思义，"物联网就是物物相连的互联网"，其核心和基础仍然是互联网。物联网是在互联网基础上延伸和扩展的网络，具有智能、先进、互联三个主要特点。物联网是智能感知、识别技术与普适计算、泛在网络的融合应用，被称为继计算机、互联网之后世界信息产业发展的第三次浪潮。

（2）云计算

云计算是一种通过Internet以服务的方式提供动态可伸缩的虚拟化资源的计算机模式，由一系列可以动态升级和被虚拟化的资源组成。这些资源被所有云计算的用户共享并且可以方便地通过网络访问，用户无须掌握云计算的技术，只需要按照个人或者团队的需要租赁云计算的资源。

云计算是分布式计算、并行计算、效用计算、网络存储、虚拟化、负载均衡等传统计算机和网络技术发展融合的产物，具有以下特点：超大规模，高可扩展性，高可靠性，虚拟化，按需服务，极其廉价，通用性极强。

（3）大数据

大数据是指无法在一定时间范围用常规软件工具进行捕捉、管理和处理的数据集合。大数据是需要新处理模式才能发挥更强的决策力、洞察发现力和流程优化能力的海量、高增长率和多样化的信息资产。大数据具有大量、高速、多样、低价值密度和真实性五个特点。

（4）移动互联网技术

移动互联网是将移动通信和互联网二者结合，用户借助移动终端（如手机、PDA、上网本）访问互联网。

以 GPRS（general packet radio service，通用无线分组业务）接入方式而言，移动互联网分为两类。

① 传统 WAP 业务：手机通过 WAP 网关接入运营商内部的 WAP 网络以及公共 WAP 网络来使用特定的移动互联网业务。

② 互联网业务：手机或上网本通过 GGSN（gateway GPRS support node，网关 GSN）直接接入互联网，用户可以访问互联网上的任何服务器。

（5）计算机网络的发展趋势

① 虚拟现实技术　虚拟现实（含增强现实、混合现实，简称 VR/AR/MR）是融合应用了多媒体、传感器、新型显示、互联网和人工智能等多种前沿技术的综合性技术。虚拟现实技术有望成为下一代通用计算平台，为人类认识世界、改造世界的方式方法带来颠覆式变革。它与教育、军事、制造、娱乐、医疗、文化艺术、旅游等领域的深度融合，具有巨大的市场潜力。

② 光通信技术　光通信技术的发展主要有两个大的方向：一是主干传输向高速率、大容量的光传送网发展，最终实现全光网络；二是接入向低成本、综合接入与宽带化的光纤接入网发展，最终实现光纤到家庭和光纤到桌面。

以光节点取代现有网络的电节点，并用光纤将光节点互连成网，采用光波完成信号的传输、交换。

③ IPv6　TCP/IP 协议簇是互联网的基石之一，目前使用的 IP 的版本为 IPv4，其地址位数是 32 位（二进制），理论上有 43 亿个地址。IPv6 采用 128 位地址长度，几乎可以不受限制地提供地址。IPv6 除了一劳永逸地解决了地址短缺问题外，同时也解决了 IPv4 中端到端 IP 连接、服务质量（QoS）、安全性等缺陷。目前，很多网络设备都已经支持 IPv6，我们正在逐步走进 IPv6 的时代。

④ 宽带传入技术与移动通信技术　低成本光纤到户的宽带接入技术和更高速的 4G 和 5G 宽带移动通信系统技术的应用，使得不同的网络能无缝连接，为用户提供满意的服务。

另外，网络可以自行组织，终端可以重新配置和随身携带，它们带来的宽带多媒体业务也逐步地步入人们的生活。

3.2　Internet连接方式与应用

 课时目标

知识目标	1. 能够掌握 Internet 接入的基本方式。 2. 了解 Internet 的起源与发展。
能力目标	提高学生动手操作能力。
素质目标	激发学生对信息技术网络的学习热情，培养学生正确的辩证思维。

3.2.1　Internet的起源与发展

因特网（Internet，也称国际互联网）是一组全球信息资源的总汇。有一种粗略的说法，认为Internet是由于许多小的网络（子网）互联而成的逻辑网，每个子网中连接着若干台计算机（主机）。Internet以相互交流信息资源为目的，基于一些共同的协议，并通过许多路由器和公共互联网连接而成。它是一个信息资源和资源共享的集合，是全球最大的、开放的、由众多网络相互连接而成的、资源丰富的信息网络。

20世纪50年代末，正处于冷战时期。美国军方为了自己的计算机网络在受到袭击时，即使部分网络被摧毁，其余部分仍能保持通信联系，便由美国国防部的高级研究计划局（ARPA）建设了一个军用网，叫做"阿帕网"（ARPAnet）。阿帕网于1969年正式启用，当时仅连接了4台计算机，供科学家们进行计算机联网实验用，这就是因特网的前身。

1986年，美国国家科学基金组织（NSF）将分布在美国各地的5台为科研教育服务的超级计算机中心互连，并支持地区网络，形成NSFnet。1988年，NSFnet替代ARPAnet成为Internet的主干网。NSFnet主干网利用了在ARPAnet中已证明是非常成功的TCP/IP技术，准许各大学、政府或私人科研机构的网络加入。1989年，ARPAnet解散，Internet从军用转向民用。

从1996年起，世界各国陆续启动了下一代高速互联网及其关键技术的研究。下一代互联网与现在使用的互联网相比，规模更大、速度更快、更安全、更智能。

3.2.2　接入Internet的常用方式

（1）ADSL方式

ADSL（非对称数字用户环路）是一种能够通过普通电话线提供宽带数据业务的技术，也是目前较常见的接入技术。ADSL因其下行速率较高、频带相对较宽、安装方便、不需

交纳电话费等特点而受用户喜爱。ADSL方案的最大特点是不需改造信号传输线路,完全可以利用普通铜质电话线作为传输介质,配上专用的Modem,即可实现数据高速传输。ADSL接入方式如图3-8所示。

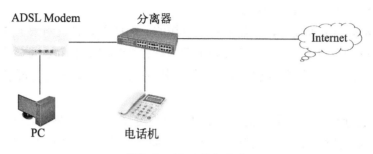

图3-8 ADSL接入方式

做好硬件连接工作后,开始创建ADSL拨号连接。创建ADSL拨号连接的具体操作步骤如下。

① 单击通知区域中的"网络"图标,在弹出的对话框中单击"打开网络和共享中心"链接。

② 在"更改网络设置"下面,单击"设置新的连接或网络"链接。

③ 弹出"设置连接或网络"对话框,选择"连接到Internet"选项,然后单击"下一步"按钮。

④ 选择单击"仍要设置新连接",选择"宽带连接WAN Miniport(PPPoE)",然后单击"下一步"按钮。

⑤ 在"键入你的Internet服务提供商(ISP)提供的信息"对话框中,输入用户名和密码,如图3-9所示。

图3-9 输入用户名和密码

⑥ 单击"连接"按钮,系统将自动进行拨号连接,连接成功后就可以打开浏览器页面浏览了。

（2）局域网方式

网络已经走进千家万户，上网已经成为人们日常生活和工作中密不可分的一部分。为方便用户上网，在现代化小区，开发商会提前将网线布设入户，用户只需要交费开通，获得上网账号和密码，连线后即可上网。

这种方式不需要额外设备，只需要将双绞线的一端插入计算机网卡上的RJ-45接口端，另一端接入ISP提供的网络接口处，按ISP的要求配置DNS和IP即可。配置方法如下。

① 单击通知区域中的"网络"图标，在弹出的对话框中单击"打开网络和共享中心"链接。

② 在左侧导航窗格中单击"更改适配器设置"链接，打开"网络连接"窗口。

③ 右击需要设置IP的"本地连接"图标，选择"属性"，打开"本地连接属性"对话框。

④ 在"连接使用的项目"列表中单击选择"Internet协议版本4（TCP/IPv4）"，再单击"属性"按钮，打开"Internet协议版本4（TCP/IPv4）属性"对话框。

系统一般默认为"自动获得IP地址"和"自动获得DNS服务器地址"选项。如果ISP提供固定的IP和指定的DNS，可以选择"使用下面的IP地址"和"使用下面的DNS服务器地址"，输入指定的内容，最后单击"确定"按钮。

如果需要登录账号和密码，通常也会采用PPPoE虚拟拨号方式，设置方式与ADSL基本相同。当试图打开浏览器时，会要求输入账号和密码，输入后可正常上网。

（3）无线局域网方式

无线局域网（wireless LAN，WLAN）是相当便利的数据传输系统，它利用射频技术取代由双绞线构成的局域网，使得无线局域网利用简单的存取架构，就能让用户透过它，通过无线方式高速接入互联网。Wi-Fi全称为wireless fidelity，是当今使用最广泛的一种无线网络传输技术。Wi-Fi上网方式不仅网络业务提供商可以提供，用户也可以自行设置，只需要一台无线路由器即可转换为Wi-Fi上网方式，这样极大地方便了用户使用。

目前，无线路由器设置已极其简单，不同产品的设置方法大同小异，按照产品说明书设置即可。

近年来，随着通信技术的发展与智能手机的崛起，因为无线应用协议（WAP）的制定，已实现了移动通信手机接入Internet，并且速度也很快，体验也与使用Wi-Fi方式无太大差别。华为研制的第五代移动通信网络技术（5G）逐渐成熟，已走在世界前列。5G将会带来信息领域革命性的影响，比4G网络的传输速率快数百倍。举例来说，一部1GB的电影可在8s之内下载完成。由于其高速率、低时延、高可靠、高容量等特点，千亿级的设备链接能力让万物互联这一设想变成现实。

3.2.3 Internet的IP地址与域名系统

（1）IP地址

① IP地址的概念　在Internet上为每台计算机分配的唯一的32位地址称为IP地址，

也称网际地址。IP地址具有固定规范的格式。它由32位二进制数组成，分成4段，其中每8位构成一段，这样每段所能表示的十进制数的范围最大不超过255，段与段之间用"."隔开，这种方法称为点分十进制表示方法。

　　IP地址分为A、B、C、D、E五类。其中，A、B、C三类为常用类型，D类为组播地址。E类为保留地址。A、B、C三类均由网络号和主机号两部分组成，规定每一组都不能用全0（全0表示网络本身的IP地址）和全1（全1表示网络广播的IP地址）。为了区分类别，A、B、C三类的最高位分别是0、10、110，如图3-10所示。

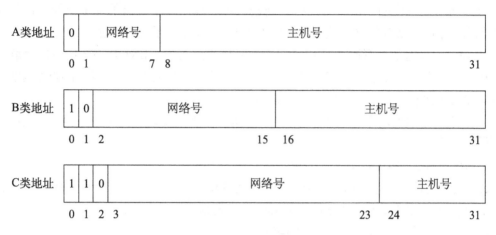

图3-10　IP地址编码

　　A类IP地址：用8位来标识网络号，24位标识主机号，最前面一位为"0"。这样，A类IP地址所能表示的网络号范围为0～127，但数字127保留给内部回送函数，而数字0表示该地址是本地宿主机，所以A类IP地址的第一个8位表示的数的范围是1～126。A类IP地址通常用于大型网络，每个网络所能容纳的计算机数为（2^{24}–2）台。

　　B类IP地址：用16位来标识网络号，16位标识主机号，最前面两位为"10"。网络号和主机号的数量大致相同，分别用两个8位来表示，第一个8位表示的数的范围为128～191。B类IP地址适用于中等规模的网络，每个网络所能容纳的计算机数为6万多（2^{16}–2）台。如各地区的网络管理中心。

　　C类IP地址：用24位来标识网络号，8位标识主机号，最前面三位为"110"。网络号的数量要远大于主机号，一个C类IP地址可连接254（2^8–2）台主机。C类IP地址的第一个8位表示的数的范围为192～223。C类IP地址一般适用于校园网等小型网络。

　　综上所述，从第一段的十进制数字即可分出IP地址的类别，如表3-3所示。

● 表3-3　A、B、C类IP地址

类型	第一段数字范围	包含主机台数
A	1~126	16777214
B	128~191	65534
C	192~223	254

② 子网掩码　子网掩码是判断任意两台计算机的IP地址是否属于同一子网的根据。最为简单的理解就是将两台计算机各自的IP地址与子网掩码进行AND运算后，如果得出的结果是相同的，则说明这两台计算机处于同一个子网，可以直接通信。

正常情况下子网掩码的地址为：网络位全为"1"，主机位全为"0"。

A类地址网络的子网掩码地址为255.0.0.0。

B类地址网络的子网掩码地址为255.255.0.0。

C类地址网络的子网掩码地址为255.255.255.0。

可以利用主机位的一位或几位将子网进一步划分，缩小主机的地址空间，进而获得一个范围较小的、实际的网络地址（子网地址），这样更便于网络管理。

③ IPv6　现有的互联网是在IPv4协议的基础上运行的，IPv6是下一版本的互联网协议。IPv6采用了128位地址长度，几乎可以不受限制地提供网址，解决了IPv4地址短缺问题。IPv6的主要优势体现在以下几个方面。

a.规模更大。IPv6具有更大的地址空间，接入网络的终端种类和数量更多，网络应用更广泛。

b.速度更快。100Mbit/s以上的端到端高性能通信。

c.更安全可信。对象识别、身份认证和访问授权，数据加密和完整性，可信任的网络。

d.更及时。组播服务、服务质量（QoS），大规模实时交互应用。

e.更方便。基于移动和无线通信的丰富应用。

f.更可管理。有序的管理、有效的运营、及时的维护。

g.更有效。有盈利模式，获得巨大的社会效益和经济效益。

（2）Internet域名系统

为了方便用户，Internet在IP地址的基础上提供了一种面向用户的字符型主机命名机制，这就是域名系统。它是一种更高级的地址形式。

① 域名系统与主机命名　在Internet中，IP地址是一个具有32位长度的数字，用十进制表示时应有12位整数。对于一般用户来说，要记住这类抽象数字的IP地址是十分困难的，为了向一般用户提供一种直观明了的主机识别符（在Internet中，计算机称为主机，而计算机名称为主机名），TCP/IP专门设计了一种字符型主机命名机制，即给每一台主机一个有规律的名字（由字符串组成）。

② Internet域名系统的规定　Internet制定了一组正式的通用标准代码，作为第一级域名，如表3-4所示。

● 表3-4　组织域名对照

域名代码	意义	域名代码	意义
com	商业组织	net	网络服务机构
edu	教育机构	org	非营利性组织
gov	政府部门	int	国际性组织
mil	军事部门		

组织模式是按组织管理的层次结构划分所产生的组织型域名，由三个字母组成；而地理模式则是按地理区域划分所产生的地理型域名，这类域名是世界各国和地区的名称，并且规定由两个字母组成，如表3-5所示。

● 表3-5 国家/地区域名对照

国家/地区域名代码	国家/地区	国家/地区代码	国家/地区	国家/地区代码	国家/地区
ar	阿根廷	hk	中国香港	pt	葡萄牙
au	澳大利亚	id	印度尼西亚	ru	俄罗斯
at	奥地利	ie	爱尔兰	xg	新加坡
be	比利时	il	以色列	za	南非
ca	加拿大	in	印度	es	西班牙
cn	中国	it	意大利	ch	瑞士
cu	古巴	jp	日本	tw	中国台湾
dk	丹麦	kr	韩国	th	泰国
eg	埃及	mo	中国澳门	uk	英国
fi	芬兰	mx	墨西哥	us	美国
fr	法国	nz	新西兰		
de	德国	no	挪威		

③ 中国互联网的域名规定　根据已发布的《互联网域名管理办法》，中国互联网络的域名体系最高级为cn，二级域名共40个，分为6个类别域名（ac、com、edu、gov、net、org）和34个行政区域名（如bj、sh、tj等）。在二级域名中，除了edu的管理和运行由中国教育和科研计算机网络中心负责外，其余全部由中国互联网络信息中心（CNNIC）负责。

3.2.4　WWW的基本概念与工作原理

（1）WWW的基本概念

① WWW服务器（又称Web服务器）：万维网（world wide web，WWW）信息服务是采用客户机/服务器模式进行的。在进行Web网页浏览时，作为客户机的本地机首先与远程的一台WWW服务器建立连接，一旦建立连接，客户机发出一个请求，服务器就发回一个应答，然后断开连接。程序运行在服务器端，管理者提供浏览的文档。

② 浏览器（browser）：在用户计算机上运行的WWW客户程序，是用来解释Web页面并完成相应转换和显示的程序。常用的浏览器为Internet Explorer等。

③ 网址：在使用浏览器浏览信息时，用户必须先指定要浏览的WWW服务器的地址，即网址。

④ 主页：输入一个WWW地址后在浏览器中出现的第一页。

⑤ 超链接：超链接是万维网最具特色的功能之一，它是包含在每一个页面中的能够连到万维网上其他页面的连接信息，通过这种方法可以浏览相互链接的页面。一个网页中识别超链接的方法是：当鼠标指针移到超链接上时，鼠标指针会变成手形。

⑥ 页面：万维网由多个页面组成，通常每单击一次超链接所显示的内容就是一页，通常称为网页。

⑦ 导航：浏览器还提供"导航"功能。

⑧ 超文本：超文本（hyper text，HT）是用超链接的方法将各种不同空间的文字信息组织在一起的网状文本。超文本的格式有很多，目前较常使用的是超文本标记语言（hyper text markup language，HTML）与富文本格式（rich text format，RTF）。人们日常浏览的网页上的链接都属于超文本。

⑨ 超文本标记语言（HTML）：超文本标记语言是 WWW 用来组织信息并建立信息页之间链接的工具。HTML 命令可以是文字、图形、动画、声音、表格、链接等。

⑩ 超媒体（hypermedia）：所谓媒体就是表现、存储信息的形式，一般常用的媒体有文本、静态图像、音频、动态图像和程序这五种。超媒体采用超文本技术管理多媒体信息，即超媒体＝超文本＋多媒体。

⑪ 统一资源定位器（URL）：在 Internet 上查找信息时采用的一种准确定位机制，称为统一资源定位器。通过统一资源定位器，可以访问 Internet 上任何一台主机或者主机上的文件夹和文件。URL 是一个简单的格式化字符串，它包含被访问资源的类型、服务器的地址以及文件的位置等，又称为网址。

统一资源定位器由四部分组成，它的一般格式是协议：//主机名/路径/文件名。

协议：指数据的传输方式，通常称为传输协议，如超文本传输协议（HTTP）。

主机名：指计算机的地址，可以是 IP 地址，也可以是域名地址。

路径：指信息资源在 WWW 服务器上的目录。

⑫ 门户网站：通向某类综合性互联网信息资源并提供有关的信息服务的应用系统。门户网站主要提供新闻、搜索引擎、网络接入、聊天室、电子公告牌、免费邮箱、影音资讯、电子商务、网络社区、网络游戏、免费网络空间等。在我国，典型的门户网站有新浪、网易、搜狐等。

（2）WWW 的工作原理

WWW 是由遍布在 Internet 上的无数台被称为 WWW 服务器的计算机组成的。一台服务器除了提供自身独特信息服务外，还"指引"存放在其他服务器上的信息。各服务器之间通过"链接"操作来完成相互连接，当鼠标指针移动到有链接的部分时，鼠标指针通常变成手形。此时，单击鼠标左键，计算机会根据链接站点的内容作出相应的反应，如跳转到 Internet 上的另一个站点或 WWW 上的一个新网页。

3.2.5　浏览器的使用

执行于计算机上，供用户操作、观看网页的应用程序称为浏览器。下面以 IE 浏览器为例，介于WWW浏览器的使用。

IE是一款组合软件，在安装Windows操作系统的同时被安装。它主要包括以下组件。

① Internet Explorer：IE的核心，主要用于浏览网页。

② Outlook Express：用于收发电子邮件和阅读新闻组。

③ Microsoft NetMeeting：为用户提供一种通过Internet进行交谈、召开会议的工作方式。

④ Microsoft Chat-Internet：聊天程序。

⑤ FrontPage Express：网页制作程序。

（1）启动IE浏览器

选择"开始"→"程序"→"Internet Explorer"命令，或者双击桌面上的Internet Explorer图标都可以启动浏览器，启动后出现如图3-11所示的界面。

图3-11　IE浏览器窗口

地址栏：显示当前选项卡访问页面的URL地址，也可输入要访问页面的URL地址。

菜单栏：使用菜单栏可以实现浏览器的所有功能。

工具栏：包括若干常用按钮，可以快速执行IE操作命令。

（2）使用工具栏中的工具按钮

后退：在浏览过程中，如果想回到当前页面的上一页面，可单击工具栏中的"后退"按钮。

前进：在单击"后退"按钮的过程中，如果想回到前一个页面，可单击"前进"按钮。

停止：浏览器从服务器上向本地计算机传输信息的过程中，单击"停止"按钮，可以中止信息的传输。

刷新：在网页信息显示不完整或不正确的情况下，可以单击"刷新"按钮，重新将当前网页从服务器上传输到本地计算机中。

（3）浏览Web页

启动IE浏览器后，即可通过IE浏览器浏览网页。在IE地址栏中输入要访问网页的URL地址，打开相应的网页。每个网页都包含很多超链接，将鼠标指针移动到包含超链

接的文本、图片或按钮上时，鼠标指针会变成手指的形状，此时单击即可打开其链接的
网页。

（4）将网页内容保存为文件

用户在网上浏览时，可以将自己需要的网页保存下来。保存网页的具体操作步骤
如下。

① 打开需要保存的网页。

② 选择"文件"→"另存为"选项，弹出"保存网页"对话框。

③ 在"保存网页"对话框中选择保存网页文件的位置，在"文件名"文本框中输入
网页的名称，在"保存类型"下拉列表中选择文件的保存类型，在"编码"下拉列表中
选择网页编码，单击"保存"按钮。

（5）从网页下载文件

在浏览网页时，可以将有用的资料下载下来。从网页下载文件的具体操作步骤如下。

① 找到要下载的资料所在的网页，右击下载资料所在的超链接，在弹出的快捷菜单
中选择"目标另存为"命令，弹出"另存为"对话框。

② 在"另存为"对话框中选择保存的位置，输入文件名，单击"保存"按钮，数据
将下载到用户的计算机中。

3.2.6　电子邮件服务

电子邮件服务（又称E-mail服务）是目前Internet上使用最频繁的服务之一，它为用
户之间发送和接收信息提供了快捷、廉价的现代化的通信手段。

（1）电子邮件的功能

①邮件的制作与编辑；②邮件的发送；③邮件通知；④邮件阅读与检索；⑤邮件回
复与转发；⑥邮件处理。

（2）电子邮件地址的格式

Internet的电子邮箱地址格式为"用户名@电子邮件服务器名"，它表示以用户名命
名的邮箱是建立在符号"@"（读作at）后面说明的电子邮件服务器上的，该服务器就是
向用户提供电子邮件服务的"邮局"机。

（3）邮件协议

在目前的电子邮件系统中，常用的邮件协议是SMTP和POP3。

SMTP即简单邮件传输协议，属于TCP/IP协议簇，帮助计算机在发送或中转邮件时
找到下一个目的地。POP3即邮局协议的第三个版本，它是规定了怎样将个人计算机连接
到互联网的邮件服务器和下载电子邮件的协议。

发送电子邮件时，发送方使用SMTP通过Internet先把邮件发送到发送方电子邮箱所
在的发信服务器（SMTP），发信服务器再使用SMTP通过Internet把邮件发送到接收方所
在的收信服务器。接收电子邮件时，用户使用POP3通过Internet从收信服务器接收邮件。

（4）获取免费的电子邮件

用户可以使用WWW浏览器免费获取电子邮箱，访问电子邮件服务。在电子邮件系统页面上输入用户的用户名和密码，即可进入用户的电子邮件信箱，然后处理电子邮件。

3.3　Internet 的其他服务

 课时目标

知识目标	能够掌握 Internet 的基本服务。
能力目标	提升学生对网络的应用能力与网络信息辨别能力。
素质目标	培养学生正确的价值观与职业道德素养。

3.3.1　文件传输协议

文件传输服务是Internet的常用服务之一，也采用客户机/服务器工作模式。在Internet上，通过FTP与FTP命令，将服务器的文件传输到本地计算机中（下载）；在权限允许的情况下，还可以将本地计算机中的文件传送到FTP服务器中。

匿名FTP：匿名FTP服务器为普通用户建立了一个通用的账号，即"anonymous"，在口令栏内输入用户的电子邮件地址，就可以连接到远程主机。

3.3.2　远程登录Telnet

Telnet是最早的Internet活动之一，用户可以通过一台计算机登录到另一台计算机上，运行其中的程序并访问其中的服务。当登录上远程计算机后，用户的计算机就仿佛是远程计算机的一个终端，可以用本地计算机直接操纵远程计算机。

与FTP一样，使用Telnet需要有Telnet软件，Windows操作系统就提供了内置的Telnet工具。当用户使用Telnet登录进入远程计算机系统时，事实上启动了两个程序：一个是Telnet客户程序，它运行在用户的本地计算机上；另一个是Telnet服务器程序，它运行在用户登录的远程计算机上。

3.3.3　即时通信

即时通信（IM）是指能够即时发送和接收互联网消息等的业务。即时通信产品最早是由三个以色列青年在1996年做出来的，取名ICQ。自1998年面世以来，特别是近十几年的迅速发展，即时通信的功能日益丰富，逐渐集成了电子邮件、博客、音乐、电视、游戏和搜索等多种功能。即时通信不再是一个单纯的聊天工具，它已经发展成集交流、资讯、娱乐、搜索、电子商务、办公协作和企业客户服务等为一体的综合化信息平台。我

国目前常用的聊天软件有YY、UC、微信、钉钉、QQ等。

其工作方式一般是采用客户机/服务器工作模式。在安装即时消息软件时，它会自动和服务器联系，然后给用户分配一个全球唯一的识别号码。即时通信可自动探测用户的上网状态并可实时交流信息。其中，腾讯公司的QQ软件、微信和微软公司的MSN Messenger软件的应用规模最大。

还有另外一种即时通信方式——IP电话（也称网络电话），是通过TCP/IP实现的电话应用。它利用Internet作为传输载体，实现计算机与计算机、普通电话机与普通电话机、计算机与普通电话机之间的语音通信。

IP电话更能有效地利用网络带宽，占用资源少，成本很低，但通过Internet传输声音的速率会受到网络工作状态的影响。

3.3.4 网络音乐

MIDI、MP3、Real Audio和WAV等是音频的几种格式，其中前三种是现在网络上比较流行的网络音乐格式。由于MP3体积小、音质高，采用免费的开放标准，使得它几乎成为网络音乐的代名词。

MP3是ISO下属的MPEG开发的一种以高保真为前提的高效音频压缩技术。它采用了特殊的数值压缩算法对原先的音频信号进行处理，可以按12∶1的比例压缩CD音乐，以减小数码音频文件的大小，而音乐的质量却变化很小，几乎接近于CD唱盘的质量。

如今，随着网络的发展，各种在线音乐网站、音乐软件应运而生，以满足人们的需求。常用的一般有网易云音乐、酷狗、酷我等。

3.3.5 搜索引擎

搜索引擎是一种搜索其他目录和网站的检索系统，它并不是真地搜索Internet，而是搜索预先整理好的网页索引数据库，然后将搜索结果以统一的清单形式返回给用户，一般结果都是根据与搜索的关键字的相关搜索度高低来依次排序的。常用的搜索引擎有很多，目前具有代表性的搜索引擎有Google和百度。另外，搜狐、中文雅虎等也是常用的搜索引擎。

使用搜索引擎的方法比较简单，但有时也需要掌握一定的技巧才能更精准地找到相关信息。打开搜索引擎的主页，输入要搜索的关键字，就可以开始搜索。需要注意的是，在搜索的时候尽可能缩小搜索范围，常用的搜索技巧就是添加搜索关键字或设置搜索类别。

3.3.6 网络视频

流媒体指在数据网络上按时间先后次序传输和播放的连续音/视频数据流。流媒体在播放前不下载整个文件，只将部分内容缓存，使流媒体数据流边传送边播放，这样就节省了下载等待时间和存储空间。

流媒体数据具有三个特点：连续性、实时性、时序性（其数据流具有严格的前后时序关系）。目前基于流媒体的应用非常多，发展非常快，其应用主要有视频点播（VOD）、视频广播、视频监视、视频会议、远程教学、交互式游戏等。

交互式多媒体视频点播业务（video on demand，VOD）是集动态影视图像、静态图片、声音、文字等信息于一体，为用户提供实时、高质量、按需点播服务的系统。它是一种以图像压缩技术、宽带通信网技术、计算机技术等现代通信手段为基础发展起来的多媒体通信服务。

VOD是一种可以按用户需要点播节目的交互式视频系统。从广义上讲，它可以为用户提供各种交互式信息服务，可根据用户需要任意选择信息，并对信息进行相应的控制，如在传播过程中留言、发表评论等，从而加强交互性，增加了用户与节目之间的交流。

3.3.7 资源下载

资源下载就是用户将Internet上的资源通过某种方式保存到计算机本地硬盘上的过程，是用户在网上需要用到的必备技能之一。随着Internet技术的发展，资源下载技术也已经发展得非常成熟。目前从网络下载资源的方式比较多，常用的有浏览器下载方式、P2P方式、P2SP方式。

（1）浏览器下载方式

通过浏览器下载资源是较常见的网络下载方式之一。在保存网页及其中的文字、图片、Flash等资源的时候，使用浏览器进行下载是最为方便的方法；另外，还有很多可下载的资源是以超链接的形式提供在网页上的，下载这些资源也可以直接在浏览器中进行。

浏览器下载会涉及两个网络协议：HTTP（hypertext transfer protocol，超文本传输协议）和FTP（file transfer protocol，文件传输协议）。这是两种不同的网络传输协议，使用哪一种协议下载没有本质区别，都是用户直接从服务器上下载，所有下载的文件都放在服务器中。

浏览器下载工作原理（图3-12）：通过浏览器下载时，首先需要获得有效的资源链接，然后在浏览器的地址栏中输入该链接，浏览器会根据HTTP的规定，按照一定的格式发送下载资源的请求给存放有该资源的服务器，服务器收到用户的请求后进行必要的操作，然后发送资源给用户。在这一过程中，在网络上发送和接收的数据都被分成了一个或者多个数据包。当所有的数据包都到达目的地后，会重新组织到一起。

请求数据

应答数据

客户机 服务器

图3-12　浏览器下载工作原理

浏览器下载存在的缺点：当通过浏览器下载资源时，只能直接从服务器上下载资源到本地，当下载该资源的人数较多或者网络的带宽情况较差时，通过浏览器下载资源的速度是相对较慢的。

（2）P2P方式

P2P（peer to peer）又称点对点技术，是一种新型网络技术。当用户用浏览器或者FTP下载时，若同时下载的人数过多，由于服务器的带宽问题，下载速度会减慢许多。而使用P2P技术则正好相反，下载的人越多，下载的速度反而越快。P2P技术已经"统治"了当今的Internet。据德国的研究机构调查显示，当今互联网的50%～90%的总流量都来自P2P程序。P2P技术的飞速发展归功于一种BT工具。BT（bit torrent）中文全称"比特流"，又被人们戏称为"变态下载"。

P2P的工作原理（图3-13）：本质上就是将文件分成不同大小的数据块，P2P则从不同的下载此文件的用户中接收这些数据块并且也同时为其他用户提供这些数据块。它的优点就是使用的人越多，下载的人越多，下载的速度也越快。P2P工具的代表有BT、eMule等。

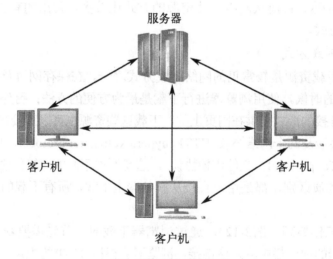

图3-13　P2P工作原理

（3）P2SP方式

P2SP（peer to server & peer，用户对服务器和用户）内容的传递可以在网络上的各个终端机器中进行。P2SP除了包含P2P以外，P2SP的"S"是指服务器。P2SP有效地把原本孤立的服务器和其镜像资源以及P2P资源整合到了一起。

P2SP技术在下载的稳定性和下载的速度上，都比传统的P2P有了非常大的提高。但是，无论是P2P下载还是P2SP下载，都对正在下载或者下载后没有关闭程序的用户有要求，BT是强制的，而迅雷则可以通过增大缓冲区、限制上传速率来限制这一点。P2SP工具的代表有迅雷、BitComet、QQ旋风、网际快车等。

使用P2P或者P2SP技术下载的缺点主要有两个：一是由于计算机在不停地上传和下

载，会对计算机的硬盘造成一定的损害；二是占用了大量的带宽，其中有很多数据是多余重复的传输。

3.4 网页与网站的基本知识

 课时目标

知识目标	1. 能够掌握网站与网页的基本概念。
	2. 能够了解常用的网页制作工具。
能力目标	提高学生综合运用网页的能力和浏览、查阅能力。
素质目标	培养学生良好的学习态度以及与人交际的社会分辨能力。

3.4.1 网站与网页的概念

（1）网站

网站（web site）是 Web 服务器上相互链接的一系列网页和相关文件的集合，是一个存放服务器上的完整信息的集合体。它包含一个或多个网页，这些网页以一定的方式链接成一个整体，用来描述一组完整的信息或达到某种期望的宣传效果。

（2）网页

网页一般又称为 HTML 文件，是一种可以在 WWW 上传输，能被浏览器认识和翻译成页面并显示出来的文件。通常用户看到的网页大多是以 .htm 和 .html 为扩展名的文件。

一般来说，网页主要由文字、图片、动画、超链接和特殊组件等元素构成，具体如下。

① 文字　网站的主题思想的表达离不开文字，无论是网上新闻还是相关介绍，都需要一定的文字来说明。文字是传递信息最直接、最通用、最容易的方式，而且传输速度快、占用空间小。

② 图片　网页的一大特点就是图文并茂，在网页上适量加入图片可以使网页更加丰富生动。同时，图片通常比文字更直观、更有说服力。目前网页中使用的图片的格式大多是 GIF 和 JPEG。

③ 动画　伴随着新技术的应用，动画成为网页显示活力的主要因素之一。简便方便的动画制作工具（如 Flash、Fireworks 等）为网页提供了大量的动画素材。早期的网上动画由多帧的 GIF 图片构成，而现在多采用表现力更加丰富的 Flash 动画。

④ 超链接　超链接将具有文字、图片、动画的网页链接在一起，构成一个统一的整体。可以说，超链接是网络的命脉。

⑤ 特殊组件　图片和动画可以算是网页中最常见的组件，还有一些可以起到丰富网页作用的组件，如 Java Applets、Java Script 脚本、字幕、计数器、背景音乐等。

（3）静态网页和动态网页

根据网页的生成方式，大致可以分为静态网页和动态网页两种。

① 静态网页　静态网页就是HTML文件，文件的扩展名通常是.htm或.html。除非网页的设计者修改了网页的内容，否则网页的内容不会发生变化，故称为静态网页。静态网页的浏览过程是浏览器向Web服务器发出请求，服务器查找该网页文件，并将文件内容直接发送给浏览器。

② 动态网页　动态网页是指网页文件里包含程序代码，需要服务器执行程序才能生成网页内容。执行程序的过程中，通常会与数据库进行信息交互，因此，网页的内容会随程序的执行结果发生变化，故称为动态网页。动态网页的扩展名一般根据不同的程序设计语言而不同。动态网页制作比较复杂，需要用到ASP、PHP、JSP、ASP、.NET等专门的动态网页设计语言。

3.4.2　Web服务器

网站通常位于Web服务器上，Web服务器又称WWW服务器、网站服务器或站点服务器。从本质上讲，Web服务器就是一个软件系统，它通过网络接受访问请求，然后提供响应给请求者。要浏览Web页面，必须在本地计算机上安装浏览器软件，浏览器就是Web客户端，它是一个应用程序，用于与Web服务器建立链接，并与之进行通信。

浏览器和服务器之间通过超文本传输协议（HTTP）进行通信。用户使用浏览器向Web服务器发送HTTP请求，Web服务器响应用户的请求，并使用HTTP将网页和有关文件传回，然后向浏览器解释并显示。

3.4.3　常用网页制作工具

（1）Dreamweaver

Dreamweaver是由美国著名的软件开发商Macromedia公司推出的可视化网站开发工具（图3-14），具有界面友好、功能强大、可视化等优点。Dreamweaver除了可以用来开发静态网页外，还支持动态服务器网页JSP、PHP、ASP等的开发。

图3-14　Dreamweaver CS5界面

（2）Fireworks

Fireworks以处理网页图片为特长，可以轻松创作GIF动画，如图3-15所示。Fireworks是专为网络图像设计而开发的，内含丰富的支持网络出版的功能，具有十分强大的动画和几乎完美的网络图像生成器。

图3-15　Fireworks CS4界面

（3）Flash

Flash是当今Internet最流行的动画制作工具，如图3-16所示。Flash采用了矢量作图技术，各元素均为矢量，只需用少量的数据就可以描述一个复杂的对象，大大减小了动画文件的大小。Flash采用流控制技术，可以播放。

图3-16　Flash CS6界面

Dreamweaver、Flash、Fireworks被称为网页制作"三剑客"。

3.4.4　网页设计语言

（1）HTML

HTML（hyper text markup language，超文本标记语言）是WWW技术的基础。它使用一些约定的标记（tag）对文本进行标注，定义网页的数据格式，描述网页中的信息，控制文本的限制。用HTML编写的文件被称为HTML文档，也称为网页（web page），一般以.htm或.html为扩展名。

（2）XML

XML（extensible markup language，可扩展标记语言）主要用途是在Internet上传递或处理数据。XML可以说是HTML的补丁，用来弥补HTML的不足。比如，在HTML中不允许用户自定义控制标识符，而在XML中允许用户这样做。XML文件的扩展名为.xml。

（3）CSS

CSS（cascading style sheets，层叠样式表）主要用来对网页数据进行编排、格式化、显示、设置特效等。传统的HTML不能对网页数据进行随心所欲的格式化，而CSS却满足了这种要求，它对网页的特殊显示、特殊效果提供了很大帮助。目前，大多数网页都使用了CSS。

（4）DHTML

DHTML是动态HTML，这种技术要求网页具备动态功能，如动态交互、动态更新等。事实上，这是要求用户掌握Web中包含的对象、对象集，以及对象的属性、方法、事件等，然后用程序处理这些对象相关的属性、方法，让事件去完成一定的处理程序，以实现网页的动态效果。

（5）脚本语言

脚本（script）语言是嵌入到HTML代码中的程序，根据运行的位置不同可分为客户端脚本和服务器端脚本。客户端脚本是运行在客户端的程序，服务器端脚本是运行在服务器端的程序。

以HTML为例学习如何制作网页，如图3-17中代码所示。

运行结果如图3-18所示。

图3-17　HTML制作网页

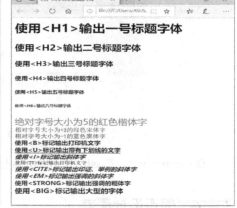

图3-18　网页浏览效果

3.4.5　网页制作基本过程

（1）Dreamweaver CS5概述

Dreamweaver CS5集网站设计与管理于一体，功能强大，使用简便。利用

Dreamweaver CS5可快速生成跨平台和跨浏览器的网页和网站，其深受广大网页设计者的欢迎。

（2）创建站点

站点是网站中所有文件和资源的集合。Dreamweaver CS5提供的站点管理功能可以方便地组织和管理所有的Web文档，将站点上传到Web服务器，跟踪和维护链接以及管理和共享文件。Web站点的开发，首先应当根据其用途进行规划，确定站点结构，在本地磁盘上创建站点，然后建立网页。

创建站点的方法有以下几种。

① 单击"站点"菜单中的"新建站点"命令，弹出"站点设置对象"对话框，如图3-19所示。在该对话框中，选择"站点"选项，在"站点名称"文本框中输入站点名，单击"本地站点文件夹"右侧的"浏览文件夹"按钮，选择准备使用的站点文件夹，单击"保存"按钮。此时，在"文件"面板中即可看到创建的站点文件。

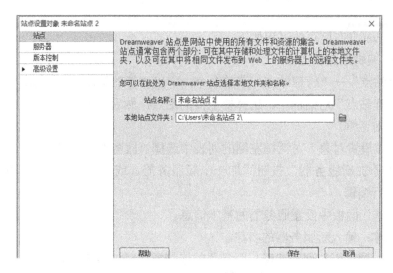

图3-19 "站点设置对象"对话框

② 单击"站点"菜单中的"管理站点"命令，弹出"管理站点"对话框，在对话框中单击"新建"按钮，弹出"站点设置对象"对话框，输入站点名称并选择准备使用的站点文件夹，单击"保存"按钮，在"管理站点"对话框中即可显示刚刚新建的站点，然后单击"完成"按钮，即可完成站点的创建。

（3）编辑站点

① 在菜单栏中选择"站点"→"管理站点"，在弹出的"管理站点"对话框中选中要编辑的站点名称，单击"编辑"按钮，如图3-20所示。

② 在弹出的"站点设置对象"对话框中，单

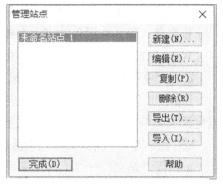

图3-20 站点编辑

击展开"高级设置"下拉按钮，对站点进行相关编辑。

③ 单击"保存"按钮，返回"管理站点"对话框，单击"完成"按钮，即可完成站点的编辑。

（4）复制站点

在菜单栏中选择"站点"→"管理站点"，在弹出的对话框中选择要复制的站点名称，单击"复制"按钮，然后单击"完成"按钮，即可完成站点的复制。

（5）删除站点

在菜单栏中选择"站点"→"管理站点"，在弹出的对话框中选择要删除的站点名称，单击"删除"按钮，在弹出的对话框中单击"是"按钮，即可完成站点的删除。

（6）网站发布

所谓发布网站，就是把网站中的内容上传到 Web 服务器上。要发布站点，首先要申请域名和网页空间，设置好站点服务器，然后把制作好的本地网站文件上传到网页空间中。

Dreamweaver 发布网页的过程如下。

① 新建或编辑站点服务器

a.执行"站点"→"管理站点"菜单命令，弹出"管理站点"对话框。

b.在"管理站点"对话框中，选择要上传的站点，然后单击"编辑"按钮，弹出"站点设置对象"对话框。

c.在"站点设置对象"对话框左侧的列表中选择"服务器"选项，单击右侧服务器列表左下角的"添加新服务器"按钮添加一个新服务器，或者单击"编辑"按钮对已经存在的服务器进行编辑。

d.在"基本"面板中设置服务器的基本信息。

服务器名称：输入新服务器的名称。

连接方法：通过下拉列表选择与服务器的连接方式，如 FTP 方式。

FTP 地址：输入要上传到 FTP 主机的 URL。

用户名：输入用于连接到 FTP 服务器的用户名。

密码：输入用于连接到 FTP 服务器的密码。单击"测试"按钮，可测试 FTP 地址、用户名和密码；如果选择"保存"复选框，Dreamweaver 会保存密码。

根目录：输入在远程站点上存储的公开显示的文档的目录（文件夹）。

Web URL：输入 Web 站点的 URL。

e.在"高级"面板中设置与远程服务器同步等信息。

f.单击"保存"按钮，在"服务器"列表中，通过"远程"复选框和"测试"复选框指定添加或编辑的服务器为远程服务器和测试服务器。

② 上传文件　确保文档处于活动状态，执行下列操作之一可以上传文件。

a.执行"站点"→"上传"菜单命令。

b.单击"文档"窗口工具栏中的"文件管理"图标，然后从菜单中选择"上传"命令。

巩固练习

一、选择题

1.关于计算机网络的讨论中，下列正确的是（　　）。

　A.组建计算机网络的目的是实现局域网的互联

　B.联入网络的所有计算机都必须使用同样的操作系统

　C.网络必须采用一个具有全局资源调度能力的分布操作系统

　D.互联的计算机是分布在不同地理位置的多台独立的自治计算机系统

2.描述计算机网络中数据通信的基本技术参数是数据传输速率与（　　）。

　A.服务质量　　　　　　　　　　B.传输延迟

　C.误码率　　　　　　　　　　　D.响应时间

3.关于计算机网络的分类，以下说法不正确的是（　　）。

　A.按网络拓扑结构划分有总线型、环形、星形和树状等

　B.按网络覆盖范围和计算机间的连接距离划分有局域网、城域网、广域网

　C.按传送数据所用的结构和技术划分有资源子网、通信子网

　D.按通信传输介质划分有低速网、中速网、高速网

4.真正意义上的现代计算机网络是从（　　）开始。

　A.CSTNET　　　　　　　　　　B.CERNET

　C.CHINANET　　　　　　　　　D.ARPAnet

5.数据链路层位于OSI/ISO参考模型的第二层，它传输数据的单位是（　　）。

　A.比特流　　　　　　　　　　　B.帧

　C.报文　　　　　　　　　　　　D.分组

6.下列属于常用的浏览器是（　　）。

　A.Word　　　　　　　　　　　　B.Dreamweaver

　C.Outlook Express　　　　　　　D.Internet Explorer

7.常见的局域网络拓扑结构有（　　）。

　A.总线结构、关系结构、逻辑结构

　B.总线结构、环形结构、星形结构

　C.逻辑结构、总线结构、网状结构

　D.逻辑结构、层次结构、总线结构

8.TCP/IP的含义是（　　）。

　A.局域网传输协议　　　　　　　B.拨号入网传输协议

　C.传输控制协议和网际协议　　　D.OSI协议集

9.通过Internet发送或接收电子邮件（E-mail）的首要条件是应该有一个邮件地址，它的正确形式是（　　）。

　A.用户名@邮件服务器名　　　　B.用户名#邮件服务器名

　C.用户名/邮件服务器名　　　　　D.用户名.邮件服务器名

10.下列不能使用Dreamweaver编辑的文件类型是（　　）。

A.HTML　　　　B.XML　　　　C.RTF　　　　D.JavaScript

二、判断题

1.Internet是由网络路由器和通信线路连接的，基于通信协议OSI/ISO参考模型构成的当今信息社会的基础结构。（　）

2.FTP是Internet中的一种文件传输协议，它可以将文件下载到本地计算机中。（　）

3.从逻辑功能上，计算机网络分为通信子网和资源子网。（　）

4.E-mail地址就是我们的物理地址。（　）

5.根据链接载体的特点，只有文本超链接，没有超文本链接。（　）

6.调制解调器的功能是将计算机的数字信号与模拟信号相互转换，以便传输。（　）

7.资源下载的常用方式主要有三种：浏览器下载、P2P、P2SP。（　）

8.发送电子邮件使用的协议是SMTP。（　）

9.数据通信是计算机网络最本质的功能。（　）

10.FrontPage、Dreamweaver、Fireworks被称为网页制作"三剑客"。（　）

三、简答题

1.什么是通信协议？ Internet使用的协议是什么？

2.什么是域名系统？为什么要使用域名系统？

实训案例

【案例1】使用HTML语言编写网页，网页内容居中显示"Hello World! 欢迎大家学习网页编程！"，字体大小为"30号"，字体颜色为"红色"。

案例1　效果图

【案例2】使用Dreamweaver CS5制作一个网页，网页主题为"家乡美"。制作一个三行两列的表格，表格内容为家乡的风景图片。

家乡美

案例2　效果图

知识巩固与归纳表

激励式教学评价表

　　1.本任务学习之后，请扫描二维码下载知识巩固与归纳表，填写本任务的记忆点，并归纳总结。

　　2.激励式教学评价表可作为期末成绩的一项考评，请扫描下载并填写。

④

模块 4　字处理软件

信息技术

思维导图

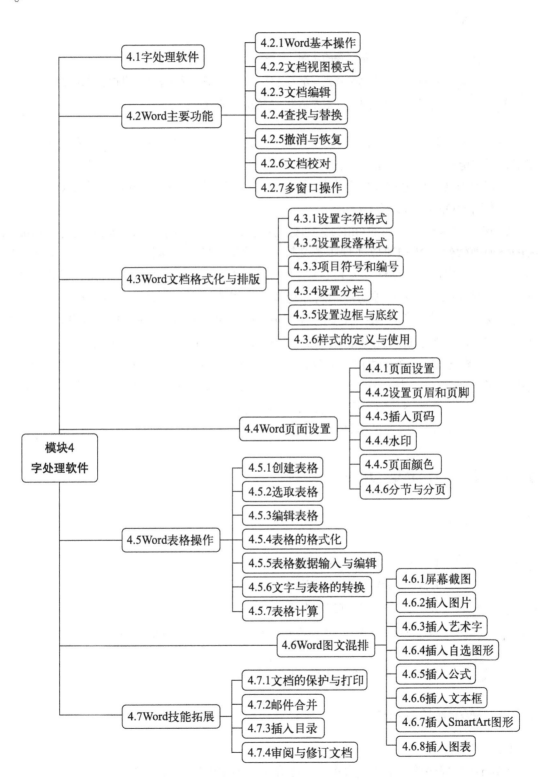

4.1 字处理软件

 课时目标

知识目标	能够掌握字处理软件的功能。
能力目标	通过课前自主网络查找与学习与课中知识讲解，提高学生自身信息技术应用能力。
素质目标	通过合作探究学习，培养学生良好的信息素养。

字处理软件是办公软件的一种，一般用于文字的格式化和排版。字处理软件的发展和字处理的电子化是信息社会发展的标志之一。

现有的中文字处理软件主要有微软公司的 Word、金山公司的 WPS、永中 Office 和以开源为准则的 OpenOffice 等。

Word 是微软公司出品的 Office 系列办公组件之一，是目前世界上较为流行、功能强大的字处理软件。Word 可以实现中英文输入、编辑、排版和灵活的图文混排，还可以绘制各种表格，也可以方便地导入 Excel 工作图表和 PowerPoint 幻灯片。Word 因其直观的操作界面、强大的多媒体混排功能和制作功能、丰富的模板与帮助功能等，得到了广大用户的青睐。目前该软件应用比较多的有 Word2016、Word2019 和 Word2021 等版本，功能随着版本的提高而不断改进和加强，为用户的工作和生活带来了极大的方便。

Office 是微软的一个庞大的办公软件集合，该软件为用户提供了大量新功能，允许同时编辑多个文件。常用应用程序，包括 Word、Excel、PowerPoint 等在内的组件，全都可以在触控操作的方式下为用户提供良好的使用体验。

Word 默认保存文档的扩展名为".docx"。

4.2 Word 主要功能

 课时目标

知识目标	1. 能够掌握 Word 的基本操作方法。
	2. 能够学会输入文字的方法。
	3. 能够学会字符的查找与替换。
能力目标	通过课前自主预习、课中教师引导与学生合作探究学习，提高学生的应用实践能力与类推能力。
素质目标	培养学生良好的信息素养，提高学生创新能力。

4.2.1 Word 基本操作

（1）启动 Word

Word 应用程序的启动方式很多，下面介绍几种常用的启动方式。

① 双击桌面上Word应用程序快捷图标（图4-1），启动Word应用程序。

② 右击桌面上Word应用程序快捷图标，在弹出的快捷菜单中选择"打开"命令，启动Word应用程序。

图4-1　Word应用程序图标

③ 单击桌面上Word应用程序快捷图标，按键盘上的Enter键（回车键），启动Word应用程序。

④ 单击"开始"菜单→单击"Word"，启动Word应用程序。

（2）Word界面组成

Word后期版本的功能是在Word2010的功能基础之上加以改进的。Word界面组成如图4-2所示。

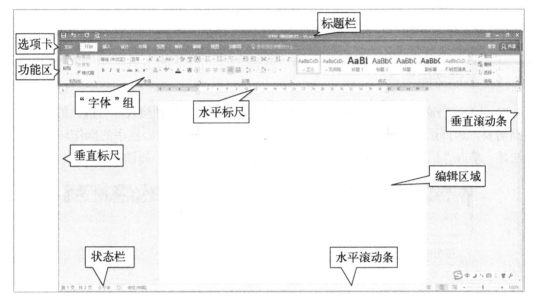

图4-2　Word界面组成

（3）新建Word文档

① 单击"文件"选项卡→"新建"命令→"空白文档"，新建Word文档。

② 右击桌面空白处，在弹出的快捷菜单中单击"新建"→"Microsoft Word文档"，新建Word文档。

③ 按键盘上的组合键Ctrl+N，即可新建Word文档。

（4）打开已保存的Word文档

① 单击"文件"选项卡→"打开"命令，在弹出的对话框中单击需要打开的Word文档。

② 直接找到已保存的Word文档，双击打开Word文档。

③ 按键盘上组合键Ctrl+O，打开Word文档。

（5）保存Word文档

① 单击"文件"选项卡→"保存"，在"保存"对话框中选择保存Word文档的位置，

输入文件名，选择保存类型，单击"确定"按钮，完成保存。

② 按键盘上组合键 **Ctrl+S**，即可保存 Word 文档。

③ 单击标题栏中的"保存"按钮进行保存。

（6）关闭 Word 文档

① 单击标题栏右侧的"关闭"按钮。

② 右击标题栏空白处，在弹出的快捷菜单中选择"关闭"命令。

③ 单击"文件"→"关闭"命令，关闭窗口。

④ 右击任务栏 Word 文档图标，选择关闭窗口。

⑤ 鼠标移动至任务栏 Word 文档图标，出现小窗口，直接单击小窗口右上角的"关闭"按钮关闭窗口。

⑥ 按组合键 **Ctrl+Alt+Del** 打开任务管理器，选择要关闭的 Word 文档，结束任务，关闭窗口。

4.2.2 文档视图模式

Word 的文档窗口有多种显示模式（也称为视图模式）。每种模式都有自己的特点，应根据需要，选择适当的视图模式，为文档编排工作创造一个得心应手的操作环境。选择方法是：单击"视图"选项卡，在"视图"组中切换视图模式，如图 4-3 所示。

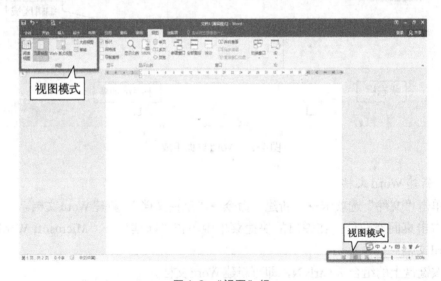

图 4-3 "视图"组

（1）页面视图

显示文档的打印效果，主要包括页眉、页脚、图形对象、分栏设置、页面边距等元素，是最接近打印结果的视图模式。

（2）阅读视图

以图书的分栏样式显示文档，"文件"选项卡、功能区等窗口元素被隐藏起来，用户还可以单击工具按钮选择各种阅读工具。

（3）Web版式视图

以网页的形式显示文档，适用于发送电子邮件和创建网页。

（4）大纲视图

用于文档的设置和显示标题的层级结构，并可以方便地折叠和展开各种层级的文档，广泛用于长文档的快速浏览和设置。

（5）草稿

取消了页面边距、分栏、页眉、页脚和图片等元素，仅显示标题和正文，是最节省计算机系统内存资源的视图模式。

除了利用"视图"功能区外，单击Word文档窗口右下方状态栏中各种视图模式按钮，也可以切换窗口的视图模式，如图4-3所示。

4.2.3　文档编辑

打开Word文档窗口后，用户可以看到工作区中的光标在不停闪烁，提醒用户开始输入文本，并指示下一个字符输入的位置。

（1）插入字符

如果要插入字符，只需要把光标定位于要插入的位置，输入新的内容即可，原来光标后的文字会自动后移。

提示

在输入文字过程中，有时需要输入一些键盘上没有的特殊符号，如①、②、★等。Word提供了特殊字符的输入方法，操作方法：单击"插入"选项卡→"符号"→"符号"→"其他符号"，打开"符号"对话框，如图4-4所示。

图4-4　"符号"对话框

（2）删除字符

删除字符的最常用的方法是将鼠标光标定位于要删除的位置，然后按Backspace键，每按一次Backspace键删除插入点左边的一个字符；也可以按Delete键，每按一次Delete键删除插入点右边的一个字符。

若要删除的内容较多，则可按住鼠标左键拖动选定要删除的文本，然后按一下Delete键，或者按键盘上的Ctrl+X组合键，完成剪切，Word会自动调整该段后面的文本对齐。

（3）选择文本

如果需要对文档中的某些文本进行编辑，可先用鼠标选定文本。即在进行移动、复制、编辑、删除等操作之前，必须先选择要操作的对象。文本选定后会呈灰色突出显示，选择操作可用鼠标或键盘进行。选择文本的方法如表4-1所示。

● 表4-1　选择文本的方法

选择对象	操作
选择单个或多个字符	按住鼠标左键直接拖动选中
选择连续的文本	① 按住鼠标左键，拖动选择文本 ② 在第一个字符前单击鼠标左键，按住 Shift 键，然后单击最后一个字符
选择不连续的文本	按住鼠标左键拖动选中一段文本，按住 Ctrl 键，再按住鼠标左键拖动选中其他文本
选择全部文本	按键盘组合键 Ctrl+A，选中所有文本
选定栏选择文本	左键单击一下：选中一行 左键单击两下：选中一段 左键单击三下：选择整篇文档
在文本中定位光标位置 选择文本	双击鼠标左键，选中词语 三击鼠标左键，选中一段

（4）复制文本

如果需要将文档中的某些文本进行复制，可先用鼠标选定要复制的文本，采用表4-2所示方法完成复制。

● 表4-2　复制文本

操作方法
① 选定需要复制的文本，执行"开始"选项卡下的"剪贴板"组中的"复制"命令，定位目标位置，执行"开始"选项卡下的"剪贴板"组中的"粘贴"命令
② 选中要复制的文本并右击，在弹出的快捷菜单中选择"复制"命令，定位目标位置，然后右击，在弹出的快捷菜单中选择"粘贴"命令
③ 选定需要复制的文本，按 Ctrl+C 组合键复制，定位目标位置，按 Ctrl+V 组合键粘贴
④ 选定需要复制的文本，按住 Ctrl 键，鼠标左键拖动选定的文本到目标位置处释放，完成复制
⑤ 选定需要复制的文本，按住鼠标右键拖动到目标位置处，然后松开鼠标右键，选择"复制到此位置"，完成复制

（5）移动文本

如果需要将文档中的某些文本移动到其他位置，可先用鼠标选定要移动的文本，然后采用如表4-3所示方法进行移动。

● 表 4-3　移动文本

操作方法
① 选定需要移动的文本，执行"开始"选项卡下的"剪贴板"组中的"剪切"命令，定位目标位置，执行"开始"选项卡下的"剪贴板"组中的"粘贴"命令
② 选中要移动的文本并右击，在弹出的快捷菜单中选择"剪切"命令，定位目标位置，然后右击，在弹出的快捷菜单中选择"粘贴"命令
③ 选定需要移动的文本，按 Ctrl+X 组合键剪切，定位目标位置，按 Ctrl+V 组合键粘贴
④ 选定需要移动的文本，按住鼠标左键拖动选定的文本到目标位置处释放，完成移动
⑤ 选定需要移动的文本，按住鼠标右键拖动到目标位置处，然后松开鼠标右键，选择"移动到此位置"，完成移动

（6）文本统计

选择要统计的文本，单击"审阅"选项卡→"校对"组→"字符统计"，就会显示统计信息，包括页数、字数（不计空格）、字符数（计空格）、段落、行数、非中文单词等。

（7）格式刷的使用方法

"格式刷"按钮 ✎格式刷 的功能是将某一段落或文本的排版格式复制给另一段落或文本。因此，通过格式刷可以实现以某一段落或某文本的格式为模板，将其他段落或文本均设置成这种格式。

选定文本，单击"开始"选项卡→"剪贴板"组→"格式刷"按钮，此时鼠标指针变成小刷子形状，这时只需要将刷子在目标文本上刷一下，目标文本格式便与源文本格式一致。

若双击"格式刷"按钮，使其处于被选中状态，则格式可以连刷若干次。要取消格式复制，只需按 Esc 键或再次单击"格式刷"按钮即可。

4.2.4　查找与替换

如果要在长文档中找到某些字符，可以通过上下翻页来查找，但是效率很低。Word 提供了强大的"查找和替换"功能，它不仅可以查找并且可以有选择地替换文本。另外，还可以对带格式或样式的文本、特殊符号和特定格式等进行查找和替换。

（1）查找

简单的查找操作方法：直接单击"开始"选项卡→"编辑"组→"查找"命令，编辑区左侧出现"导航"窗格，输入要查找的文本进行查找，如图 4-5 所示。

如果要进行复杂的查找，可单击"查找"右边的下拉箭头，选择下拉列表中的"高级查找"，打开"查找和替换"对话框进行查找如图 4-6 所示。

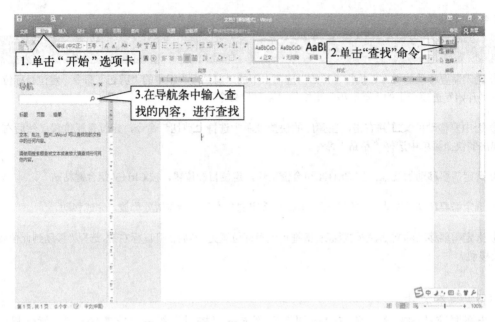

图 4-5　"查找"字符

（2）替换

Word 提供了替换功能，利用该功能可以在整个文档中查找文本并替换成新文本，也可在确定的文档范围内替换。例如，要把"信息技术"替换成"计算机"，操作方法如图 4-7 所示。

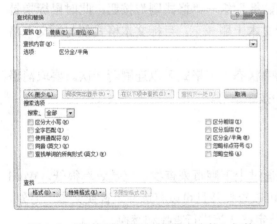

图 4-6　"查找和替换"对话框"查找"标签

图 4-7　"查找和替换"对话框"替换"标签

4.2.5　撤消与恢复

快速访问工具栏用于放置常用命令按钮，使用户能快速启动经常使用的命令。默认情况下只有数量较少的命令，用户可以根据需要添加多个自定义命令。

在 Word 快速访问工具栏中撤消、恢复的操作方法如下。

（1）撤消

编辑Word文档时，如果发现某一步操作有问题，希望返回该步骤操作前的状态，那么就可以用"撤消"命令或按键盘上的快捷键Ctrl+Z，如图4-8所示。

（2）恢复

如果前一步撤消或删除了文本，又感觉不需要撤消或删除，只需单击"恢复"命令或按键盘上的快捷键Ctrl+Y，如图4-9所示。

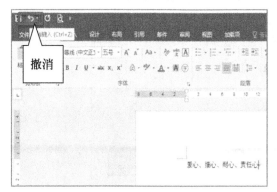

图4-8 "撤消"命令　　　　图4-9 "恢复"命令

4.2.6 文档校对

在使用Word写文章、报告等长文档时由于文字内容较多，我们不方便逐字逐句对文档进行校对检查，此时就可以使用文档校对功能进行检查。如果文章已经输入完成，可以依次单击"审阅"选项卡→"校对"组→"拼写和语法"，在出现的对话框中，程序会找到其认为错误的拼写内容和语法，在右侧弹出的"语法"窗格内，可以根据提示进行相关的修改，如图4-10所示。

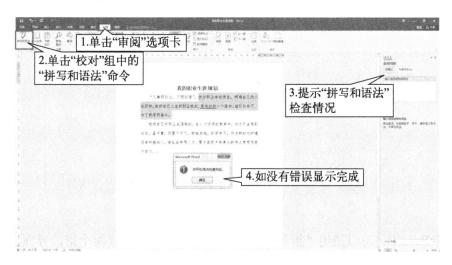

图4-10 文档校对

4.2.7　多窗口操作

有时我们需要对同一个文档的不同部分进行操作，这时可用Word的多窗口功能编辑同一文档。具体操作步骤如下。

① 单击"视图"选项卡→"窗口"组中的"新建窗口"。单击"新建窗口"后，Word默认把当前窗口的文档的内容复制到新窗口中。文件命名将会在原文档的名字后加一个序号（如文档1:1、文档1:2、文档1:3、…、文档1:n），如图4-11所示。

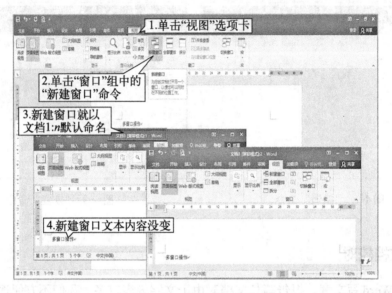

图4-11　新建多个窗口

② 若只有两个文档，可单击"并排查看"命令，这样更方便查看、修改文档，如图4-12所示。

图4-12　并排多个窗口

③ 在Word中，可以使用"拆分"功能，将一个文档拆分成两个窗口界面进行编辑，如图4-13所示。

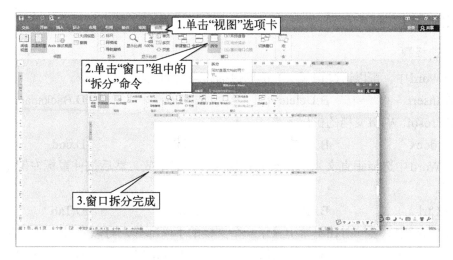

图4-13　拆分窗口

④ 想要取消拆分窗口，依次单击"视图"选项卡→"窗口"组→"取消拆分"即可。

 **技能提升**

任务：正确输入文字信息

新建Word文档，输入一篇200字的《我的职业生涯规划》。将文档保存在F盘符下，命名为"我的职业生涯规划"。

要求：

1. 输入的文字信息准确无误。

2. 标点符号运用准确。

3. 文章内容丰富，是符合自身的职业生涯规划。

 实训案例

就诊登记表

日期：　年　月　日

姓名：＿＿＿＿＿　性别：＿＿＿＿　出生年月：＿＿＿＿　年龄：＿＿

电话号码：＿＿＿＿＿＿＿＿　身份证号:：＿＿＿＿＿＿＿＿

家庭地址：＿＿＿＿＿＿＿＿＿＿＿＿＿＿＿＿＿＿

有无特殊病史：＿＿＿＿＿＿＿＿＿＿＿＿＿＿＿＿

要求：

1. 自主探究设计"就诊登记表"，上图仅供参考。

2. 设计切合实际，排版精美。

巩固练习

一、选择题

1.在Word中，可以通过按（　）键删除插入点后面的字符。

    A.Insert   B.Delete   C.Enter   D.Backspace

2.Microsoft Word文档的扩展名是（　）。

    A..docx   B.codx   C.doc   D.cod

3.在Word中选择垂直文本时，首先按住（　）键不放，然后按住鼠标左键拖出一块矩形区域。

    A.Ctrl   B.Alt   C.Shift   D.Tab

4.在Word中，要同时在屏幕上显示一个文档的不同部分，可以使用（　）功能。

    A.重排窗口   B.全屏显示   C.拆分窗口   D.页面设置

5.在Word中文本被剪切后，它被保存在（　）中。

    A.临时文件   B.自己新建的文档   C.剪贴板   D.硬盘

6.在Word中，选定整篇文档的方法是（　）。

    A.使用组合键Ctrl+A   B.使用"文件"选项卡中的"全选"命令

    C.将鼠标指针移到文本选定区，按住Ctrl键的同时单击左键

    D.将鼠标指针移到文本的编辑区，三击鼠标左键

7.在Word中第一次保存某文件，出现的对话框为（　）。

    A.全部保存   B.另存为   C.保存   D.保存为

8.Word提供了几种显示文档的方式，有所见即所得显示效果方式是（　）。

    A.阅读版式视图   B.页面视图   C.大纲视图   D.草稿

9.在Word中编辑文档时，正在输入的文字添加在（　）。

    A.文件末尾   B.当前行的末尾   C.鼠标光标   D.插入点所在位置

10.在Word中，当前正在编辑的文档的文档名显示在（　）。

    A.快速访问工具栏   B.文件菜单中   C.状态栏   D.标题栏

二、判断题

1.选定不连续的文本，按住Ctrl键。（　）

2.按Backspace键删除光标后边的字。（　）

3.在Word文档中常用的视图方式是页面视图方式。（　）

4.Word文档中保存的组合键是Ctrl+V。（　）

5.全选文档的组合键是Ctrl+A。（　）

知识巩固与归纳表　　　激励式教学评价表

    1.本任务学习之后，请扫描二维码下载知识巩固与归纳表，填写本任务的记忆点，并归纳总结。

    2.激励式教学评价表可作为期末成绩的一项考评，请扫描下载并填写。

4.3　Word文档格式化与排版

课时目标

知识目标	1. 能够掌握 Word 文档字体格式和段落格式设置方法。 2. 能够学会美化 Word 文档的方法。
能力目标	通过学生自主、合作探究学习，提高学生的动手能力与信息技术应用能力。
素质目标	培养学生的审美与良好的信息素养，提高学生的爱岗敬业精神。

在使用Word进行文档编辑的时候，经常出现前后正文格式不一致的情况。在Word中可以对文档美化，进行字体、字型、字号、颜色、文本效果等字符格式设置；还可以进行字符缩进、间距、行距等段落格式设置，使文档更加美观。

4.3.1　设置字符格式

（1）字体组设置

选中要修改格式的文本，依次单击"开始"选项卡→"字体"组，设置字体、字号、增大字号、减小字号、更换大小写、清除格式、拼音指南、字符边框、加粗、斜体、下划线、删除线、下标、上标、文本效果、突出显示、字体颜色、字符底纹、带圈字符，如图4-14所示。

> **！注意**
>
> 在"字号"设置中，中文数字字号越大，字体越小，两者成反比；阿拉伯数字字号越大，字体越大，两者成正比。

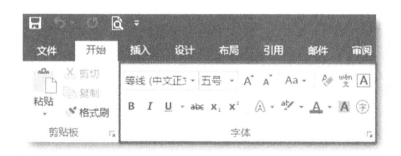

图4-14　"字体"组

（2）"字体"对话框设置

打开"字体"对话框，包含两个标签："字体"标签和"高级"标签。在"字体"标签下可以设置字体格式，在"高级"标签下可以设置字符间距、位置等，如图4-15所示。

（3）设置文本效果格式

单击"字体"对话框中"文字效果"命令按钮，可以进行文本填充、文本边框、轮廓样式、阴影、映像、发光和柔化边缘、三维格式等设置。

图4-15　"字体"对话框

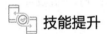 技能提升

任务：美化Word文档

> wǒ de zhí yè shēng yá guī huà
> # 我的职业生涯规划
>
> "凡事预则立，不预则废"。作为职业学校学生，明确自己的人生目标，做好自己人生的职业规划，是通向通向成功的一个，指引自己学习，为了梦想而奋斗。
>
> 做好自己的职业生涯规划，在人才济济的竞争中，自己才不会感到迷茫。
>
> 虽平庸，但要做到不平凡，⊙☒⚠◇，刻苦学习。作为新时代的建设者和接班人，做社会有用人才，要为实现中华复兴的伟大梦想而努力前行。

要求：

1.标题：宋体、小二、加粗，加拼音。

2.正文：仿宋、小四。

3.在第一段中："立""废"增大字号；"的"减小字号；"目标"加字符边框；"人生"倾斜，加下划线；将第二个"通向"加删除线；"路标"文字效果为"金色"，设置阴影为"右下斜"，设置映像为"紧密映像、8pt偏移量"，设置发光为"橙色、11pt发光"。

4.在第二段中："迷茫"突出显示为"红色"；"平庸"字体颜色为"绿色"；"不平凡"设置字符底纹；"脚踏实地"设置带圈字符；"中华复兴的伟大梦想"加着重号。

 技能提升

探究

要求：小组合作探究，输出如下文本。

1.勾股定理：$a^2+b^2=c^2$。

2.化学式：氧气和二氧化碳：O_2、CO_2。

3.温度单位：摄氏度℃。

4.中文大写金额数字：壹亿贰仟叁佰肆拾伍万陆仟柒佰捌拾玖。

5.时间：二〇二一。

6.不认识的字的输入方法，如苄、羟、岨。

 技巧

输入文本时，想快速输入需要掌握简便的输入方式方法。在搜狗输入法中，有手写输入；按"U"键，可按笔顺输入生字；按"V"键，输入阿拉伯数字时转换为大写汉字。

4.3.2　设置段落格式

在Word中，两个段落标识符之间的内容为一个段落。所谓段落，就是以Enter键（回车键）为结束标志的一段文字。

（1）段落组设置

依次单击"开始"选项卡→"段落"组，设置项目符号和编号、多级列表、减小缩进量、增加缩进量、中文版式、排序、显示/隐藏编辑标记、对齐方式、行和段落间距、底纹、边框，如图4-16所示。

（2）"段落"对话框设置

打开"段落"对话框，如图4-17所示。

图4-16　"段落"组

① 缩进和间距　设置对齐方式、缩进、特殊格式（首行缩进、悬挂缩进）、段前段后距离、行距等，如图4-17所示。

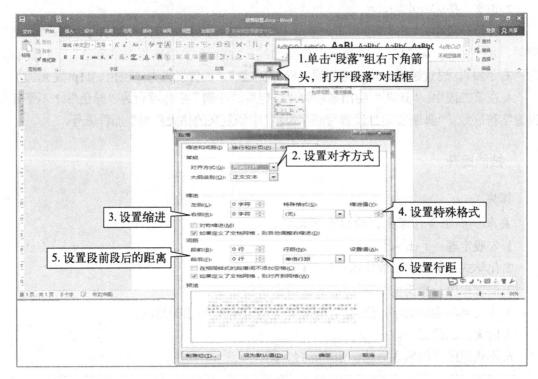

图4-17　"段落"对话框

② 换行和分页　设置分页、格式设置例外项、文本框选项等，如图4-18所示。

③ 中文版式　设置换行、字符间距等，如图4-19所示。

图4-18　"换行和分页"设置　　　　　　　　图4-19　"中文版式"设置

技能提升

任务：设置Word文档段落格式

要求：

1.标题：居中、段前段后0.5行。

2.文档行距设置为"单倍行距"。

3.正文首行缩进2个字符（探究：首字下沉）。

4.在第二段中：设置"人才济济"中文版式为纵横混排；"刻苦学习"中文版式为合并字符；"努力前行"中文版式为双行合一；"作为新时代的建设者和接班人"底纹为"绿色"。

4.3.3 项目符号和编号

项目符号和编号是放在文本前的符号、编号，起到强调作用。合理使用"项目符号和编号"功能，可以使文档的层次结构更清晰、更有条理性。在段落中添加项目符号或编号，可使文档条理清楚和重点突出，提高文档编辑速度。

① 添加项目符号和编号的方法：选中文本，依次单击"开始"选项卡→"段落"组→"项目符号"或"编号"按钮，设置项目符号或编号。当在段首输入数学序号［一、二；（一）、（二）；1、2；（1）（2）］或大写字母（A、B等）和某些标点符号（如全角的"，""。"与半角的"."等）或制表符并插入正文后，按Enter键。输入后续段落内容时，Word即自动将其转化为"编号"列表。

② 删除（取消）文档中的项目符号和编号的方法：选中文本，依次单击"开始"选项卡→"段落"组→"项目符号"或"编号"按钮，单击"无"命令，即可取消项目符号和编号。

（1）项目符号

先选定要添加项目符号的文本，操作方法如图4-20所示。

（2）项目编号

先选定要添加项目编号的文本，操作方法如图4-21所示。

图4-20　"项目符号"设置　　　　　　　　图4-21　"项目编号"设置

4.3.4　设置分栏

报纸杂志上常常可以看到文本被分成若干栏，这样看起来层次分明、赏心悦目。这种效果称为分栏。在默认情况下，Microsoft Word提供了五种分栏类型，即一栏、两栏、三栏、偏左、偏右。

选定要分栏的文本，依次单击"布局"选项卡→"页面设置"组→"分栏"，设置栏数，添加分隔线，操作方法如图4-22所示。

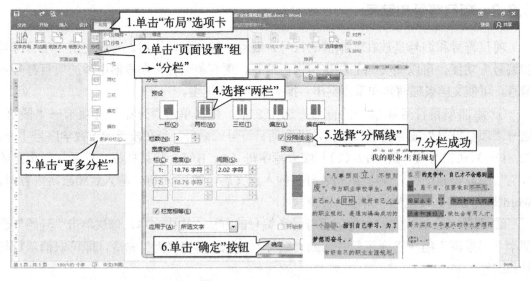

图4-22　"分栏"设置

4.3.5　设置边框与底纹

为了突出文档中的某些内容，可对文档中的某些字符或者整个文档设置边框或底纹。

（1）添加边框

选定要添加边框的文本，依次单击"设计"选项卡→"页面背景"组→"页面边框"，打开"边框和底纹"对话框，可以在"页面边框"标签中设置，也可以在"边框"标签中设置，操作方法如图4-23所示。

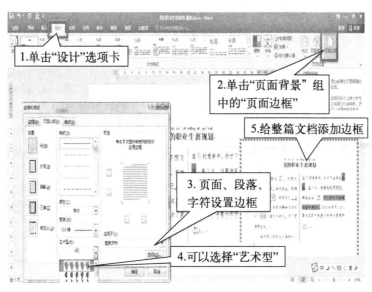

图4-23　"边框"设置

（2）添加底纹

选中需要添加底纹的文本，然后依次单击"设计"选项卡→"页面背景"组→"页面边框"，打开"边框和底纹"对话框，在"底纹"标签下进行设置，如图4-24所示。

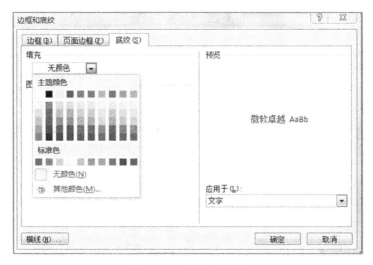

图4-24　"底纹"设置

4.3.6　样式的定义与使用

样式是应用于文档中的文本、表格和列表的格式特征，它是指一组已经命名的字符和段落格式。它规定了文档中标题、题注以及正文等各个文本元素的格式。用户可以将一种样式应用于某个段落或段落中选定的字符上。使用样式定义文档的各级标题，如标题1、标题2、标题3、…、标题9，就可以智能地制作出文档的标题目录。使用样式能减少许多重复的操作，在短时间内排出高质量的文档。

选择要设置的文本，依次单击"开始"选项卡→"样式"组→直接单击样式，或者打开"样式"窗格设置，操作方法如图4-25所示。

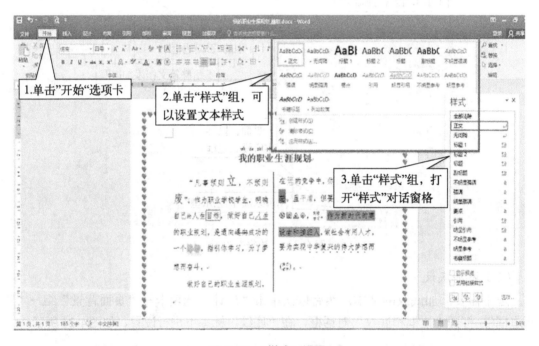

图4-25　"样式"设置

 巩固练习

一、选择题

1.在Word的文档编辑状态下，若要设置文档行间距，其功能按钮位于（　）菜单中。

A.开始　　　　　　　　　　　　B.文件

C.插入　　　　　　　　　　　　D.视图

2.在Word中显示有当前页数、总页数、字数等信息的是（　）。

A.常用工具栏　　　　　　　　　B.菜单栏

C.标题栏　　　　　　　　　　　D.状态栏

3.在Word文档字体格式设置时，添加"着重号"在（　　）位置。

    A."字体"组   B."段落"组

    C."段落"对话框   D."字体"对话框

4.在Word中，中文版式在（　　）选项卡下。

    A.文件   B.设计   C.插入   D.开始

5.段落的标记是在输入（　　）之后产生的。

    A.句号   B.Enter键

    C.Shift+Enter键   D.分页符

6.Word中右击文档，将打开（　　）。

    A.工具栏   B.下拉菜单

    C.快捷菜单   D.对话框

7.打开Word文档一般是指（　　）。

    A.从内存中读取文档内容，并显示出来

    B.为指定文件开设一个新的、空的文档窗口

    C.把文档的内容从磁盘调入内存并显示出来

    D.显示并打印出指定文档的内容

8.以下不是行距选项的是（　　）。

    A.单倍行距   B.1.5倍行距   C.2倍行距   D.2.5倍行距

9.在Word中，按组合键（　　）可以保存文档。

    A.Ctrl+C   B.Ctrl+S   C.Ctrl+O   D.Ctrl+V

10.在Word中，常用的视图方式是（　　）。

    A.阅读版式视图   B.页面视图

    C.大纲视图   D.草稿

二、判断题

1.在Word中，文档的分栏操作最多只能分为三栏。（　　）

2.在Word中，显示比例是可以改变的。（　　）

3.可以对Word中所选定的段落设置项目符号和编号格式。（　　）

4.在Word中，在"插入"菜单中选择"分栏"可将文档分栏。（　　）

5.字体格式设置只能在"字体"组进行设置。（　　）

知识巩固与归纳表

激励式教学评价表

    1.本任务学习之后，请扫描二维码下载知识巩固与归纳表，填写本任务的记忆点，并归纳总结。

    2.激励式教学评价表可作为期末成绩的一项考评，请扫描下载并填写。

4.4　Word页面设置

 课时目标

知识目标	1. 能够掌握 Word 文档页面设置的基本操作方法。 2. 能够学会快速页面排版。
能力目标	提高学生的动手能力与信息技术应用能力。
素质目标	培养学生积极乐观的学习态度与良好的信息素养。

4.4.1　页面设置

在Word中，可以对文档进行页面排版并打印，最好先设置页面，再输入文字。具体操作步骤如下。

① 依次单击"布局"选项卡→"页面设置"组，可以直接设置文字方向、页边距、纸张方向、纸张大小、分栏、分隔符、行号等，如图4-26所示。

图4-26　"页面设置"组

② 单击"布局"选项卡，单击打开"页面设置"对话框，在该对话框中进行相关设置，如图4-27所示。

图4-27　"页面设置"对话框

技能提升

任务：制作试卷模板

要求：

1.纸张大小：A3纸张。

2.纸张方向：横向；页边距：上2.5cm、下2.5cm、左3.17cm、右3.17cm。

3.分栏：两栏。

4.第一行输入标题：2020/2021学年第二学期《信息技术》期末考试试卷，宋体、小二、加粗、居中。

5.第二行输入：班级_____姓名_____学号_____成绩_____，宋体、三号、段前0.5行。

6.输入试卷内容：宋体、小四、1.5倍行距。

4.4.2 设置页眉和页脚

通常情况下，页眉和页脚分别出现在文档的顶部和底部。在页眉和页脚位置可以插入页码、文件名或章节名称等内容。在Word中，可以很方便地为文档设置页眉和页脚。

（1）页眉设置

依次单击"插入"选项卡→"页眉和页脚"组→"页眉"下拉箭头，为文档添加页眉，操作方法如图4-28所示。

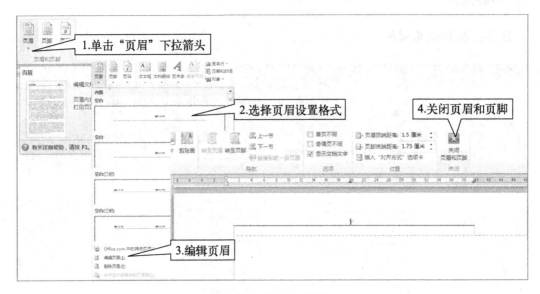

图 4-28 "页眉"设置

（2）页脚设置

依次单击"插入"选项卡→"页眉和页脚"组→"页脚"下拉箭头，操作方法如图 4-29 所示。

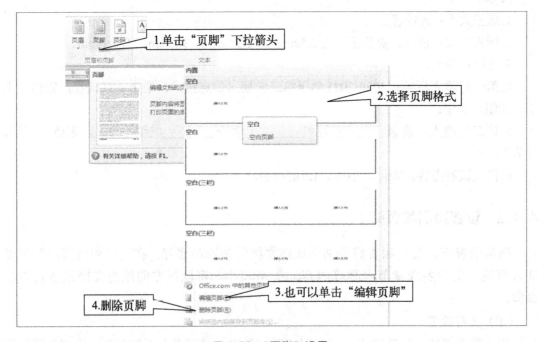

图 4-29 "页脚"设置

> **！注意**
>
> 　如果设置奇偶页不同、首页不同的页眉和页脚，可以依次单击"布局"选项卡→"页面设置"组→"页面设置"按钮，打开"页面设置"对话框，操作方法如图4-30所示。

4.4.3　插入页码

　　在文档中插入页码可使文档顺序清楚，提高编辑速度。依次单击"插入"选项卡→"页眉和页脚"组→"页码"，操作方法如图4-31所示。

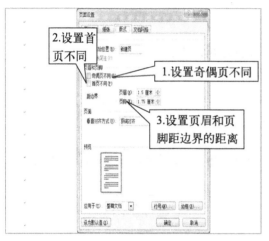

图4-30　页眉页脚特殊设置

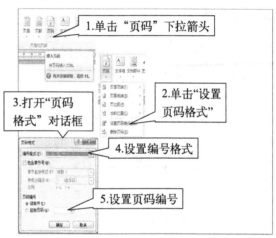

图4-31　"页码"设置

技能提升

　　任务：制作试卷模板

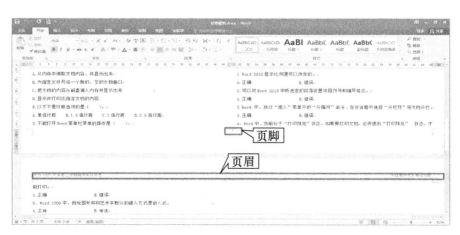

要求：

1.给试卷添加页眉：2020/2021学年第二学期期末考试试卷，宋体、五号、靠左端对齐；《信息技术》考试试卷，宋体、五号、靠右端对齐。

2.给试卷添加页码。

 技能提升

探究：

1.设置页眉奇偶页不同、首页不同。

2.设置首页没有页码，第二页页码为1，页码依此类推。

4.4.4　水印

为了版权，时常会在Word文档中添加水印以提示用户维护版权。

（1）添加水印

依次单击"设计"选项卡→"页面背景"组→"水印"→"自定义水印"，在弹出的"水印"对话框中添加"图片水印"和"文字水印"效果，如图4-32所示。

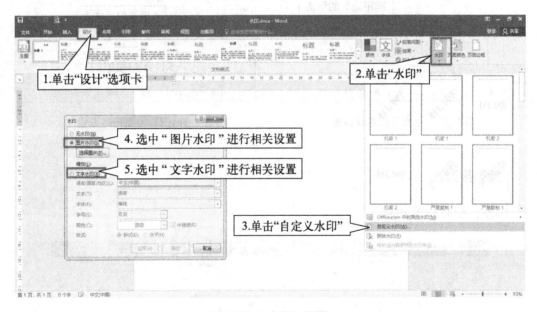

图4-32　"水印"设置

 注意

在图片水印设置中，可以选择图片的比例，设置冲蚀效果。

（2）删除水印

依次单击"设计"选项卡→"页面背景"组→"水印"，在弹出的"水印"对话框中选中"无水印"即可删除水印。

 技能提升

任务：制作试卷模板

要求：

1.给试卷添加文字水印效果：保密、字号105、斜体、灰色。

2.给试卷添加图片水印效果：调整比例值，冲蚀效果。

4.4.5 页面颜色

在使用Word编辑文档时，有时需要彩色的页面颜色来衬托。页面颜色主要用于创建更精美的Word文档。背景颜色可以设置为渐变、图案、图片、纯色或纹理。

依次单击"设计"选项卡→"页面背景"组→"页面颜色"，可自选颜色或填充效果，如图4-33所示。

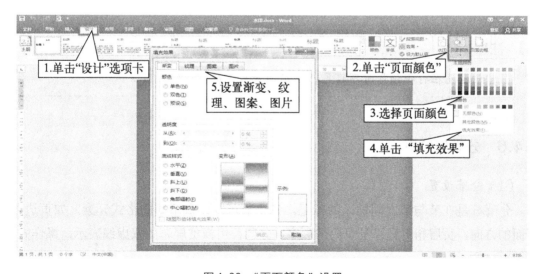

图4-33 "页面颜色"设置

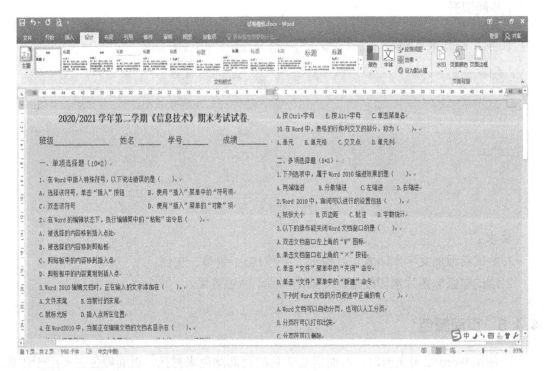

📇 技能提升

任务：制作试卷模板

要求：

1.给试卷模板添加背景颜色。

2.页面颜色与内容相匹配，运用恰当，颜色与文字颜色对比鲜明。

！ 注意

背景颜色在打印预览时不可见，而水印是可见的。

4.4.6 分节与分页

（1）分节设置

分节符是在节与节之间插入的标记。各个节可以设置不同的格式元素，如页边距、页面的方向、页眉和页脚以及页码的顺序。分节符用横贯屏幕的双虚线表示，操作方法如图4-34所示。

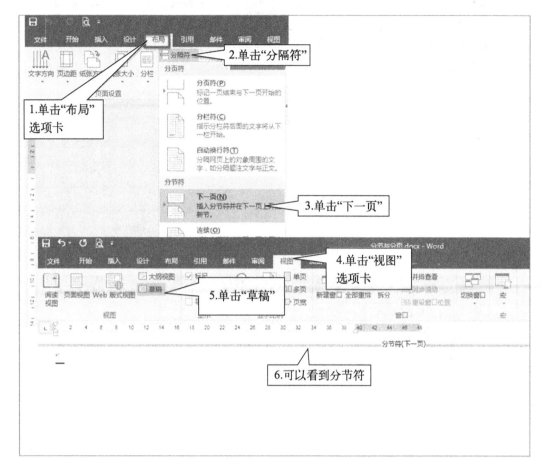

图4-34　"分节"设置

技能提升

探究：设置分节符之后，尝试对页面进行不同的设置，设置不同的页边距、纸张方向、纸张大小、页眉和页脚。若要删除分节符，在草稿视图下，将鼠标光标定位到分节符双虚线上，按键盘上的Delete键即可。

（2）分页设置

①"布局"选项卡中实现Word文档分页　依次单击"布局"选项卡→"页面设置"组→"分隔符"→"分页符"，如图4-35所示。

②"插入"选项卡中实现Word文档分页　依次单击"插入"选项卡→"页面"组→"分页"，如图4-36所示。

③利用快捷键实现Word文档分页　在Word中，如果熟练使用快捷键，可以大大提高工作效率。将鼠标光标定位在需要分页的地方，按Ctrl+Enter快捷键即可分页。

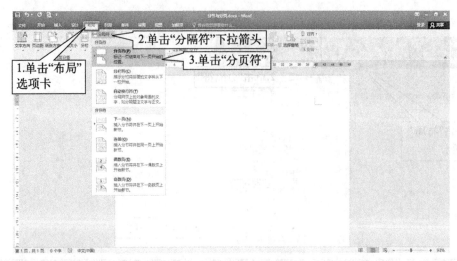

图4-35 "分页符"设置

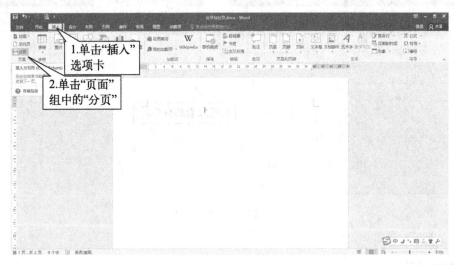

图4-36 "分页"设置

 巩固练习

一、选择题

1.下列对Word文档的分页叙述中正确的有（　　）。

　　A.Word文档可以自动分页，也可以人工分页　　　B.分页符可以打印出来

　　C.分页符可以删除　　　　D.在文档中任一位置处插入分页符即可分页

　　E.同时按下Shift键和Ctrl键，可以实现分页

2.在Word文档编辑状态下，使用（　　）选项卡中的"页面设置"命令，可以完成纸张大小的设置及页边距的调整。

　　A.文件　　　　　　B.布局　　　　　　C.视图　　　　　　D.工具

3.段落的标记是在输入（　　）之后产生的。

　　A.句号　　　　　B.Enter键　　　　　C.Shift+Enter键　　　D.分页符

4.在Word文档中，如果设置了页眉和页脚，那么页眉和页脚只能在（　　）看到。

    A.Web版式视图方式下　　　　　　　　B.页面视图或打印预览方式下

    C.大纲视图方式下　　　　　　　　　　D.普通视图方式下

5.在Word文档中，页面设置可以进行的设置包括（　　）。

    A.纸张大小　　　　　B.页边距　　　　　　C.批注　　　　　　D.字数统计

6.在Word文档中，设置完成后可以打印出来的是（　　）。

    A.页面颜色　　　　　B.水印　　　　　　　C.段落标记　　　　D.光标样式

7.在Word文档中设置页眉和页脚，下列说法错误的是（　　）。

    A.允许为文档的第一页设置不同的页眉和页脚。

    B.不允许为文档的每个节设置不同的页眉和页脚。

    C.允许为偶数页和奇数页设置不同的页眉和页脚。

    D.不允许页眉或页脚的内容超出页边距范围。

8.在Word文档中，关于页码叙述错误的是（　　）。

    A.对文档设置页码时，可以对第一页不设置页码。

    B.文档的不同节可以设置不同的页码。

    C.删除某页的页码，将自动删除整篇文档的页码。

    D.只有文档为一节时，才能设置页码。

9.在Word文档中，草稿视图模式下可以看到双虚线，这称为（　　）。

    A.分节符　　　　　　B.分页符　　　　　　C.分栏符　　　　　D.标尺

10.在Word中，A3纸张大小为（　　）。

    A.29cm×42cm　　B.29.7cm×42cm　　C.26cm×36.8cm　　D.42.7cm×29cm

二、判断题

1.在Word中，只能在"布局"选项卡下插入分页符。（　　）

2.在Word文档中设置分节符后，只能在不同页中设置不同的纸张大小。（　　）

3.分节符只有一种类型。（　　）

4.页面颜色只能设置为纯色。（　　）

5.起始页码可以设置为0，不显示。（　　）

三、简答题

1.如何在文档中添加页眉和页脚？

2.如何给文档添加页码？

3.分节符有哪些类型？

知识巩固与归纳表

激励式教学评价表

    1.本任务学习之后，请扫描二维码下载知识巩固与归纳表，填写本任务的记忆点，并归纳总结。

    2.激励式教学评价表可作为期末成绩的一项考评，请扫描下载并填写。

4.5　Word表格操作

 课时目标

知识目标	1. 能够掌握 Word 文档表格设置的基本操作方法。 2. 能够学会调整表格设置的方法。
能力目标	提高学生的信息技术实践能力与解决问题的能力。
素质目标	培养学生正确的价值观与爱岗敬业精神。

4.5.1　创建表格

在日常工作中，我们经常需要制作一些表格之类的文档，如医护值班表、入院登记表、课程表、个人简历等。作为职业学校学生，学会制作精美的表格式个人简历很关键，这是通向职场的第一张明信片。

① 单击"插入"选项卡，单击"表格"组中的下拉箭头，鼠标拖动选择表格区域中的行和列，在相应位置单击鼠标左键，表格创建完成，如图4-37所示。

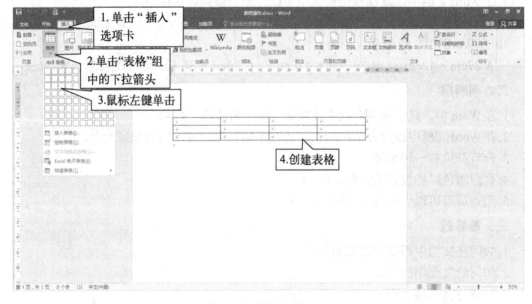

图4-37　插入表格（1）

② 单击"插入"选项卡，单击"表格"组中的下拉箭头，单击"插入表格"，在"插入表格"对话框中设置行数、列数，单击"确定"按钮完成表格创建，如图4-38所示。

③ 单击"插入"选项卡，单击"表格"组中的下拉箭头，单击"绘制表格"，鼠标指针变成铅笔头形状，按住鼠标左键拖动绘制表格外框线，然后按住鼠标左键绘制内框线，如图4-39所示。

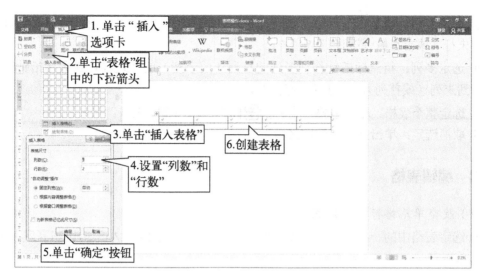

图4-38 插入表格（2）

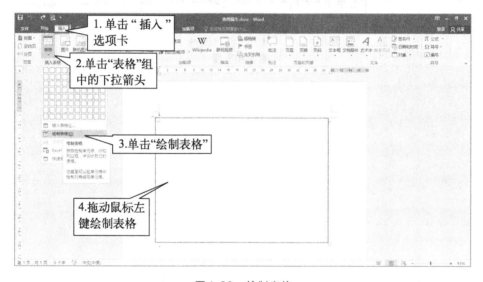

图4-39 绘制表格

4.5.2 选取表格

① 选定单个单元格：将鼠标指针移到表格中某单元格的左侧线内，当鼠标指针变为 ➤ 时单击，就可以选定此单元格。

② 选定表格一行：将鼠标指针移到表格一行的左边，当鼠标指针变为 ↗ 时单击，就可以选定此行。

③ 选定表格一列：将鼠标指针移到表格一列的上边界，当鼠标指针变为 ↓ 时单击，就可以选定此列。

④ 选定多个单元格：在需要选定的单元格区域内拖动鼠标左键选中。

⑤ 选定多行：将鼠标指针移到多行的首行（或末行）的左边，当鼠标指针变为 ⬈ 时拖动到末行（或首行），就可以选定多行。

⑥ 选定多列：将鼠标指针移到多列的首列（或末列）的上边界，当鼠标指针变为 ⬇时拖动到末列（或首列），就可以选定多列。

⑦ 选定整个表格：单击表格左上方的 ✛ 标志，选中整个表格。

⑧ 取消选定：单击文档的任何区域。

4.5.3　编辑表格

（1）改变单元格行高、列宽

① 选定表格中的一行，单击"布局"选项卡，在"单元格大小"组调整高度和宽度，如图4-40所示。

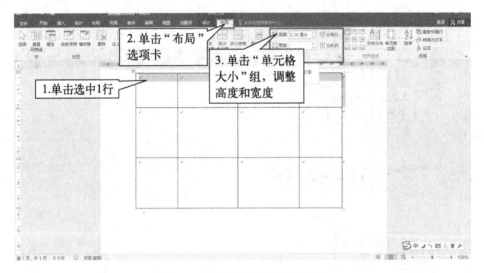

图4-40　调整单元格高度和宽度

② 选定表格中的一行，单击"布局"选项卡，在"单元格大小"组打开"表格属性"对话框，在"行"标签或者"列"标签下设置行高、列宽，如图4-41所示。

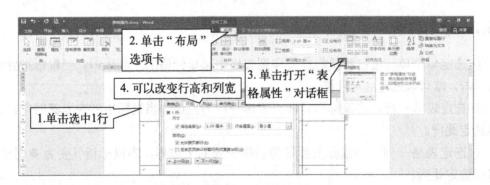

图4-41　调整行高和列宽（1）

③ 选定表格中的一行，在选中的行上单击鼠标右键，在弹出的快捷菜单中单击"表格属性"命令，打开"表格属性"对话框，设置行高和列宽，如图4-42所示。

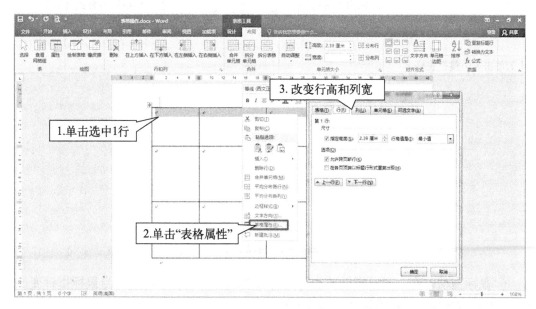

图4-42 调整行高和列宽（2）

④ 平均分布行与列。选定整个表格，单击"布局"选项卡，在"单元格大小"组中选择"分布行"或者"分布列"，操作方法如图4-43所示。

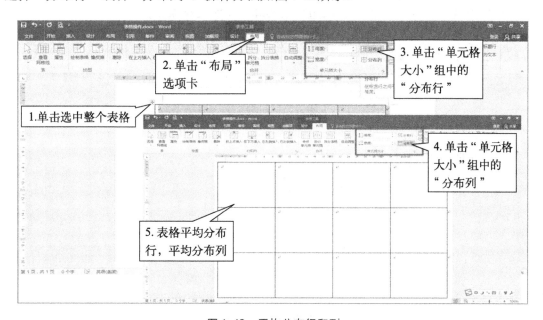

图4-43 平均分布行和列

⑤ 自动调整。选定整个表格，单击"布局"选项卡，在"单元格大小"组中单击"自动调整"，可以根据内容或者窗口、固定列宽调整，操作方法如图4-44所示。

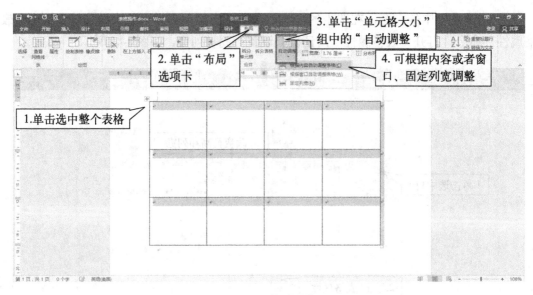

图4-44　自动调整

⑥ 鼠标拖动改变。鼠标指针放在行与行或者列与列的边界线上，当鼠标指针变成双向箭头时，按鼠标左键拖动改变行高或列宽。

（2）单元格的合并与拆分

① 合并单元格　合并单元格是指在Word表格中，将两个或多个位于同一行或者同一列的多个单元格合并成一个单元格。选定要合并的单元格，单击"布局"选项卡，在"合并"组中单击"合并单元格"，将单元格合并，如图4-45所示。

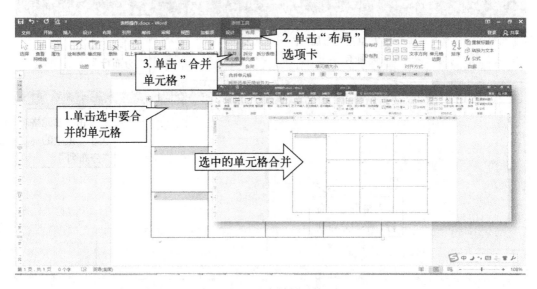

图4-45　合并单元格

❖ 选中要合并的单元格，在选中的上方单击鼠标右键，在弹出的快捷菜单中选择"合并单元格"命令，也可完成单元格合并。

② 拆分单元格　拆分单元格时,将光标放在要拆分的单元格里,单击"布局"选项卡,在"合并"组中单击"拆分单元格",操作方法如图4-46所示。但要注意,拆分单元格时拆分的行数或列数不得超过合并前的行数或列数,且需是原行数或列数的约数。

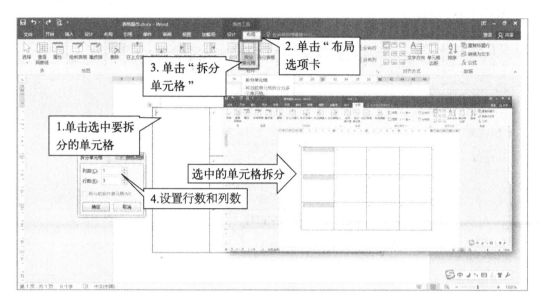

图4-46　拆分单元格

❖ 选中要拆分的单元格,在其上方单击鼠标右键,在弹出的快捷菜单中选择"拆分单元格"命令,输入列数、行数,也可完成单元格的拆分。

（3）绘制斜线表头

将光标放在单元格内,单击"布局"选项卡,在"绘图"组中单击"绘制表格",鼠标指针变成铅笔头形状,按住鼠标左键绘制斜线表头,操作方法如图4-47所示。

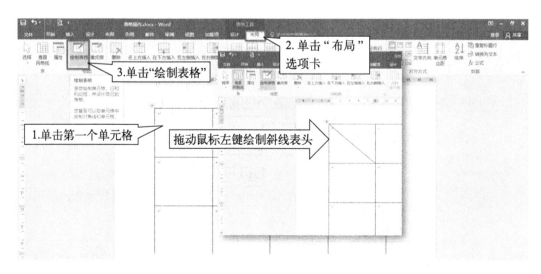

图4-47　绘制斜线表头

（4）插入行和列

① 插入行　将光标定位在某单元格中，单击"布局"选项卡，在"行和列"组中可以单击"在上方插入"或者"在下方插入"（这里的上、下是以光标所在的"行"为依据的），如图4-48所示。

图4-48　插入行（1）

将光标定位在某单元格中，单击鼠标右键，在弹出的快捷菜单中单击"插入"，在下一级菜单中单击"在上方插入行"或者"在下方插入行"即可插入，如图4-49所示。

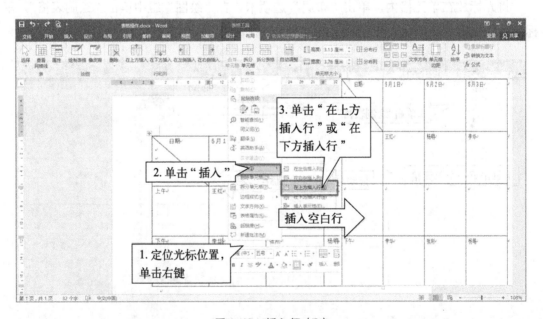

图4-49　插入行（2）

② 插入列　将光标定位在某单元格中，单击"布局"选项卡，在"行和列"组中单击"在左侧插入"或者"在右侧插入"（这里的左、右是以光标所在的"列"为依据的），如图4-50所示。

图4-50　插入列（1）

将光标定位在某单元格中，单击鼠标右键，在弹出的快捷菜单中单击"插入"，在下一级菜单中单击"在左侧插入列"或者"在右侧插入列"即可插入，如图4-51所示。

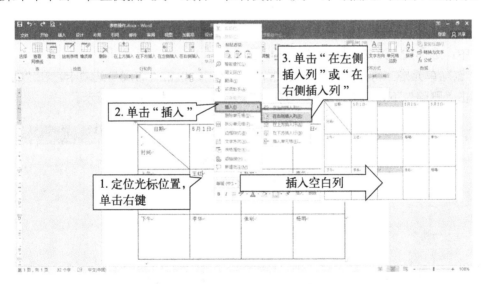

图4-51　插入列（2）

（5）删除行和列

① 将光标定位到要删除的行或列上，单击"布局"选项卡，在"行和列"组中单击"删除"下拉箭头，在下拉列表中选择"删除行"或者"删除列"。

② 将光标定位到要删除的行或列上，单击鼠标右键，在弹出的快捷菜单中单击"删

除单元格"，在弹出的"删除单元格"对话框中，单击删除行或者列。

（6）插入与删除单元格

① 插入单元格　将光标定位在要插入的单元格内，单击"布局"选项卡，在"行和列"组中打开"插入单元格"对话框，选择"活动单元格右移"或者"活动单元格下移"，操作方法如图4-52所示。

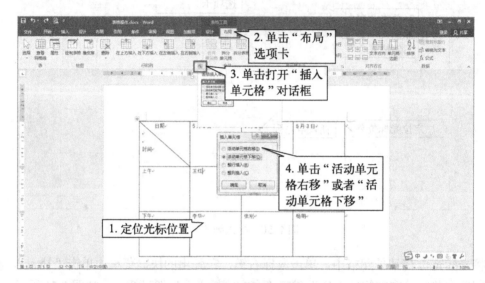

图4-52　插入单元格

右击单元格，在弹出的快捷菜单中选择"插入"选项卡，在打开的"插入单元格"对话框中，选择插入方式，插入单元格即可。

② 删除单元格　将光标定位在要删除单元格内，单击"布局"选项卡，在"行和列"组中单击"删除"下拉箭头，选择"删除单元格"命令，如图4-53所示。

图4-53　删除单元格

右击要删除的单元格，在弹出的快捷菜单中选择"删除单元格"命令，在"删除单元格"对话框中，删除单元格即可。

（7）表格的删除

删除整个表格的操作方法：将光标放在表格中任意单元格内或者选中整个表格，单击"布局"选项卡，在"行或列"组中单击"删除"下拉箭头，选择"删除表格"命令，如图4-54所示。

图4-54 删除表格

（8）拆分表格

定位要拆分表格的位置，单击"布局"选项卡，在"合并"组中单击"拆分表格"完成拆分，如图4-55所示。

图4-55 拆分表格

（9）表格的对齐方式

选中整个表格，单击"布局"选项卡，在"表"组中单击"属性"，打开"表格属性"对话框，设置对齐方式，如图4-56所示。

图4-56　设置对齐方式

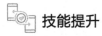 技能提升

探究：移动表格的方式方法，表格的居中方式以及表格大小的改变。

4.5.4　表格的格式化

（1）设置表格边框和底纹

① 将光标定位在表格内，单击"布局"选项卡，在"表"组中单击"属性"，打开"表格属性"对话框，单击右下角"边框和底纹"按钮，打开"边框和底纹"对话框，操作方法如图4-57所示。

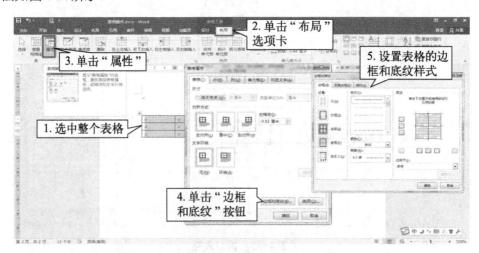

图4-57　"边框和底纹"

② 选中整个表格，单击"设计"选项卡，在"表格样式"组中设计"底纹"和"边框"，还可设置笔样式、笔颜色、笔粗细等，具体操作方法如图4-58所示。

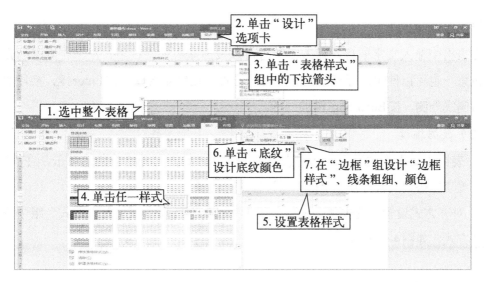

图4-58　设置边框和底纹

技能提升

探究：根据"格式刷"的使用方法，类推一下，在"设计"选项卡下，"边框"组中的"边框刷"使用方法。

（2）表格样式

将光标定位在表格内或选中整个表格，单击"设计"选项卡→单击"表格样式"组下拉箭头，选择样式，操作方法如图4-59所示。

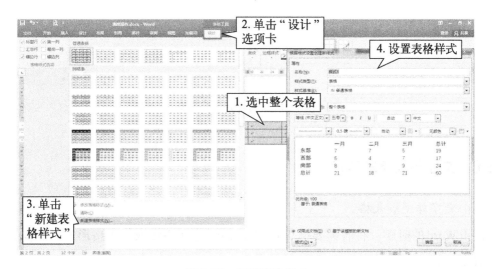

图4-59　新建表格样式

4.5.5　表格数据输入与编辑

（1）数据输入

在表格中输入文字信息，输入文字时可以按键盘中的上、下、左、右键移动光标所在的位置，也可以使用鼠标移动光标所在的位置。在单元格内，按Enter键，换段落；在表格右侧线外侧，按Enter键，增加一行。

（2）数据编辑

① 表格中文本格式设置　选定表格中的文本，单击"开始"的选项卡，在"字体"组中设置字体格式或者打开"字体"对话框进行设置。

② 对齐方式设置　选中整个表格，单击"布局"选项卡在"对齐方式"组中调整字体对齐方式，如图4-60所示。

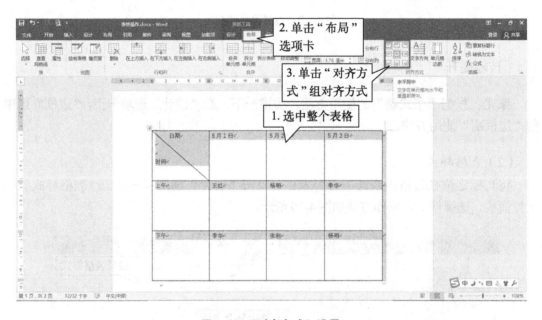

图4-60　"对齐方式"设置

4.5.6　文字与表格的转换

（1）文字转换成表格

使用Word的时候，有时需要把Word文档的部分文字转换为表格形式，操作方法如图4-61所示。

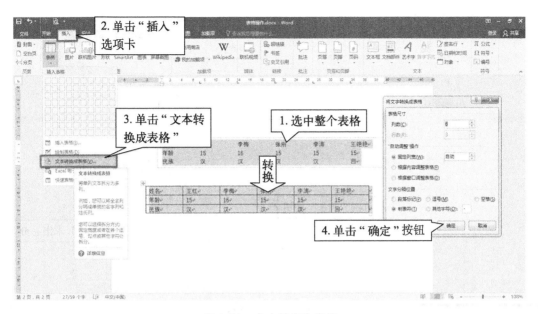

图 4-61　文本转换为表格

（2）表格转换成文本

在 Word 文档中，有时也需要把 Word 里的表格转换为文字，操作方法如图 4-62 所示。

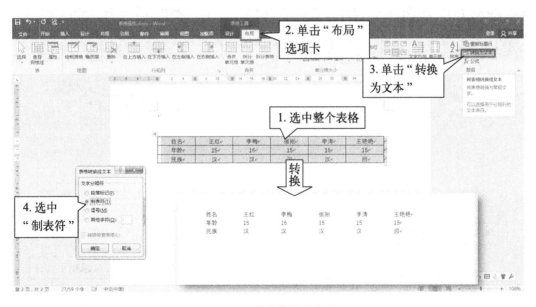

图 4-62　表格转换为文本

4.5.7　表格计算

（1）求总分

单击"布局"选项卡，在"数据"组中单击" f_x 公式"，求得总分，操作方法如图 4-63 所示，以此类推计算其他学生总分。

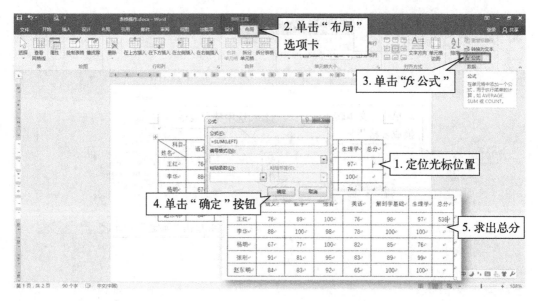

图 4-63　求总分

（2）求平均

单击"布局"选项卡，在"数据"组中单击" fx 公式"，打开"公式"对话框，输入"=AVERAGE()"求平均分，操作方法如图4-64所示，以此类推计算其他同学的平均分。

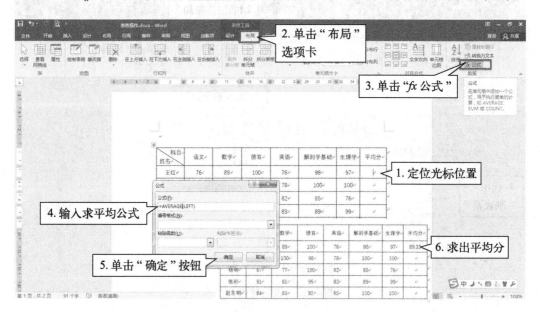

图 4-64　求平均

（3）排序

单击"布局"选项卡，在"数据"组中单击"排序"，在弹出的"排序"对话框中设置，具体操作方法如图4-65所示。

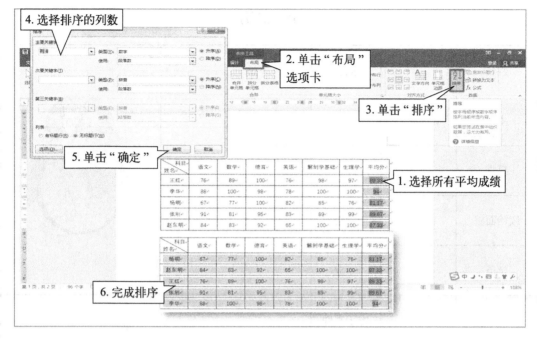

图 4-65 "排序"设置

 技能提升

探究:

1.求总分的其他公式:SUM(RIGHT)、SUM(ABOVE)、SUM(BELOW)。

2.求平均分的其他公式:AVERAGE(RIGHT)、AVERAGE(ABOVE)、AVERAGE(BELOW)。

3.探究按"降序"对成绩排序。

技能提升

任务:制作个人简历

要求:

1.绘制个人简历表格(如下所示)。

2.根据模板,设计个性的个人简历。

3.内容全面,能够突出自我特点。

4.具有创意性,排版精美。

! 注意

字体的对齐方式,插入照片时应注意尺寸大小。

个人简历

姓名		性别		
生日		身高		
籍贯		民族		
政治面貌		毕业院校		
学历		专业		
联系电话		电子邮件		
邮编		地址		
个人简介				
爱好特长				
荣誉				
社会实践工作经历				

巩固练习

一、选择题

1.下列选项中，可用来在Word中创建表格的是（　　）。

　　A.利用"格式"选项卡创建

　　B.使用"开始"选项卡中的"插入表格"命令创建

　　C.使用"插入"选项卡中的"表格"命令创建

　　D.使用"设计"选项卡中的"表格"组中的"绘制表格"命令创建

2.在Word中要改变表格的大小，可以（　　）。

　　A.使用图片编辑工具

　　B.使用字符缩放

　　C.拖动表格右下端的缩放手柄

　　D.拖动表格左上方的移动手柄

3.在Word中创建表格，可用（　　）进行操作。

　　A."插入"选项卡→"表格"命令

　　B.Ctrl+T组合键

　　C."绘制表格"命令

　　D.Ctrl+Shift+T组合键

4.当前插入点在表格中某行的最后一个单元格内，按Enter键后可以使（　　）。

　　A.插入点所在的行加高　　　　　　　B.插入点所在的列加宽

　　C.插入点下一行增加一行　　　　　　D.对表格不起作用

5.在Word表格中，要使多列具有相同的宽度，可以选定这些列，单击"布局"选项卡，在"单元格大小组"中按（　　）按钮。

　　A.分布行　　　　　　　　　　　　　B.分布列

　　C.根据窗口调整表格　　　　　　　　D.根据内容调整表格

6.在Word表格中输入公式必须以（　　）开头。

　　A.+　　　　　　　B."　　　　　　　C.–　　　　　　　D.=

7.在Word表格中，可对表格的内容进行排序，下列不能进行排序的类型是（　　）。

　　A.笔画　　　　　　　B.拼音　　　　　　　C.偏旁部首　　　　　　　D.数字

8.在Word中不能选择整个表格的方法的是（　　）。

　　A.用鼠标拖动

　　B.单击表格左上角的表格移动手柄

　　C.双击表格的某一行

　　D.单击"布局"选项卡下的"选择表格"命令

9.在Word中，关于表格的单元格叙述不正确的是（　　）。

　　A.单元格可以包含多个字段　　　　　B.单元格中可以插入图形

　　C.同一行的单元格格式相同　　　　　D.单元格可以被分隔

10.在Word中，若要计算某行数值的总和，则可使用函数是（　　）。

A.SUM　　　　　　B.AVERAGE　　　　　C.ABS　　　　　　D.COUNT

二、判断题

1.在Word中把表格转换成文本，只有逐步地删除表格线。（　　）

2.可以对表格设置边框，但不可以设置底纹。（　　）

3.可以通过拖动表格的横线和竖线的方法，调整行高和列宽。（　　）

4.表格单元格中的数据只能横排，不能竖排。（　　）

5.在表格中只能插入文字，不能插入其他内容。（　　）

知识巩固与归纳表　　　激励式教学评价表

1.本任务学习之后，请扫描二维码下载知识巩固与归纳表，填写本任务的记忆点，并归纳总结。

2.激励式教学评价表可作为期末成绩的一项考评，请扫描下载并填写。

4.6　Word图文混排

 课时目标

知识目标	1.能够掌握 Word 图文混排的基本操作方法。 2.能够学会对图片与形状的格式设置。
能力目标	提高学生的应用实践能力与类推能力。
素质目标	培养学生的团队合作意识和爱国主义精神。

图文混排是指将文字与图片混合排列，文字可在图片的四周、嵌入图片下面、浮于图片上方等。

4.6.1　屏幕截图

所谓屏幕截图，就是将计算机屏幕上的桌面、窗口、对话框、选项卡等屏幕元素保存为图片。在Word中，用户可以依次单击"插入"选项卡→"插图"组→"屏幕截图"，鼠标指针变成"十"字形，按住鼠标左键拖动选择需要插入的屏幕范围，单击鼠标左键，屏幕截取。

还可以借助键盘或者其他专业的屏幕截图软件进行截图，使用键盘屏幕截图的具体操作如下。

① 截取整个屏幕：按键盘上的PrintScreen键，截取整个屏幕，按组合键Ctrl+V粘贴截取的图片。

② 截取当前活动窗口：按键盘上的组合键Alt+PrintScreen，截取当前活动窗口，按组合键Ctrl+V粘贴截取的图片。

4.6.2　插入图片

（1）插入图片

图片的设置在Word排版中是非常重要的。在文档中添加一些图片，对图片进行美化、排版，可以使文档更加生动形象。

插入图片的方法：将光标定位到要插入图片的位置，依次单击"插入"选项卡→"插图"组→"图片"，弹出的"插入图片"对话框中选择图片，单击"插入"按钮，即可插入图片，如图4-66所示。

❖ 插入图片之后，图片周围有8个句柄，通过句柄可以调整图片的大小。

（2）调整图片格式

选中图片，单击"格式"选项卡，在"调整"组中可以设置"删除背景"，更正图片的亮度、对比度以及清晰度，更改图片的颜色，添加"艺术效果"，压缩图片，更改图片，重设图片。

图4-66　插入图片

（3）设置图片样式

选中图片，单击"格式"选项卡，在"图片样式"组中可以设置图片样式、图片边框、图片效果、图片版式，如图4-67所示。

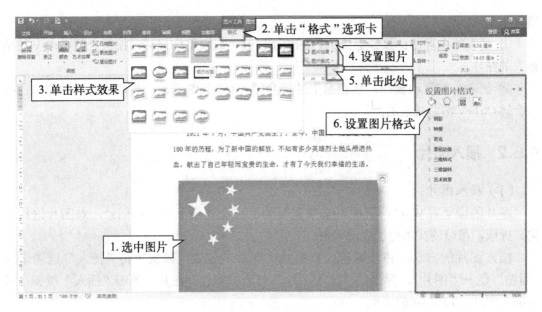

图4-67   设置图片样式

（4）图片排列

① 位置   选中图片，依次单击"格式"选项卡→"排列"组→"位置"下拉箭头，可以设置文字环绕或单击"其他布局选项"命令设置图片位置，如图4-68所示。

图4-68   设置图片位置

② 环绕文字   选中图片，依次单击"格式"选项卡→"排列"组→"环绕文字"下拉箭头，可以设置环绕文字方式，或者单击"其他布局选项"，打开"布局"对话框，在"文字环绕"标签下设置环绕方式，如图4-69所示。

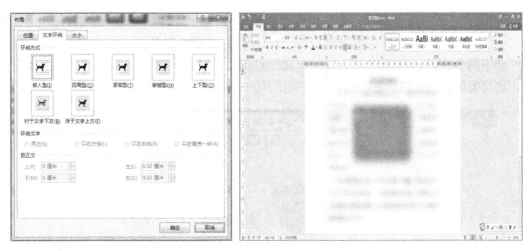

图4-69 文字环绕方式

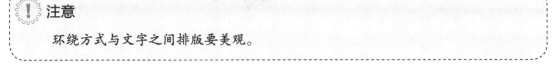

> **注意**
>
> 环绕方式与文字之间排版要美观。

③ 旋转 选中图片，依次单击"格式"选项卡→"排列"组→"旋转"，即可设置旋转方式。选中图片，图片上方有旋转箭头，拖动鼠标左键，也可以旋转图片。

④ 对齐 选中两张图片，依次单击"格式"选项卡→"排列"组→"对齐"下拉箭头，设置"对齐"方式，如图4-70所示。

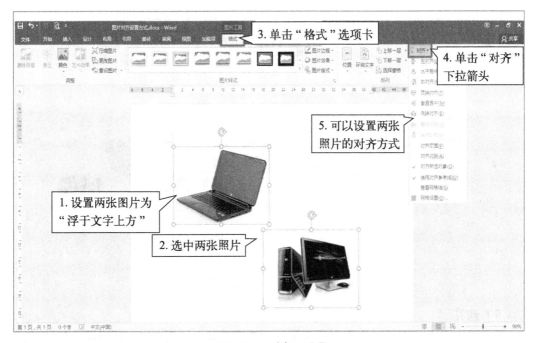

图4-70 "对齐"设置

⑤ 组合　选中两张图片，依次单击"格式"选项卡→"排列"组→"组合"下拉箭头→单击"组合"命令，可将两张图片组合在一起，如图4-71所示。

选中两张图片，在选中的上方单击鼠标右键，在弹出的快捷菜单中单击"组合"命令，也可把两张图片组合在一起，再设置图片的位置、大小、样式。

图4-71　"组合"设置

⑥ 叠放顺序　选中一张图片，依次单击"格式"选项卡→"排列"组→单击"上移一层"或"下移一层"，可设置图片叠放顺序，如图4-72所示。

选中一张图片，然后单击鼠标右键，在弹出的快捷菜单中，设置图片叠放顺序。

图4-72　设置"叠放顺序"

（5）裁剪

选中图片，依次单击"格式"选项卡→"大小"组→"裁剪"，对图片进行裁剪，如图4-73所示。

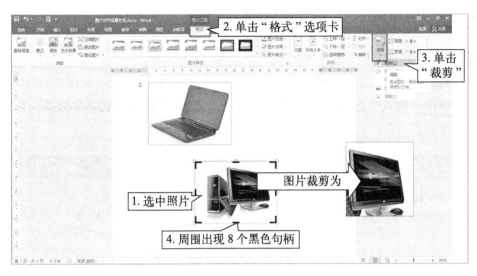

图4-73　裁剪

（6）改变图片大小

选中图片，单击"格式"选项卡，在"大小"组中单击打开"布局"对话框，可改变图片大小，如图4-74所示。

图4-74　改变图片大小

 技能提升

探究：

1.三张图片设置对齐：横向分布、纵向分布。

2.环绕文字方式为"嵌入型"可以同时选中两张图片吗？

3.制作个人简历，插入照片后，怎样修改照片大小和位置？

4.6.3 插入艺术字

插入艺术字可使文档显示艺术效果，使文档更富艺术性。

（1）插入艺术字

依次单击"插入"选项卡→"文本"组→"艺术字"，设置艺术字效果，如图4-75所示。

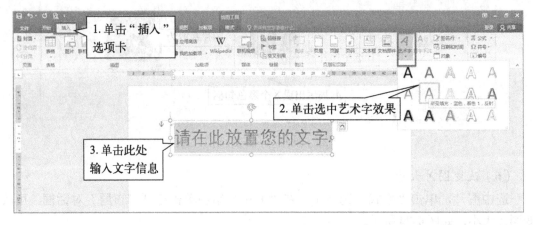

图4-75 插入"艺术字"

（2）设置艺术字格式

选中艺术字，单击"格式"选项卡，设置艺术字效果，如图4-76所示。

图4-76 设置"艺术字格式"

4.6.4 插入自选图形

自选图形是指系统中已存在的图形，包括线条、连接符、基本形状、流程图、星与旗帜、标注等。

（1）插入形状

依次单击"插入"选项卡→"插图"组→"形状"下拉箭头，选择要插入的形状，操作方法如图4-77所示。

（2）设置形状格式

单击选中形状，单击"格式"选项卡，可以对形状的"样式""排列""大小"进行设置，如图4-78所示。

图4-77 插入"形状"

图4-78 设置"形状样式"

技能提升

任务：设计水杯

要求：

1.插入圆柱和心形，调整圆柱和心形的格式，如上图所示。

2.移动心形的位置。

3.利用前面所学的图片设置方法，设置圆柱和心形的叠放顺序。

4.利用前面所讲的图片设置方法，把圆柱和心形组合成水杯，旋转水杯。

 注意

旋转水杯后，观察圆柱和心形是否一起旋转（一起旋转证明操作成功）。

4.6.5　插入公式

依次单击"插入"选项卡→"符号"组→"公式"，或者单击"插入公式"，如图4-79所示。

图4-79　插入"公式"

编辑公式：单击公式框，单击"设计"选项卡，编辑公式，如图4-80所示。

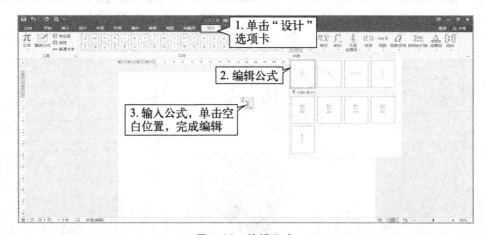

图4-80　编辑公式

4.6.6 插入文本框

文本框是一个矩形框，其中可放置文本、图片、表格等内容。为方便文档的排版，有时要把图片和某些文字插入到文本框，放到文档的指定位置，作为一个独立对象进行排版处理。

（1）插入文本框

依次单击"插入"选项卡→"文本"组→"文本框"下拉箭头，选择文本框，输入文字，如图4-81所示。

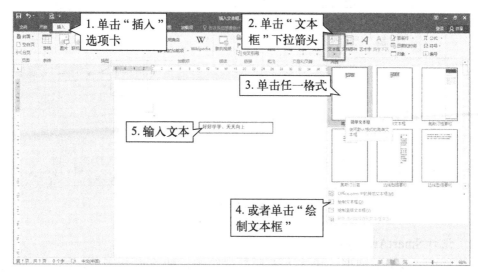

图4-81 插入"文本框"

（2）编辑文本框

单击选中文本框，单击"格式"选项卡，编辑文本框格式，如图4-82所示。

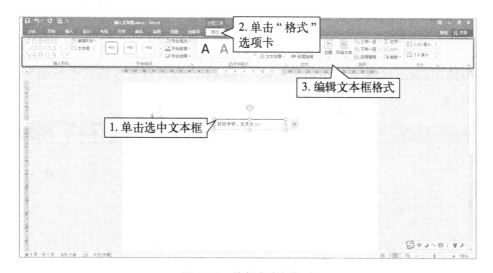

图4-82 编辑文本框格式

4.6.7   插入SmartArt图形

（1）插入SmartArt图形

依次单击"插入"选项卡→"插图"组→"SmartArt"，在打开的"选择SmartArt图形"对话框中插入图形，单击"确定"按钮，如图4-83所示。

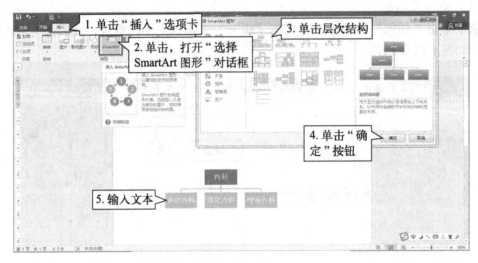

图4-83   插入SmartArt图形

（2）设计SmartArt图形

单击选中SmartArt图形，单击"设计"选项卡，即可设计版式、样式，如图4-84所示。

图4-84   设计SmartArt图形

单击选中SmartArt图形，单击"格式"选项卡，即可对文本格式进行编辑，如图4-85所示。

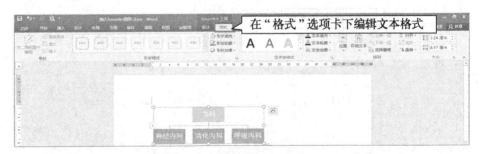

图4-85   编辑SmartArt文本

4.6.8 插入图表

（1）插入图表

依次单击"插入"选项卡→"插图"组→"图表"，插入图表。然后单击"设计"选项卡，设计图表样式，如图4-86所示。

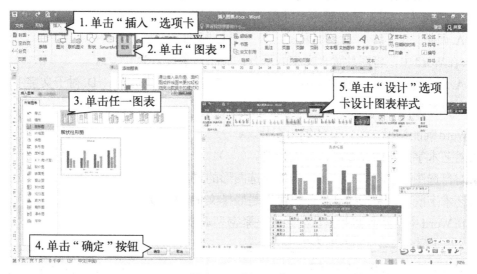

图4-86　插入图表

（2）设置图表文本格式

选中图表，单击"格式"选项卡，即可设置图表中文本样式。

 巩固练习

一、选择题

1.在Word中插入图片时，默认的文字环绕方式是（　　）。

A.嵌入型　　　　　B.四周型　　　　　C.紧密型　　　　　D.浮于文字上方

2.在Word中，非嵌入版式图形对象周围的8个尺寸控制点是空心的，对于这种对象（　　）。

A.不能与文字一起排版　　　　　B.可以改变大小

C.不能移动或改变大小　　　　　D.不能设置环绕方式

3.在Word中，通过"插入"选项卡的"插图"组不可插入（　　）。

A.公式　　　　　B.剪贴画　　　　　C.自选图形　　　　　D.图表

4.下列插入对象可以根据情况进行裁剪的是（　　）。

A.艺术字　　　　　B.自选图形　　　　　C.图片　　　　　D.SmartArt

5.对自选图形格式的设置不包括（　　）的设置。

A.颜色和线条　　　　　B.大小　　　　　C.版式　　　　　D.图片

6.在Word中，插入艺术字的默认环绕方式为（　　）。

A.上下型　　　　　B.嵌入型　　　　　C.浮于文字上方　　　　　D.紧密型

7.下列关于对 Word 中插入自选图形，描述正确的是（   ）。

    A.自选图形不能被移动   B.自选图形不能编辑

    C.自选图形大小不能改变   D.自选图形不能被裁剪

8.在 Word 中，要设置插入的图片的格式，可以通过（   ）来实现。

    A.大小和位置   B.设置图片格式   C.格式选项卡   D.更改图片

9.在 Word 中，图片叠放顺序可以在（   ）中设置。

    A.调整   B.图片样式   C.排列   D.大小

10.在 Word 中，将图片置于文字的下方，应将对象设置为（   ）。

    A.嵌入型   B.四周型   C.浮于文字上方   D.衬于文字下方

二、判断题

1.Word 既能编辑文稿，又能编辑图片。（   ）

2.对艺术字是不能设置阴影和发光的。（   ）

3.对自选图形设置阴影，可以增加自选图形的层次感。（   ）

4.艺术字既可以是横排文字，也可以是竖排文字。（   ）

5.在 Word 中，插入图片默认的版式是紧密型环绕。（   ）

知识巩固与归纳表
激励式教学评价表

    1.本任务学习之后，请扫描二维码下载知识巩固与归纳表，填写本任务的记忆点，并归纳总结。

    2.激励式教学评价表可作为期末成绩的一项考评，请扫描下载并填写。

4.7　Word技能拓展

 课时目标

知识目标	1.能够掌握打印文档的设置方法。
	2.能够学会邮件合并、插入目录、审阅与修订文档等操作。
能力目标	能够结合实际应用，提高学生的实践应用能力与信息技术应用能力。
素质目标	培养学生良好的信息素养与团队合作意识。

4.7.1　文档的保护与打印

（1）文档保护

编辑好文档之后，要学会保护文档，具体操作步骤是：依次单击"审阅"选项卡→

"保护"组→"限制编辑",打开"限制编辑"窗格,进行"格式设置限制""编辑限制""启动强制保护"设置,如图4-87所示。

图4-87 文档保护

（2）保护加密

依次单击"文件"选项卡→"信息"选项→"保护文档"按钮→"用密码进行加密"命令,在打开的"加密文档"对话框中设置密码,如图4-88所示。

（3）文档打印

依次单击"文件"选项→"打印"选项,设置打印选项,然后单击"打印"按钮,如图4-89所示。

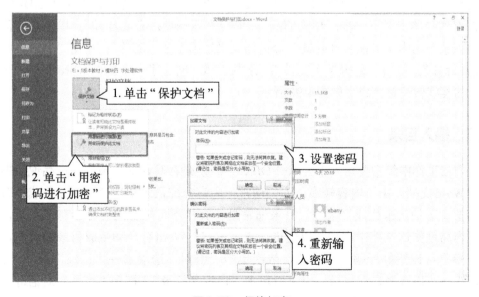

图4-88 保护加密

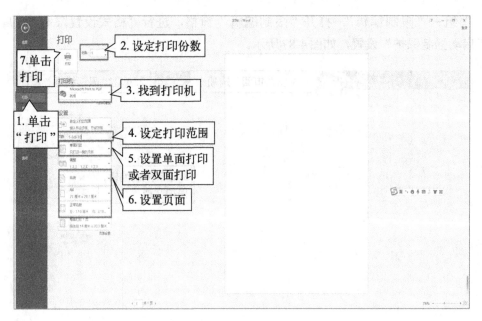

图4-89　打印文档

4.7.2　邮件合并

有些文书，如座位表、准考证、录取通知书、奖状之类，一次性要做很多份，使用Word中的邮件合并功能，几分钟就可以制作成百上千份。Word邮件合并功能可以批量创建。

具体操作步骤是：单击"邮件"选项卡；单击"开始邮件合并"；单击"邮件合并分步向导"；在右侧的"邮件合并"窗格中单击选项卡"下一步：开始文档"；单击"下一步：选择收件人"；单击"下一步：撰写信函"；找到数据源工作簿；确定"工作表"；确定数据准确；单击"下一步：预览信函"；单击"下一步：完成合并"；单击功能区"编写和插入域"组中的"插入合并域"分别插入"姓名"和"奖项"；单击"完成"组中的"完成并合并"；单击"编辑单个文档"；选中全部，创建了一个新的Word文档，至此所有同学的奖状就设置完成，如图4-90所示。

4.7.3　插入目录

人们在工作中经常要用到办公软件Office，特别是在写论文、报告、产品说明书等时要用到Word文档。由于内容较多，人们通常把内容分成很多章，章下面又分成小节，那么如何把章节抽出来生成目录呢？目录通常是长文档不可缺少的部分，有了目录，用户就能很容易地知道文档中内容，以便更快查找内容。Word有自动生成目录的功能，具体操作步骤是：设置好标题列表格式，依次单击"引用"选项卡→"目录"组→"目录"下拉箭头→可以选择自动目录。也可以单击"自定义目录"，打开"目录"对话框，进入目录格式设置，确定显示级别数，完成目录插入。如图4-91所示。

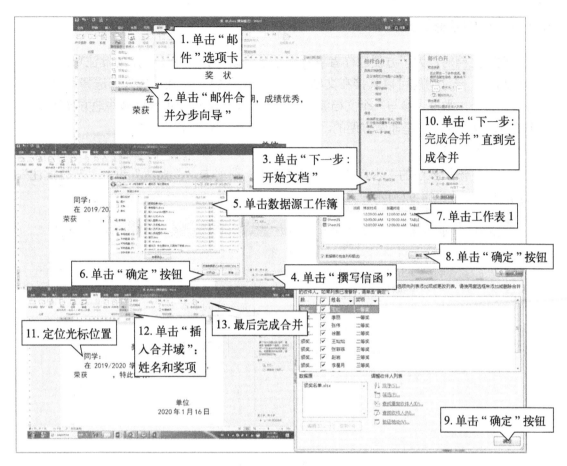

图 4-90　邮件合并

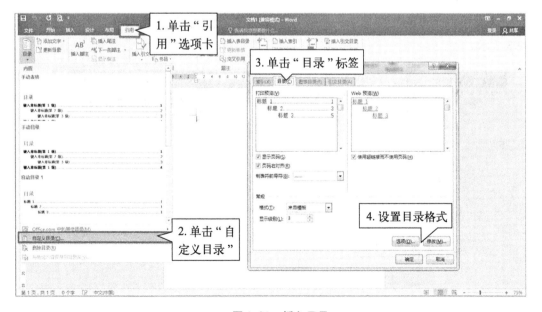

图 4-91　插入目录

4.7.4　审阅与修订文档

在批改文档时，为了方便原作者辨认哪些是修改部分，除了常用的批注功能外，还用修订功能。修订功能可以直接在文档中显示修改内容，并且让他人可选择地接受/拒绝修改。另外，当多人参与一个文档编辑修改时，可以通过颜色区分哪些地方被修改了。这个修订功能对于用户是非常方便的。

（1）新建批注

选中需要添加批注的文本，依次单击"审阅"选项卡→"批注"组→"新建批注"，插入批注内容，如图4-92所示。

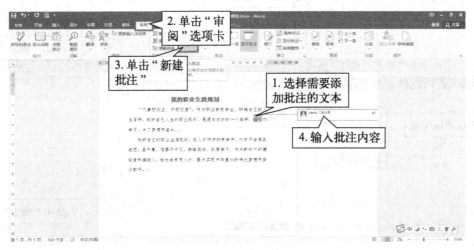

图4-92　新建批注

（2）修订文档

① 依次单击"审阅"选项卡→"修订"组→"审阅窗格"，查看修订内容记录，如图4-93所示。

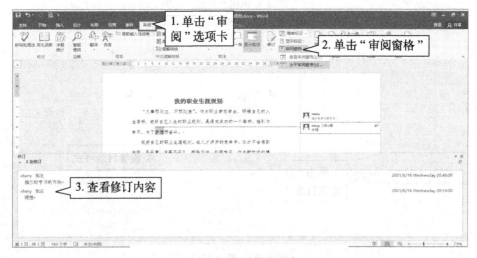

图4-93　查看修订内容

② 单击"修订"下拉箭头→单击"修改选项",在打开的"修订选项"对话框中进行格式设置,单击"确定"按钮,即可插入修改的文字,然后查看修订内容记录,如图4-94所示。

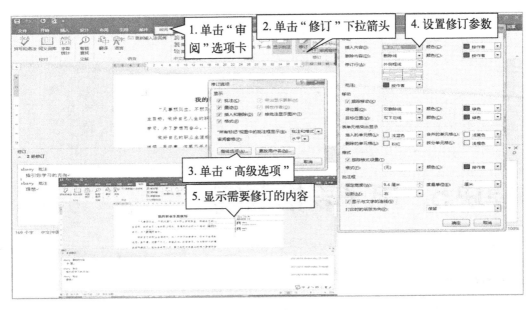

图4-94　修订

 巩固练习

选择题

1.使用Word邮件合并功能时,除需要主文档外,还需要已制作完成的(　　)文件。

　　A.副文档　　　　　B.数据源　　　　　C.图片　　　　　　D.当前文档

2.Word的功能包括(　　)。

　　A.收发邮件　　　　B.表格处理　　　　C.图形处理　　　　D.网页制作

3.Word插入文档的目录需要使用(　　)选项卡。

　　A.引用　　　　　　B.审阅　　　　　　C.插入　　　　　　D.邮件

4.文档保护需用(　　)选项卡进行设置。

　　A.插入　　　　　　B.开始　　　　　　C.引用　　　　　　D.审阅

5.Word修订文档需使用(　　)选项卡。

　　A.布局　　　　　　B.设计　　　　　　C.审阅　　　　　　D.视图

知识巩固与归纳表

激励式教学评价表

1.本任务学习之后,请扫描二维码下载知识巩固与归纳表,填写本任务的记忆点,并归纳总结。

2.激励式教学评价表可作为期末成绩的一项考评,请扫描下载并填写。

⑤

模块5　电子表格系统

信息技术

思维导图

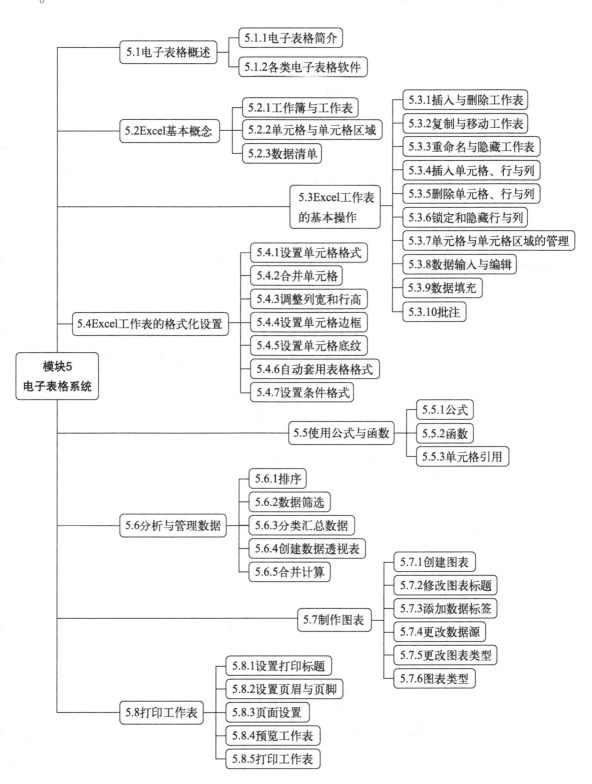

5.1 电子表格概述

 课时目标

知识目标	1. 能够了解电子表格的功能。
	2. 能够了解各类电子表格软件的功能。
能力目标	提高学生获取信息和解决实际问题的能力。
素质目标	激发学生学习兴趣，培养学生良好的信息素养。

5.1.1 电子表格简介

电子表格可以输入输出、显示数据，也可以利用公式进行计算。电子表格可以帮助用户制作各种复杂的表格文档，进行烦琐的数据计算，并能将输入的数据进行各种复杂统计运算后显示为可视性极佳的表格，同时它还能将大量枯燥无味的数据变为多种漂亮的彩色商业图表显示出来，极大地增强了数据的可视性。另外，电子表格还能将各种统计报告和统计图打印出来。

电子表格又称电子数据表，是一类模拟纸上表格的计算机程序。它会显示由一系列行与列构成的网格。单元格内可以存放数值、计算式或文本。电子表格可以进行各种数据的处理、统计分析和辅助决策操作，广泛地应用于管理、统计、财经、金融等众多领域。

5.1.2 各类电子表格软件

（1）Lotus

Lotus1-2-3是一款早期的电子表格软件，1983年由莲花公司出品。该软件将表格计算、绘图、数据库分析等功能集于一体，在当时取得了巨大的成功。

（2）CCED

CCED是一款集文本编辑、表格制作、数据处理、数据库功能、图形图像功能和排版打印为一体的综合办公及家庭事务处理软件。CCED问世于1988年，是国内著名的字表处理软件之一，其以方便的中文制表功能而著称。CCED文件格式与DOS双向兼容，任何编辑软件均可读取其文本与表格。

（3）WPS Office

WPS Office是由北京金山办公软件股份有限公司自主研发的一款办公软件套装，可以实现办公软件最常用的文字、表格、演示以及PDF阅读等多种功能。WPS Office具有内存占用低、运行速度快、云功能多、有强大插件平台支持、免费提供海量在线存储空间与文档模板的优点。WPS Office支持阅读和输出PDF（.pdf）文件，具有全面兼容Microsoft Office格式的独特优势。

（4）Microsoft Office Excel

Microsoft Office Excel是办公室自动化中非常重要的一款软件，很多巨型国际企业都是依靠Excel进行数据管理。它不仅能够方便地处理表格和进行图形分析，其强大的功能还体现在对数据的自动处理和计算。Excel是美国微软公司的办公软件Microsoft Office的组件之一，是由Microsoft为Windows和Apple Macintosh操作系统编写的一款软件。直观的界面、出色的计算功能和图表工具，再加上成功的市场营销，使Excel成为目前世界上最流行的计算机数据处理软件。

5.2 Excel基本概念

 课时目标

知识目标	1. 能够掌握 Excel 的基本概念。
	2. 能够掌握单元格、单元格区域与整个工作表的选中操作。
能力目标	提高学生探究创新能力与综合运用信息技术的能力。
素质目标	培养学生信息管理意识，提高学生的学习积极性。

5.2.1 工作簿与工作表

（1）工作簿

工作簿是指Excel环境中用来存储并处理工作数据的文件。也就是说，在Excel中创建的文件就是工作簿，其文件扩展名为.xlsx。工作簿可以看作是盛放工作表的容器，一个工作簿可以包含一个或多个工作表。当启动Excel后，系统会自动创建一个名为"新建Microsoft Excel工作表"的工作簿，其中包含一个空白工作表，用户可以在工作表中填写数据。Excel启动后的工作界面如图5-1所示。

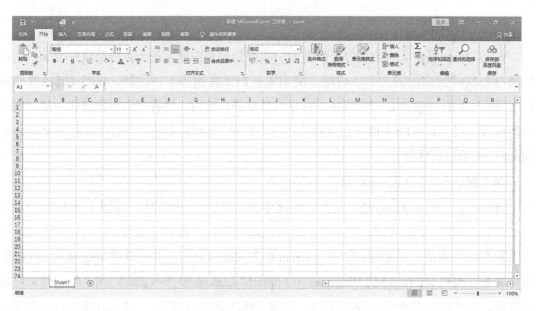

图 5-1　Excel 工作界面

（2）工作表

工作簿中的每一张表格称为工作表，工作表是Excel中用于存储和处理各种数据的最重要部分，也称为电子表格。工作簿如同活页夹，工作表如同其中的一张张活页纸，工作簿与工作表的关系如图5-2所示。工作表始终存储在工作簿中，工作表由排列成行和列的单元格组成。在Excel中工作表的"行"用数字表示，第一行是1，最大行是1048576；"列"用字母表示，最小列是A，最大列是XFD。使用工作表可以对数据进行组织和分析，可以同时在多张工作表上输入并编辑数据，并且可以对来自不同工作表的数据进行汇总计算。

图 5-2　工作簿和工作表的关系

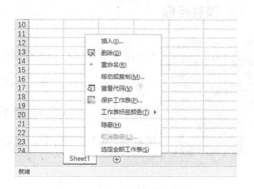

图 5-3　工作表快捷菜单

在默认情况下，创建的新工作簿总是包含一个标签名为Sheet1的工作表。若要处理某个工作表，可以单击该工作表标签，该工作表即成为活动工作表。在工作表标签上右击可以弹出快捷菜单，如图5-3所示。在快捷菜单中可以对工作表进行插入、删除、重命名、移动或复制等操作。

5.2.2　单元格与单元格区域

（1）单元格

单元格是工作表中行与列的交叉部分，它是组成工作表的最小单位，可以拆分或者合并。

单个数据的输入和修改都是在单元格中进行的，每个单元格都是工作表的一个存储单元。单元格地址由单元格所在的行与列交叉位置来命名（列标在前，行号在后）。例如：地址"D4"指的是"D"列与第"4"行交叉位置上的单元格，如图5-4所示。单元格的地址显示在名称框中，单元格中的数据在编辑栏中显示。

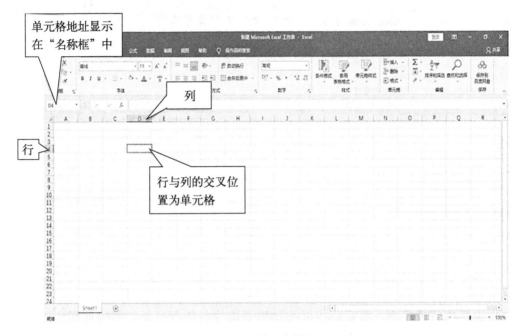

图5-4 单元格地址

（2）单元格区域

单元格区域指的是由多个单元格组成的区域，或者是整行、整列等。

选择单元格区域的方法如下。

① 选择一个单元格

方法一：单击鼠标左键即可选中一个单元格，被选中的单元格四周出现黑框，并且单元格的地址出现在名称框中，内容则显示在编辑栏中，如图5-5所示。

方法二：在名称框中输入要选择的单元格的地址，然后按Enter键，即可选中该单元格。

② 选择相邻的单元格区域 首先选中单元格区域的第一个单元格，接着按住鼠标左键并拖动到所选单元格区域的最后一个单元格，然后释放鼠标左

图5-5 选择一个单元格

键，即可选中相邻的单元格区域，如图5-6所示。

③ 选择不相邻的单元格区域　首先选中一个单元格区域，然后按住Ctrl键不放并选择其他的单元格区域，即可选中不相邻的单元格区域，如图5-7所示。

图5-6　选择相邻的单元格区域　　　　图5-7　选择不相邻的单元格区域

④ 选择整行或整列　将鼠标指针移动到要选中行的行号处，单击鼠标左键即可选中整行（图5-8）；将鼠标指针移动到要选中列的列标处，单击鼠标左键即可选中整列（图5-9）。

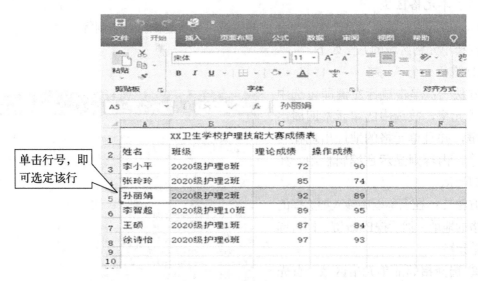

图5-8　选择整行

⑤ 选择整个工作表　单击工作表左上角的行号和列标交叉处的按钮，即可选中整个工作表，如图5-10所示。如果要取消选择，单击工作表中的任意一个单元格即可。

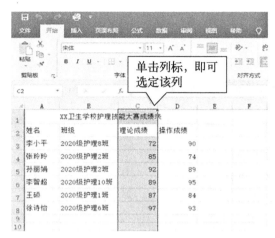

图5-9 选择整列

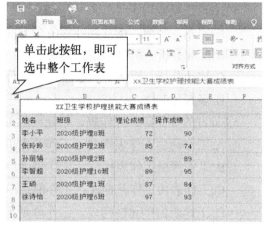

图5-10 选择整个工作表

5.2.3 数据清单

数据清单，是指在Excel中按记录和字段的结构特点组成的数据区域。

Excel可以对数据清单执行各种数据管理和分析操作，包括查询、排序、筛选以及分类汇总等数据库基本操作。数据清单是一种包含一行列标题和多行数据且同列数据的类型和格式完全相同的Excel工作表。

为了使Excel自动将数据清单当作数据库，构建数据清单的要求主要有以下几个。

① 列标应位于数据清单的第一行，用以查找和组织数据、创建报告。

② 同一列中各行数据项的类型和格式应当完全相同。

③ 应避免在数据清单中间放置空白的行或列，但如需将数据清单和其他数据隔开时，应在它们之间留出至少一行（列）空白的行（列）。

④ 尽量在一张工作表中建立一个数据清单。

 巩固练习

一、选择题

1.Excel的主要功能是（　　）。

　A.表格处理、网络通信与图表处理　　　B.表格处理、文字处理与文件管理

　C.表格处理、数据库管理与图表处理　　D.表格处理、数据库管理与网络通信

2.新建的一个工作簿默认包含（　　）工作表。

　A.1张　　　　　　　　　　　　　　　B.3张

　C.10张　　　　　　　　　　　　　　D.弹出窗口询问设置

3.Excel工作簿的文件扩展名是（　　）。

　A. .xls　　　　　　B. .xlx　　　　　　C. .xlsx　　　　　　D. .elx

4.Excel主要应用于（　　）。

　　A.美术、装潢、图片制作等各个方面

　　B.工业分析、机械制造、建筑工程

　　C.统计分析、财务管理分析、股票分析和经济、行政管理等

　　D.多媒体制作

5.Excel的工作簿、工作表、单元格的关系是（　　）。

　　A.工作簿由工作表构成，工作簿由单元格构成

　　B.工作簿由工作表构成，工作表由单元格构成

　　C.工作表由工作簿构成，工作簿由单元格构成

　　D.工作表由单元格构成，工作簿是工作表的一部分

6.单击Excel工作表（　　），则整个工作表被选中。

　　A.左上角的方块　　B.左下角的方块　　　C.右上角的方块　　　D.右下角的方块

7.名称框中显示为A13，表示（　　）。

　　A.第1列，第13行　　　　　　　　B.第1列，第1行

　　C.第13列，第1行　　　　　　　　D.第13列，第13行

8.Excel属于（　　）公司的产品。

　　A.IBM　　　　　　B.苹果　　　　　　C.微软　　　　　　D.百度

9.工作表是由行和列组成的表格，分别用（　　）区别。

　　A.数字和数字　　B.数字和字母　　　C.字母和字母　　　　D.字母和数字

10.如果要选择两个不相邻的单元格区域，则在选择这两个区域的同时要按下（　　）。

　　A.Alt　　　　　　B.Shift　　　　　　C.Ctrl　　　　　　D.不需要按任何键

二、填空题

1.在Excel中，工作表最多允许有_____行。

2.新建一个工作簿后，默认的第一张工作表的名称为_____。

3.Excel的_____是计算和存储数据的文件。

4.工作表内的长方形空白，用于输入文字、公式的位置称为_____。

5.在Excel中，在某段时间内可以同时有_____个当前活动的工作表。

6.在Excel中，工作簿中的工作表可以根据需要_____和_____。

7.Excel是一款通用的_____软件。

8.Excel中最基本的存储单位是_____。

9.每个单元格有唯一的地址，由_____与_____组成，如B4表示_____列第_____行的单元格。

10.在Excel中，电子表格是一种_____维的表格。

三、判断题

1.Excel是美国微软公司推出的Office系列办公软件中的电子表格处理软件，是办公自动化集成软件包的重要组成部分。（　　）

2.启动Excel后，会自动创建文件名为"文档1"的Excel工作簿。（　　）

3.工作表是指在Excel环境中用来存储和处理工作数据的文件。（　　）

4.Excel中，正在处理的单元格称为活动单元格。（　　）

5.Excel在建立一个新的工作簿时，其中所有的工作表都以Book1、Book2等命名。（　　）

知识巩固与归纳表　　激励式教学评价表

1.本任务学习之后，请扫描二维码下载知识巩固与归纳表，填写本任务的记忆点，并归纳总结。

2.激励式教学评价表可作为期末成绩的一项考评，请扫描下载并填写。

5.3　Excel工作表的基本操作

 课时目标

知识目标	1.能够掌握工作表的插入、删除、复制、移动等基本操作。 2.能够掌握行和列的插入、删除、锁定和隐藏操作。 3.能够学会单元格和单元格区域的管理。 4.能够掌握各种类型数据的输入、编辑以及数据填充、批注的使用。
能力目标	培养学生综合分析能力和动手操作能力。
素质目标	培养学生良好的学习习惯与团结合作意识。

5.3.1　插入与删除工作表

（1）插入工作表

① 在工作表标签栏中单击"+"按钮或按Shift+F11组合键（图5-11），即可在最后一张工作表后面插入一张新的工作表。

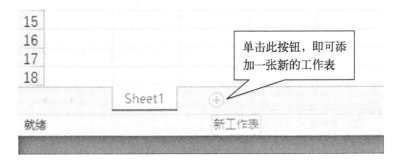

图5-11　"添加新工作表"按钮

② 依次单击"开始"选择卡→"单元格"组→"插入"下拉箭头→"插入工作表"命令，即可插入一张新的工作表，如图5-12所示。

图5-12　插入工作表（1）

③ 将鼠标指针移动至原有的工作表标签上，单击鼠标右键，在弹出的快捷菜单中选择"插入"命令，系统将弹出"插入"对话框，在"插入"对话框中选择"工作表"，单击"确定"按钮，即可完成插入，如图5-13所示。

图5-13　插入工作表（2）

（2）删除工作表

① 选中要删除的工作表，依次单击"开始"选项卡→"单元格"组→"删除"下拉箭头→"删除工作表"命令，即可删除工作表，如图5-14所示。

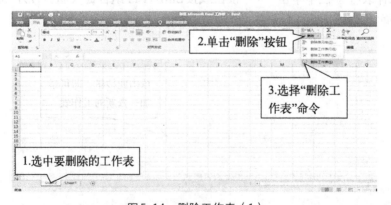

图5-14　删除工作表（1）

② 选中要删除的工作表，单击鼠标右键，在弹出的快捷菜单中选择"删除"命令，即可删除工作表，如图5-15所示。

图5-15 删除工作表（2）

5.3.2 复制与移动工作表

（1）复制工作表

鼠标右键单击需要复制的工作表标签，系统将弹出快捷菜单，选择快捷菜单中的"移动或复制"命令，打开"移动或复制工作表"对话框，选定复制后工作表的所在位置，勾选"建立副本"复选框，单击"确定"按钮，即可完成复制，具体操作步骤如图5-16所示。

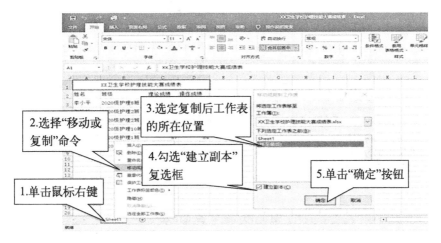

图5-16 复制工作表

（2）移动工作表

鼠标右键单击需要移动的工作表标签，系统将弹出快捷菜单，选择快捷菜单中的

"移动或复制"命令，打开"移动或复制工作表"对话框，选定移动后工作表的所在位置，单击"确定"按钮，即可完成移动，具体操作步骤如图5-17所示。

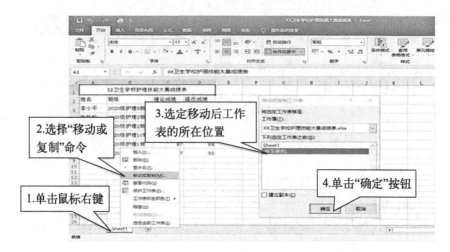

图5-17　移动工作表

5.3.3　重命名与隐藏工作表

（1）重命名工作表

① 鼠标右键单击需要重命名的工作表标签，在弹出的快捷菜单中选择"重命名"命令，输入新的工作表名称，然后单击其他位置完成重命名，具体操作步骤如图5-18所示。

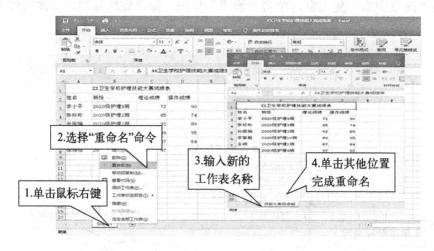

图5-18　重命名工作表

② 双击需要重命名的工作表标签，输入新的工作表名称，单击其他位置完成重命名。

（2）隐藏工作表

① 鼠标右键单击需要隐藏的工作表标签，在弹出的快捷菜单中选择"隐藏"命令，

即可将工作表隐藏起来，具体操作步骤如图5-19所示。

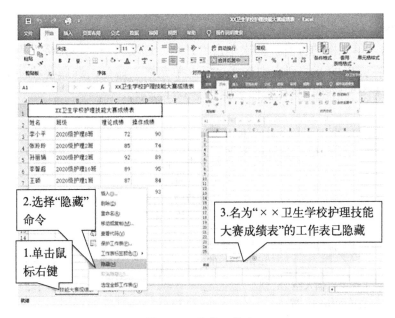

图5-19 隐藏工作表

② 若要取消隐藏，可以用鼠标右键单击任一工作表，在弹出的快捷菜单中选择"取消隐藏"命令，在弹出的"取消隐藏"对话框中选择要取消隐藏的工作表，单击"确定"按钮，即可显示该工作表，具体操作步骤如图5-20所示。

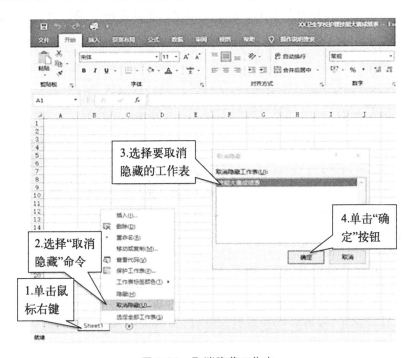

图5-20 取消隐藏工作表

5.3.4　插入单元格、行与列

（1）插入空白单元格

① 确定插入单元格的位置，依次单击"开始"选项卡→"单元格"组中"插入"按钮右侧箭头，在弹出的下拉列表中选择"插入单元格"命令，选择要移动活动单元格的方向，单击"确定"按钮，具体操作步骤如图5-21所示。

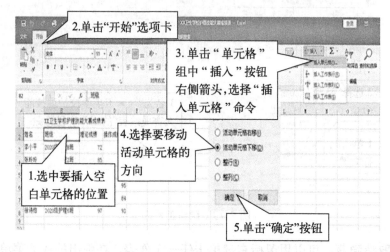

图5-21　插入空白单元格（1）

② 确定插入单元格的位置，单击鼠标右键，在弹出的快捷菜单中选择"插入"命令，选择要移动活动单元格的方向，单击"确定"按钮，具体操作步骤如图5-22所示。

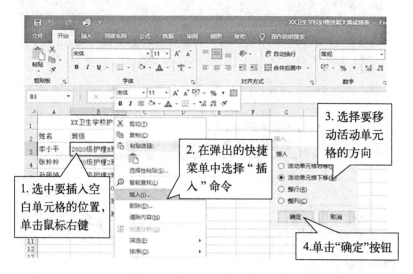

图5-22　插入空白单元格（2）

（2）插入行

① 确定插入行的位置，依次单击"开始"选项卡→"单元格"组中"插入"按钮右

侧箭头,在弹出的下拉列表中选择"插入工作表行"命令,具体操作步骤如图5-23所示。

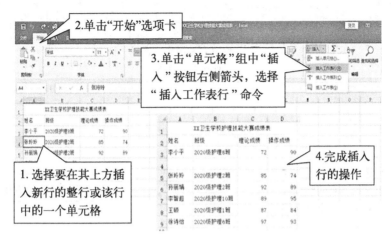

图5-23 插入行(1)

② 选择插入行的位置,单击鼠标右键,在弹出的快捷菜单中选择"插入"命令,在打开的"插入"对话框中选择"整行",单击"确定"按钮,具体操作步骤如图5-24所示。

图5-24 插入行(2)

(3)插入列

① 选择插入列的位置,依次单击"开始"选项卡→"单元格"组中"插入"按钮右侧箭头,在弹出的下拉列表中选择"插入工作表列"命令,具体操作步骤如图5-25所示。

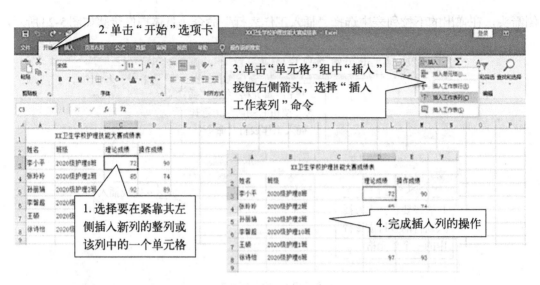

图5-25　插入列（1）

②选择插入列的位置，单击鼠标右键，在弹出的快捷菜单中选择"插入"命令，在打开的"插入"对话框中选择"整列"，单击"确定"按钮，具体操作步骤如图5-26所示。

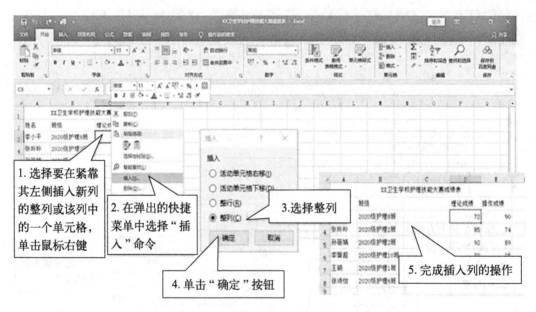

图5-26　插入列（2）

5.3.5　删除单元格、行与列

（1）删除单元格

①选择要删除的单元格，依次单击"开始"选项卡→"单元格"组中"删除"按钮

右侧箭头，在弹出的下拉列表中选择"删除单元格"命令，选择要移动活动单元格的方向，单击"确定"按钮，具体操作步骤如图5-27所示。

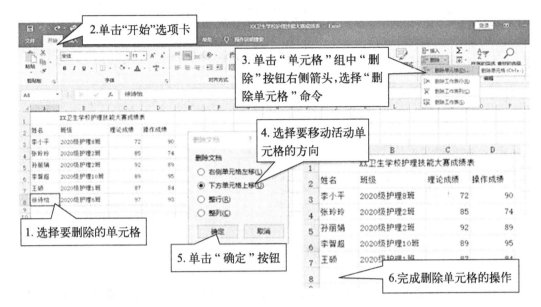

图5-27　删除单元格（1）

② 选择要删除的单元格，单击鼠标右键，在弹出的快捷菜单中选择"删除"命令，选择要移动活动单元格的方向，单击"确定"按钮，具体操作步骤如图5-28所示。

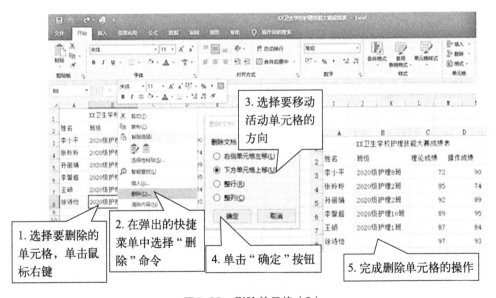

图5-28　删除单元格（2）

（2）删除行

① 选择要删除的行，依次单击"开始"选项卡→"单元格"组中"删除"按钮右侧箭头，在弹出的下拉列表中选择"删除工作表行"命令，具体操作步骤如图5-29所示。

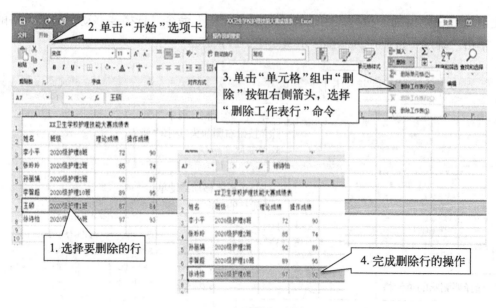

图 5-29　删除行（1）

② 选择要删除的行，单击鼠标右键，在弹出的快捷菜单中选择"删除"命令，具体操作步骤如图 5-30 所示。

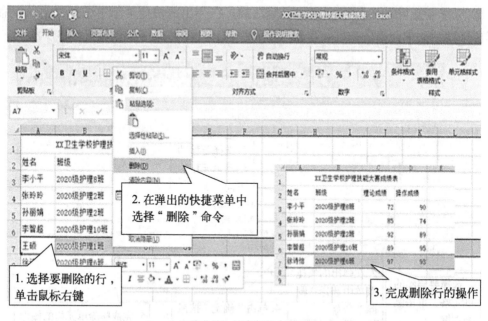

图 5-30　删除行（2）

（3）删除列

① 选择要删除的列，依次单击"开始"选项卡→"单元格"组中"删除"按钮右侧箭头，在弹出的下拉列表中选择"删除工作表列"命令，具体操作步骤如图 5-31 所示。

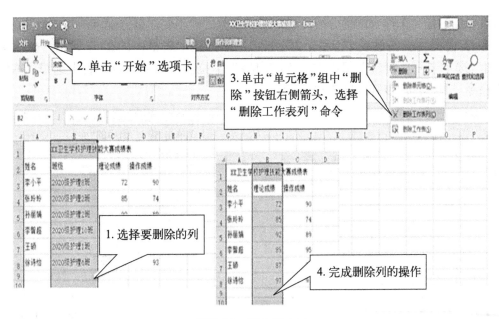

图 5-31　删除列（1）

② 选择要删除的列，单击鼠标右键，在弹出的快捷菜单中选择"删除"命令，具体操作步骤如图 5-32 所示。

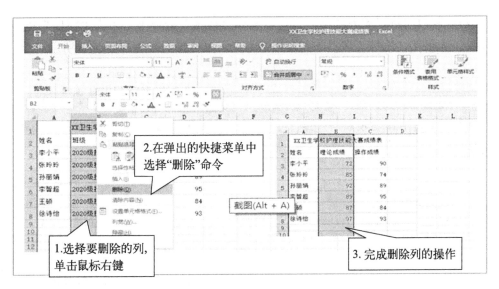

图 5-32　删除列（2）

5.3.6　锁定和隐藏行与列

（1）锁定行与列

当工作表包括很多行和很多列时，部分行和列需要通过水平滚动条和垂直滚动条查看，此时表格的标题行或关键列就会滚动到显示区域外，导致行和列的数据含义不清晰。

此时可以通过锁定工作表的部分行和列，使其位置固定不变，以方便审核与查找信息。

① 若需要将表格的前2行和第2列冻结，即可选中表格中的B3单元格，依次单击"视图"选项卡→"窗口"组中的"冻结窗格"下拉箭头，从下拉列表中选择"冻结窗格"命令，具体操作步骤如图5-33所示。

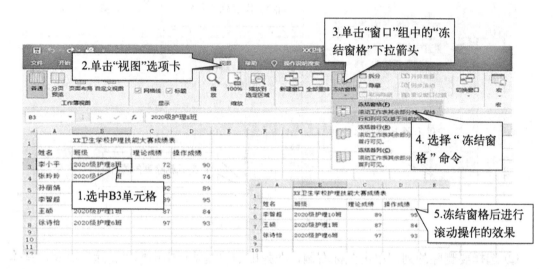

图5-33 冻结窗格

② 若需要取消对行和列的锁定，可以选择"视图"选项卡，单击"窗口"组中"冻结窗格"下拉箭头，选择"取消冻结窗格"命令，具体操作步骤如图5-34所示。

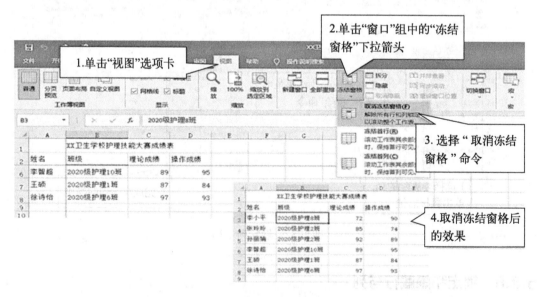

图5-34 取消冻结窗格

（2）隐藏行与列

Excel中有时需要隐藏部分行或列，以保护一些重要的数据。

① 选中要隐藏的行或列，单击鼠标右键，在弹出的快捷菜单中选择"隐藏"命令即可，具体操作步骤如图5-35所示。

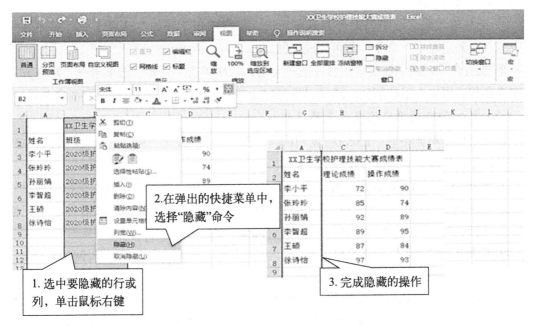

图5-35 隐藏行或列（1）

② 选中要隐藏的行或列，依次单击"开始"选项卡→"单元格"组中"格式"下拉箭头，选择"隐藏和取消隐藏"中的"隐藏行"或"隐藏列"命令，具体操作步骤如图5-36所示。

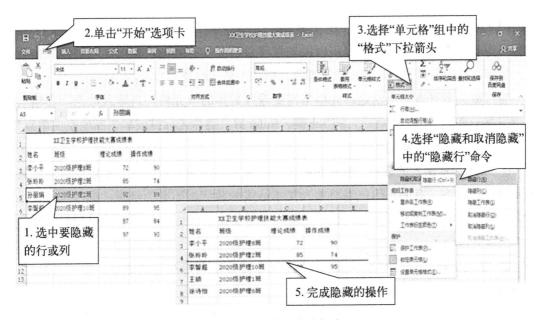

图5-36 隐藏行或列（2）

5.3.7　单元格与单元格区域的管理

（1）合并单元格

① 合并单元格。选中需要合并的单元格，依次单击"开始"选项卡→"对齐方式"组中的"合并后居中"命令，即可完成合并。

② 取消合并。选中需要取消合并的单元格，依次单击"开始"选项卡→"对齐方式"组中"合并后居中"下拉箭头，选择"取消单元格合并"命令，即可完成取消合并。

（2）复制和移动单元格或单元格区域

复制或移动单元格时，Excel将复制或移动整个单元格，包括公式及其结果值、单元格格式以及批注等。具体操作步骤如下。

① 选择要复制或移动的单元格，在"开始"选项卡的"剪贴板"组中执行下列操作：如需复制单元格，则单击"复制"命令或按键盘上的Ctrl+C组合键；如需移动单元格，则单击"剪切"命令或按键盘上的Ctrl+X组合键。

② 选择粘贴区域左上角的单元格，单击"开始"选项卡，选择"剪贴板"组中的"粘贴"命令或按键盘上的Ctrl+V组合键。

如需在现有单元格中插入复制或移动的单元格，则鼠标右键单击粘贴区域左上角的单元格，然后在弹出的快捷菜单中选择"插入复制的单元格"或"插入剪切的单元格"命令，在弹出的"插入"对话框中，选择周围单元格移动的方向。鼠标拖动选中需要复制或移动的单元格区域，复制和移动的方法同单元格复制和移动操作方法。

5.3.8　数据输入与编辑

（1）输入数据

工作表中的每一个单元格都可以用来存储各种类型的数据，常用的数据格式包括文本、数字、日期和时间等，每种数据都有其特殊的格式和显示方式。

输入数据最基本的方法是：先单击需要输入数据的单元格，再输入数据。在输入或编辑完某一个单元格的内容后，按Tab键、Enter键、键盘光标键或单击其他空白单元格，可进入下一个单元格输入数据。

① 输入文本格式的数字　默认情况下，在单元格中输入数字时，系统会自动将其在单元格中右对齐。有时，用户需要输入文本格式的数字，如电话号码、银行账号、邮政编码、身份证号等，可以在输入数字前输入一个英文单引号"'"或修改单元格中数字格式为文本后再输入。

② 输入负数　在数字前面输入"-"号或直接输入带括号的数字，如"-1000"或"(1000)"，都可以表示-1000。

③ 输入分数　为避免输入分数时与日期混淆，通常在分子前面输入"0"和一个空格，例如输入"0 1/3"即表示输入分数1/3。如果输入的分数与日期不发生混淆，则可

以直接输入分数，如"1/5"。

④ 同时输入相同的数据　当需要同时在多个相邻或不相邻的单元格中输入相同的数据时，应首先选中要输入相同数据的多个单元格，然后输入数据，按住 Ctrl 键的同时按 Enter 键。

⑤ 记忆式输入　在输入单元格数据时，系统会自动记忆。如果在单元格中输入的起始字符与该列其他单元格中数据的起始字符相同，系统会自动填充其余字符。例如在某一单元格中输入了"护理专业"，在该列其他单元格中输入"护"字时，会自动填充"护理专业"，此时若直接按 Enter 键，即可将该数据输入到单元格中，也可以继续输入不同的数据。

（2）编辑数据

Excel 提供了两种在活动单元格中编辑数据的方式，即改写和插入方式。

单击单元格可进入改写方式，输入的数据将覆盖单元格原来的数据。双击单元格可进入插入方式，输入的数据将插入到单元格光标所在位置。改写或插入好数据后，按 Enter 或 Tab 键结束。

5.3.9　数据填充

为提高数据输入的速度和准确性，在 Excel 中可以通过拖动单元格填充柄，把选定单元格中的内容填充到同一行或同一列的其他单元格中。如果单元格中包括数字、日期或时间，则在自动填充时，会将数据按序列规律填充到相应的单元格中。

举例：在 A2 单元格中输入 1，在 A3 单元格中输入 2，选中 A2:A3 单元格区域，将鼠标指针指向单元格填充柄，当鼠标指针变成黑色实心"十"字形时，向下拖动填充柄即可自动填充数据。如图 5-37 所示为序列填充的几种常见类型。

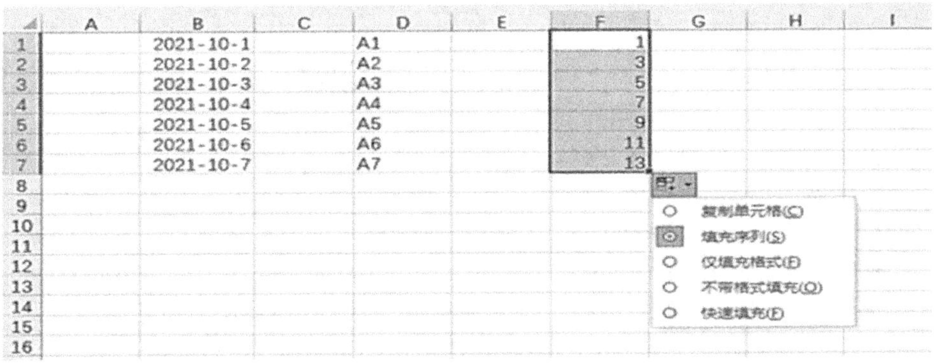

图 5-37　序列填充的几种常见类型

5.3.10　批注

在使用 Excel 时，对于一些无须添加到单元格中但又需要对表格内容补充说明的内容，可以通过插入批注来为单元格注释。添加批注后，可以编辑批注中的文字，也可以删除不再需要的批注。

（1）插入批注

选中需要插入批注的单元格，单击"审阅"选项卡，选择"批注"组中的"新建批注"按钮，打开批注文本框。在文本框中输入批注的内容，关闭文本框后，单元格的右上角将出现一个三角符号，具体操作步骤如图5-38所示。

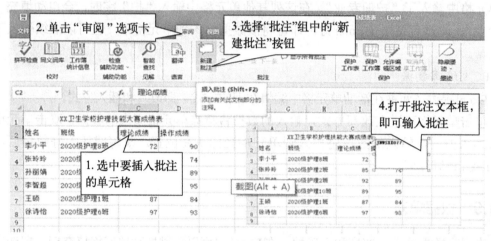

图5-38　批注文本框

插入批注的其他几种方式：① 选中需要插入批注的单元格，单击鼠标右键，在弹出的快捷菜单中选择"插入批注"命令；② 选中需要插入批注的单元格，按Shift+F2组合键。

（2）显示批注

将鼠标指针定位到已经插入批注的单元格上，即可显示批注的内容，如图5-39所示。

▲	A	B	C	D	E	F
1		XX卫生学校护理技能大赛成绩表				
2	姓名	班级	理论成绩	操理论成绩满分为100分		
3	李小平	2020级护理8班	72			
4	张玲玲	2020级护理2班	85	74		
5	孙丽娟	2020级护理2班	92	89		
6	李智超	2020级护理10班	89	95		
7	王硕	2020级护理1班	87	84		
8	徐诗怡	2020级护理6班	97	93		
9						

图5-39　显示批注内容

（3）编辑批注

选中有批注的单元格，单击"审阅"选项卡，选择"批注"组中的"编辑批注"按钮，可以在打开的批注文本框中编辑批注，如图5-40所示。还可以在选中有批注的单元格后，单击鼠标右键，在弹出的快捷菜单中选择"编辑批注"命令。

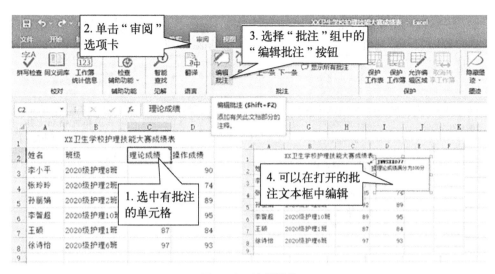

图 5-40　编辑批注

（4）设置批注

选中批注文本框，单击鼠标右键，在弹出的快捷菜单中选择"设置批注格式"命令，打开"设置批注格式"对话框，可以对批注的字体进行设置，如图 5-41 所示。

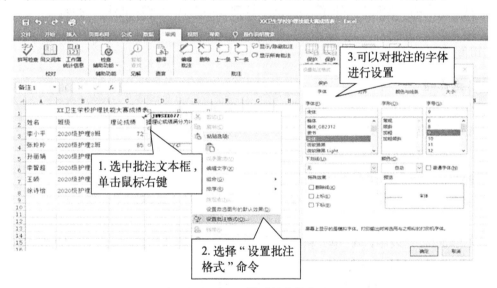

图 5-41　设置批注的字体格式

单击"设置批注格式"对话框中的"颜色与线条"标签，在"填充"→"颜色"的下拉框中选择"填充效果"命令，单击"图片"标签，单击"选择图片"按钮，即可为批注添加图片。在"设置批注格式"对话框中，还可以对批注的大小和比例、边框和底色等进行修改。

（5）删除批注

选中带有批注的单元格，单击"审阅"选项卡，选择"批注"组中的"删除"按钮即可删除批注，如图 5-42 所示。

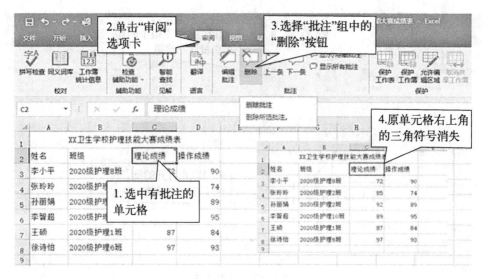

图 5-42　删除批注

删除批注的其他几种方式：① 选中带有批注的单元格，单击鼠标右键，在弹出的快捷菜单中选择"删除批注"命令；② 选中带有批注的单元格，依次单击"开始"选项卡→"编辑"组中的"清除"下拉箭头，从下拉列表中选择"清除批注"命令。

 巩固练习

一、选择题

1.若在单元格中出现一串"#####"符号，则（　　）。

　　A.需重新输入数据　　　　　　　　B.需调整单元格宽度

　　C.需删除该单元格　　　　　　　　D.需删除这些符号

2.Excel中被合并的单元格（　　）。

　　A.不能是一列单元格　　　　　　　B.只能是不连续的单元格区域

　　C.只能是一个单元格　　　　　　　D.只能是连续的单元格区域

3.在Excel工作表中，A1单元格的内容是"1月"，若要用自动填充的方法在A列生成1月、3月、5月、7月……则（　　）。

　　A.在A2中输入"3月"，选中区域A1、A2后拖动填充柄

　　B.选中A1后拖动填充柄

　　C.在A2中输入"3月"，选中区域A2后拖动填充柄

　　D.以上都不对

4.插入单元格时，正确的操作是（　　）。

　　A.单击"插入"选项卡→"表格"组→"插入"→"插入单元格"命令

　　B.单击"开始"选项卡→"单元格"组→"粘贴"命令

　　C.单击"开始"选项卡→"单元格"组→"编辑"→"选择性粘贴"命令

　　D.单击"开始"选项卡→"单元格"组→"插入"→"插入单元格"命令

5.下列操作中能实现重命名工作表的是（ ）。

    A.单击工作表标签后重命名

    B.右键单击工作表标签，并选择快捷菜单中的"重命名"命令

    C.单击"格式"选项卡→"工作表"组→"重命名"命令

    D.单击"编辑"选项卡→"工作表"组→"重命名"命令

6.在Excel工作表中，要使单元格A2显示0.2，可在A2中输入（ ）。

    A.1/5   B."1/5"   C.="1/5"   D.=1/5

7.如果要输入当前日期，应按（ ）。

    A.Ctrl+;   B.Ctrl+'   C.Ctrl+,   D.Ctrl+.

8.在Excel中插入一组单元格后，活动单元格的移动方向是（ ）。

    A.向上   B.向左   C.向右   D.由设置而定

9.向单元格内输入有规律的数据，应（ ）。

    A.单击选中多个单元格，输入数据

    B.将鼠标指针移动到单元格光标左下角的方块时，使鼠标指针呈"十"字形，按住鼠标左键并拖到目标位置

    C.将鼠标指针移至选中单元格的黑色光标上，此时鼠标指针变为箭头形

    D.将鼠标指针移到单元格光标右下角的方块上，使鼠标指针呈"十"字形，按住鼠标左键并拖到目标位置，然后松开鼠标即可

10.按快捷键Ctrl+V相当于使用（ ）命令。

    A.剪切   B.复制   C.单元格   D.粘贴

二、填空题

1.填充柄在单元格的_____下角。

2.如需要编辑单元格内容，可双击_____或按_____键。

3.用鼠标选择第五行的所有单元格需要做的操作是_____。

4.使用鼠标拖动法复制选定单元格时，需要按住_____键。

5.选择_____选项卡上的_____组的"合并后居中"按钮，可以设置数据的对齐方式为"合并后居中"。

6.在单元格中输入电话号码区号"0537"时，应输入_____。

7.输入"(123)"，单元格中显示的是_____。

8.Excel工作表中要插入一列，这一列位于选定列的_____边；插入一行，这一行位于选定行的_____边。

9.Excel可以输入多种类型的数据，但_____例外。

10.在Excel的一个单元格中输入="1/21"-"1/11"，显示结果是_____。

三、判断题

1.在Excel中，活动单元格是指可以随意移动的单元格。（ ）

2.在Excel中，所选单元格范围不能超出当前屏幕范围。（ ）

3.在单元格中只能使用改写方式编辑数据。（　　）

4.移动或复制单元格区域，目标位置可以选择目标区域左上角的单元格。（　　）

5.合并单元格的操作不会丢失数据。（　　）

知识巩固与归纳表　　激励式教学评价表

　　1.本任务学习之后，请扫描二维码下载知识巩固与归纳表，填写本任务的记忆点，并归纳总结。

　　2.激励式教学评价表可作为期末成绩的一项考评，请扫描下载并填写。

5.4　Excel工作表的格式化设置

 课时目标

知识目标	1.能够掌握工作表的格式化与数据的格式化设置方法。
	2.能够掌握单元格行高和列宽的调整方法。
	3.能够学会使用自动套用格式和条件格式。
能力目标	提高学生信息技术应用能力。
素质目标	培养学生的协作学习能力和良好的信息素养。

　　Excel不仅可以输入数据，还提供了数据的格式设置功能，使表格美观易读，增强视觉效果。下面将对已经输入数据的"护理专业学生成绩表"工作表进行各种格式设置，如图5-43所示。

图5-43　护理专业学生成绩表

5.4.1　设置单元格格式

（1）设置字体格式

　　将标题行字体设置为"微软雅黑、18号"，其他内容字体设置为"宋体"，其操作方法与在Word文档中设置字体格式类似，具体操作步骤如图5-44所示，设置后效果如图5-45所示。

图5-44 设置字体格式

	A	B	C	D	E	F	G	H	I	J
1	护理专业学生成绩表									
2	姓名	性别	学号	护理学基础	解剖学	免疫学	生物化学	语文	数学	计算机基础
3	徐瑞思	男	20h10101	89	87	82	74	82	90	99
4	李世杰	男	20h10102	88	92	90	98	98	89	92
5	王珂	女	20h10103	76	68	92	65	78	82	95
6	王志新	男	20h10104	87	81	89	77	84	96	97
7	李明玉	女	20h10105	92	73	90	79	96	84	85
8	刘甜	女	20h10106	86	98	88	95	97	92	96
9	朱友国	男	20h10107	79	86	72	83	80	74	89
10	林晓晓	女	20h10108	91	66	67	78	88	90	74
11	孙玉林	女	20h10109	89	83	78	98	78	96	93
12	赵运泽	男	20h10110	91	88	86	68	87	74	96

图5-45 设置字体格式后的效果

（2）设置对齐方式

将"性别"一列的对齐方式设置为"居中"，具体操作步骤如图5-46所示。

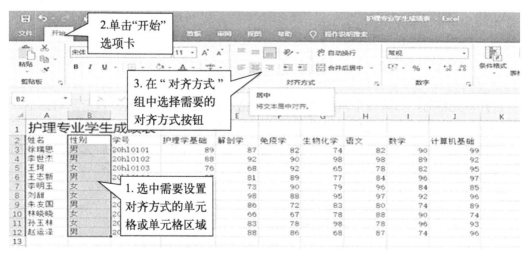

图5-46 设置对齐方式

用类似的方法将除标题行之外的所有单元格的对齐方式设置为"居中"，设置后效果如图5-47所示。

	A	B	C	D	E	F	G	H	I	J
1	护理专业学生成绩表									
2	姓名	性别	学号	护理学基础	解剖学	免疫学	生物化学	语文	数学	计算机基础
3	徐瑞思	男	20hl0101	89	87	82	74	82	90	99
4	李世杰	男	20hl0102	88	92	90	98	98	89	92
5	王珂	女	20hl0103	76	68	92	65	78	82	95
6	王志新	男	20hl0104	87	81	89	77	84	96	97
7	李明王	女	20hl0105	92	73	90	79	96	84	85
8	刘甜	女	20hl0106	86	98	88	95	97	92	96
9	朱友国	男	20hl0107	79	86	72	83	80	74	89
10	林晓晓	女	20hl0108	91	66	67	78	88	90	74
11	孙玉林	女	20hl0109	89	83	78	98	78	96	93
12	赵运泽	男	20hl0110	91	88	86	68	87	74	96
13										

图 5-47　设置对齐方式后的效果

5.4.2　合并单元格

将标题行前10个单元格合并后居中，使标题行位于表格10列内容的中部，具体操作步骤如图5-48所示。

图 5-48　合并单元格

合并单元格时，如果每个单元格中都有数据，系统将弹出如图5-49所示对话框，单击"确定"按钮确认合并操作，单击"取消"按钮取消合并操作。因此，在合并单元格时，应该确保需要保留的数据位于所选区域的左上角单元格中，合并后其他单元格的数据都将被删除。

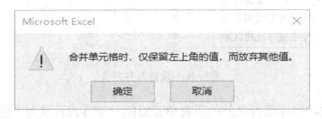

图 5-49　合并单元格提醒对话框

5.4.3 调整列宽和行高

输入数据后，有时工作表中某些列的数据显示不完整，需要调整列宽，此时既可以用鼠标调整（具体操作步骤如图5-50所示），也可以使用命令精确设置（具体操作步骤如图5-51所示）。调整行高的方法与之类似。

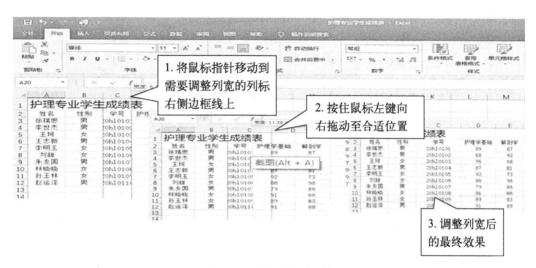

图5-50 用鼠标调整列宽

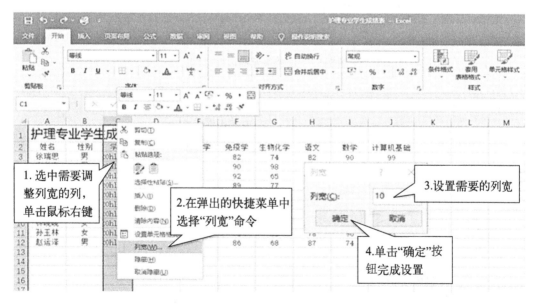

图5-51 用命令精确调整列宽

双击列标或行号之间的分割线，系统可以自动调整列宽或行高至最合适的尺寸。

根据以上方法，将"护理专业学生成绩表"的其他列和行调整到合适的宽度和高度。

5.4.4　设置单元格边框

　　Excel工作表带有默认的边框线，但不会被打印出来。如果打印时需要打印出边框线，就要设置单元格边框线。将"护理专业学生成绩表"外边框线设置为双实线，内边框线设置为细黑线，具体操作步骤如图5-52、图5-53所示，设置边框线后的效果如图5-54所示。

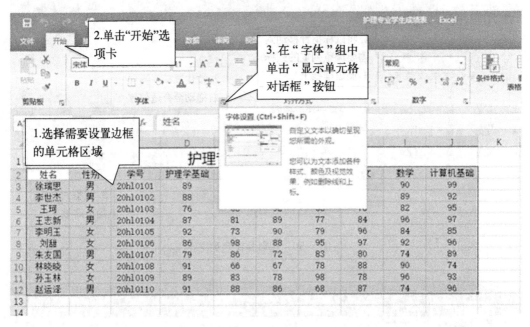

图5-52　设置单元格边框（1）

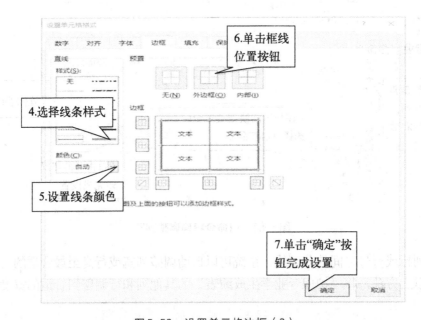

图5-53　设置单元格边框（2）

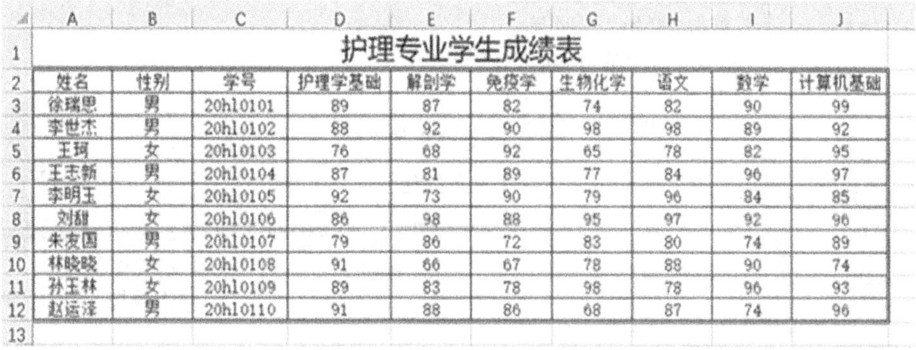

姓名	性别	学号	护理学基础	解剖学	免疫学	生物化学	语文	数学	计算机基础
徐瑞思	男	20hl0101	89	87	82	74	82	90	99
李世杰	男	20hl0102	88	92	90	98	98	89	92
王珂	女	20hl0103	76	68	92	65	78	82	95
王志新	男	20hl0104	87	81	89	77	84	96	97
李明玉	女	20hl0105	92	73	90	79	96	84	85
刘甜	女	20hl0106	86	98	88	95	97	92	96
朱友国	男	20hl0107	79	86	72	83	80	74	89
林晓晓	女	20hl0108	91	66	67	78	88	90	74
孙玉林	女	20hl0109	89	83	78	98	78	96	93
赵运泽	男	20hl0110	91	88	86	68	87	74	96

图5-54　设置边框线后的效果

设置边框时，不仅可以在“设置单元格格式”对话框中“边框”标签的“预置”栏里通过单击“外边框”或“内部”按钮来设置边框线，还可以通过“边框”选项组的8个按钮添加或删除边框的某条框线。单击“无”按钮可以取消已经设置的边框。

5.4.5　设置单元格底纹

为了区分工作表中不同区域，可以设置单元格底纹。将标题单元格区域设置为“浅绿”底纹，具体操作步骤如图5-55所示。

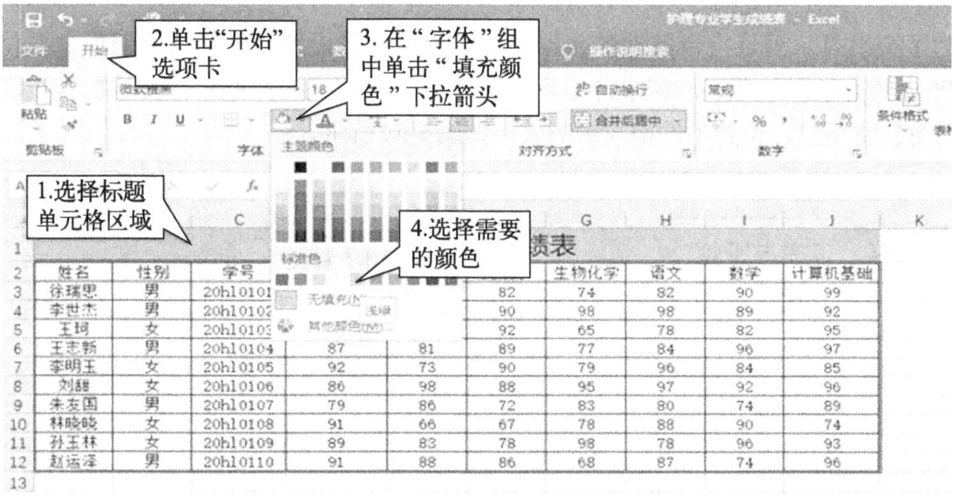

图5-55　设置单元格底纹

设置单元格底纹还可以通过“设置单元格格式”对话框中的“填充”标签进行设置。

5.4.6　自动套用表格格式

套用表格格式可以快速设置工作表格式，Excel提供了浅色、中等深浅、深色三大类表格格式。套用表格格式的操作方法如图5-56所示。

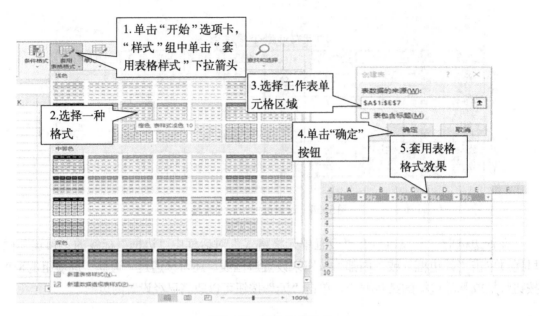

图5-56   套用表格格式

用户不仅可以应用预定义的表格格式，还可以创建新的表格格式。

5.4.7   设置条件格式

为了突出显示满足指定条件的数据，可以为单元格设置条件格式。例如，要将成绩低于70分的分数以红色、加粗字体显示，可以设置自定义条件格式，具体操作步骤如图5-57、图5-58所示，设置条件格式后的效果如图5-59所示。

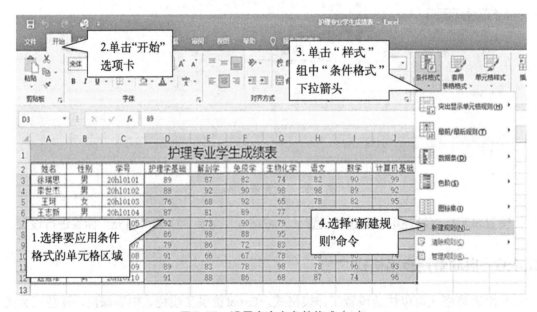

图5-57   设置自定义条件格式（1）

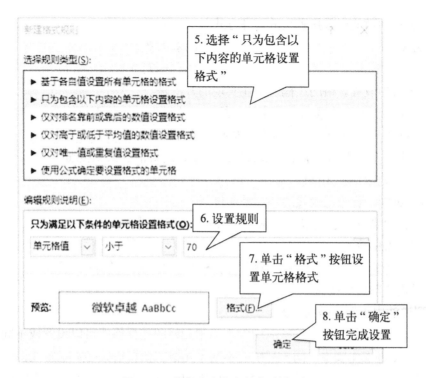

图 5-58 设置自定义条件格式（2）

图 5-59 设置条件格式后的效果

巩固练习

一、选择题

1.A1单元格的数字格式设置为整数，当输入"33.51"时，显示为（　　）。

    A.33.51　　　　　　　B.33　　　　　　　　C.34　　　　　　　　　D.ERROR

2."设置单元格格式"对话框可以（　　）。

    A.在"插入"选项卡中打开　　　　　　B.在"数据"选项卡中打开

    C.在"开始"选项卡中打开　　　　　　D.在"视图"选项卡中打开

3.在Excel中数值型数据默认的对齐方式是（   ）。

A.左对齐   B.右对齐

C.居中对齐   D.两端对齐

4.在Excel中设置表格的边框，不能实现的方法是（   ）。

A.单击"开始"选项卡→"字体"组→"边框"右边的下拉箭头

B.选择单元格单击右键，选择"设置单元格格式"

C.单击"开始"选项卡中"样式"组右下角的对话框启动按钮

D.直接按快捷键Ctrl+1

5.在Excel中，删除已设置的格式是通过（   ）。

A.单击"数据"选项卡→"编辑"组→"删除"命令

B.按Delete键

C.通过"开始"选项卡→"编辑"组→"清除"→"清除格式"命令

D.单击"剪切"按钮

6.下列说法中正确的是（   ）。

A.在Excel工作表中，同一列中的不同单元格的数据格式可以设置成不同

B.在Excel工作表中，同一列中的不同单元格的数据格式必须设置成相同

C.在Excel工作表中，只能清除单元格中的内容，不能清除单元格中的格式

D.单元格中的数据只能左对齐

7.下列选项卡标签名称中，不属于"设置单元格格式"对话框的是（   ）。

A.数字   B.字体   C.填充   D.格式

8.在Excel中，设置字体的按钮在（   ）中。

A."插入"选项卡   B."数据"选项卡

C."开始"选项卡   D."视图"选项卡

9.在Excel中，字体的默认大小是（   ）。

A.四号   B.五号

C.10   D.11

10.在Excel中，有关改变行高和列宽的说法错误是（   ）。

A.改变行高和列宽可以从"开始"选项卡下的"单元格"组中的"格式"下拉菜单选项设置

B.行高是行的底到表格顶之间的距离

C.如果列宽设置有误，可以按工具栏中的撤销按钮

D.行高是指行的底到顶之间的距离

二、判断题

1.在Excel中，只要应用了一种表格格式，就不能对表格格式做更改和清除。（   ）

2.双击行号下边的格线，可以设置行高为刚好容纳该行最高的字符。（   ）

3.在工作表输入数据后才能设置数据的字符格式和对齐格式。（   ）

4.在Excel中，工作表默认的边框为淡虚线，打印时可以显示。（　　）

5.Excel中只能用"套用表格格式"设置表格样式，不能设置单个单元格样式。（　　）

知识巩固与归纳表

激励式教学评价表

1.本任务学习之后，请扫描二维码下载知识巩固与归纳表，填写本任务的记忆点，并归纳总结。

2.激励式教学评价表可作为期末成绩的一项考评，请扫描下载并填写。

5.5　使用公式与函数

 课时目标

知识目标	1.能够掌握工作表中公式的输入与常用函数的使用。
	2.能够掌握绝对引用、相对引用和三维地址引用。
能力目标	能够灵活运用公式与函数以解决实际问题，提高应用能力。
素质目标	培养学生科学、严谨的求学态度和不断探究新知识的欲望。

在Excel中，有些数据需要根据原始数据计算得到，如果逐个计算后再手动输入，会浪费大量时间。此时可以使用Excel中的公式和函数进行数据计算，能够大大提高工作效率。下面将在图5-60已经输入数据的"药品销售情况表"工作表中使用公式和函数进行相关的数据计算。

序号	类别	药品名称	销售日期	规格	单价	数量	金额
			药品销售情况表				
001	维生素、矿物质类	多维元素片	2020年2月1日	盒	45	8	
002	维生素、矿物质类	葡萄糖酸钙口服溶液	2020年2月1日	盒	37	6	
003	消化系统类	健胃消食片	2020年2月1日	盒	20	12	
004	消化系统类	肠炎宁片	2020年2月2日	盒	20.9	5	
005	感冒咳嗽类	感冒灵颗粒	2020年2月2日	盒	12.4	8	
006	心脑血管类	速效救心丸	2020年2月2日	盒	35	7	
007	清热解毒类	牛黄解毒片	2020年2月3日	盒	9.9	8	
008	感冒咳嗽类	小柴胡颗粒	2020年2月3日	盒	16.8	4	
009	消化系统类	吗丁啉	2020年2月4日	盒	29.1	16	
010	清热解毒类	黄连上清片	2020年2月4日	盒	19.8	8	

图5-60　药品销售情况表

5.5.1　公式

（1）公式概述

Excel中的公式是对单元格中的数据进行运算的表达式，公式必须以"="开头，其中可以包含运算符、常量、函数以及单元格引用等元素。运算符包括算术运算符、比较运算符、文本运算符及引用运算符。运算符及其优先级如表5-1所示。

● 表5-1 运算符及其优先级

运算符（优先级从高到低）		含义
	:（冒号）	区域运算符：对两个引用之间的所有单元格进行引用
引用运算符	（空格）	联合运算符：将多个引用合并为一个引用
	,（逗号）	交叉运算符：对多个引用中共有单元格的引用
	-（负号）	负数
	%	百分号
算术运算符	^	乘幂
	*和/	乘和除
	+和-	加和减
文本运算符	&（与）	连接文本字符串
	=	相等
	<或>	小于或大于
比较运算符	<=或>=	小于等于或大于等于
	<>	不等于

（2）公式的使用

使用公式计算"金额"一列的数据，具体操作步骤如图5-61所示。

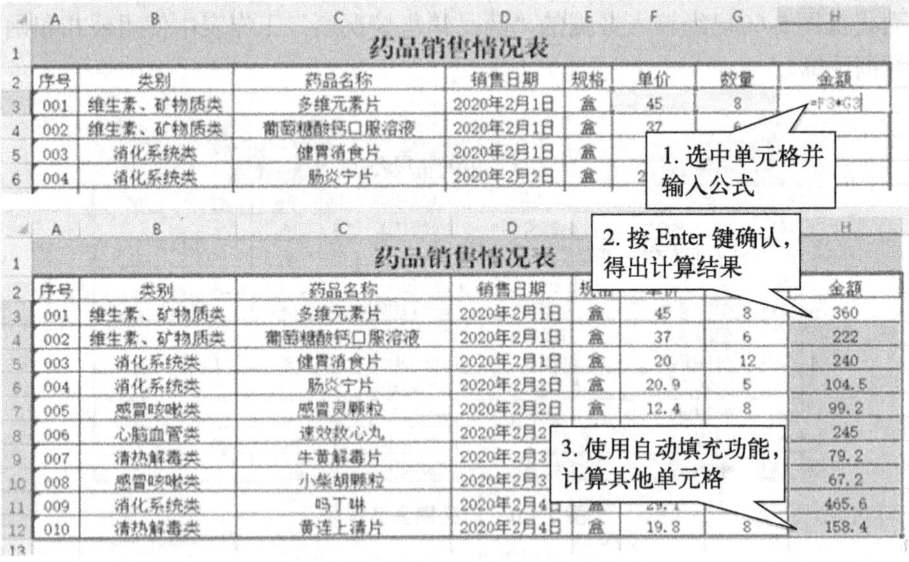

图5-61 在工作表中使用公式计算结果

编辑公式时要注意运算符的优先级，需要加括号的要注意加括号；当工作表中的数据发生变化时，无须重新输入公式，公式将自动更新数据结果。

5.5.2　函数

（1）函数概述

函数是由函数名和参数组成的预定义特殊公式。Excel为用户提供了若干项定义函数，如财务函数、时间和日期函数、统计函数、文本函数、逻辑函数等，使用这些函数可以对工作表中的数据进行一系列的运算。用户可以通过Excel的帮助来获取各种函数的功能和用法。

（2）函数的使用

① 使用"插入函数"对话框　使用"插入函数"对话框的方法，运用求和函数"SUM"计算"金额"这一列数据的合计，并将计算结果显示在表格的最后一行，具体操作步骤如图5-62、图5-63所示。

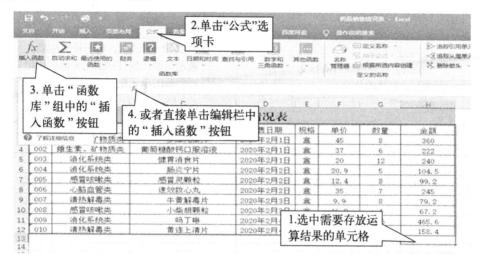

图5-62　使用"插入函数"对话框运算（1）

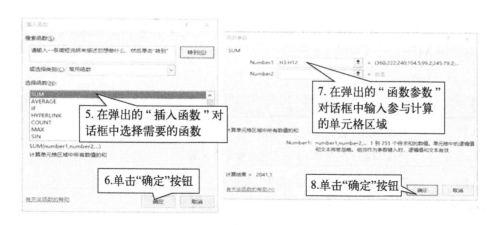

图5-63　使用"插入函数"对话框运算（2）

使用以上方法计算出"数量"一列数据的合计。

② 手动输入函数　通过手动输入函数的方式，计算最大数量和最高金额，将计算结

果显示在表格的最后一行，并编辑完善最后两行的文字和边框线格式，具体操作步骤如
图5-64所示。

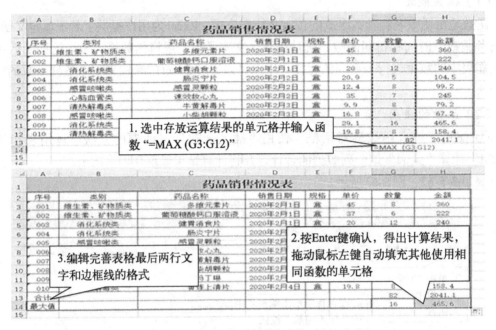

图5-64   手动输入函数

也可以使用"开始"选项卡"编辑"组中的"自动求和"下拉按钮，选择常用的函数进行快速计算。

5.5.3   单元格引用

（1）引用样式

① A1引用样式   A1引用样式是Excel的默认引用样式，即用字母表示列，用数字表示行。常用的A1引用含义如表5-2所示。

● 表5-2   A1引用样式

引用	含义
A3	列 A 与第 3 行交叉处的单元格
A3:A10	列 A 与第 3 行至第 10 行之间的单元格区域
A3:E3	第 3 行列 A 至列 E 之间的单元格区域
A3:E10	A3 单元格与 E10 单元格之间的单元格区域
3:10	第 3 行至第 10 行之间的全部单元格
A:E	列 A 至列 E 之间的全部单元格
A:A	列 A 中的全部单元格

② R1C1引用样式　R1C1样式是通过制定行和列来引用单元格，R（Row）后面数字表示行号，C（Column）后面的数字代表列标。在"开始"选项卡"Excel选项"中的"公式"选项中，勾选"R1C1引用样式"复选框（图5-65），工作表中的列标将变成数字表示方式，单元格名称也变为R1C1引用样式。

图5-65　Excel公式选项

（2）相对引用

相对引用是指单元格的相对地址引用单元格，即直接使用单元格的列标和行号，如A2、B3等。含有相对引用的公式所在单元格位置发生变化，引用也将随之发生变化。

（3）绝对引用

绝对引用是指通过单元格的绝对地址引用单元格，即在列标和行号的前面分别加上"$"符号，如$A$2、$B$3等。含有绝对引用的公式所在单元格位置发生变化，引用不会发生变化。

（4）混合引用

混合引用是指引用中既包含相对引用又包含绝对引用，如A$2、$B3等。含有混合引用的公式所在单元格位置发生变化，相对引用部分发生变化，绝对引用部分不发生变化。

（5）三维引用

三维引用是指在同一工作簿中不同工作表中单元格的相互引用，引用格式为"工作表！单元格地址"，如"Sheet2!A3"表示引用Sheet2工作表中A3单元格的数据。

巩固练习

一、选择题

1.Excel中使用 A1引用工作表A列第1行的单元格,这称为对单元格地址(　　)。

　A.绝对引用　　　　　　　　　　B.相对引用

　C.混合引用　　　　　　　　　　D.交叉引用

2.复制时,公式中会发生相应变化的是(　　)。

　A.运算符　　　　　　　　　　　B.绝对地址引用

　C.混合地址引用　　　　　　　　D.函数引用

3.在Excel中,下列属于单元格引用运算符的是(　　)。

　A.&　　　　　　B.:　　　　　　C.*　　　　　　D.空格

4.在Excel工作表中,单元格A1中输入了数值4,A2中输入了数值6,A3中输入了数值6,在A4中输入"=A1+A3",则单元格A4中显示(　　)。

　A.4　　　　　　B.6　　　　　　C.15　　　　　　D.10

5.单元格D2中的值为6,则函数=IF(D2>8,D2/2,D2*2)的结果为(　　)。

　A.6　　　　　　B.12　　　　　　C.8　　　　　　D.16

6.对于工作表间单元格地址的引用,下列说法正确的是(　　)。

　A.不能进行

　B.只能以绝对地址进行

　C.只能以相对地址进行

　D.既可以相对地址进行,也可以绝对地址进行

7.在Excel中,SUM(A1:A4)相当于(　　)。

　A.A1*A4　　　　B.A1/A4　　　　C.A1+A4　　　　D.A1+A2+A3+A4

8.(　　)函数用于计算机选定单元格区域数据的平均值。

　A.SUM　　　　　B.AVERAGE　　　C.COUNTIF　　　D.RATE

9.在工作表Sheet3中,若在单元格C3输入公式"=$A3+B$3",然后将公式从C3复制到C4,则C4中的公式为(　　)。

　A.=$A4+B$3　　　　　　　　　　B.=A4+B4

　C.=$A3+B$3　　　　　　　　　　D.=$A4+C$3

10.Excel公式中不可使用的运算符是(　　)。

　A.数字运算符　　B.比较运算符　　　C.逻辑运算符　　　D.文本运算符

二、填空题

1.计算数据总和的函数是_____,计算数据平均值的函数是_____。

2.Excel的公式必须以_____开头。

3.在单元格B2中输入公式:=5+5*2,则B2中显示结果是_____。

4.Excel中表达式B3的含义是_____。

5.在A1单元格中输入公式"=6<>4",则A1中显示结果是_____。

6.在Excel中，若在某单元格中插入函数SUM(D2:D4)，该函数中对单元格的引用属于_____。

7.如果B2单元格的数值为6，C3单元格的数值为12，若在D2单元格中输入"=SUM(C2,B2)"，那么在D2中得到的数值是_____。

8.如果A1到A3单元格中的数据分别为1、2、3，在B1单元格中输入"=A1+20"，并将该公式复制填充到B2、B3单元格，这时B3中的数为_____。

9.假设A2单元格内容为a2，A3单元格内容为数字"5"，则COUNT(A2:A3)的值为_____。

10.如果A1:A5包含数字8、11、15、32和4，则MAX(A1:A5)=_____。

三、判断题

1.在Excel中，当前活动单元格在D列第7行上，用绝对地址方式表示是D7。（　　）

2.输入公式时，所有的运算符必须是英文半角。（　　）

3.比较运算符可以比较两个数值并产生逻辑值TRUE或FALSE。（　　）

4.单元格引用位置是基于工作表中的行号和列号，例如位于第2行、第1列的单元格引用是A2。（　　）

5.在Excel中，输入公式时一般要以":"开头。（　　）

知识巩固与归纳表　　激励式教学评价表

1.本任务学习之后，请扫描二维码下载知识巩固与归纳表，填写本任务的记忆点，并归纳总结。

2.激励式教学评价表可作为期末成绩的一项考评，请扫描下载并填写。

5.6　分析与管理数据

 课时目标

知识目标	1.能够掌握排序、筛选和分类汇总的使用方法。 2.能够掌握合并计算和数据透视表的使用方法。
能力目标	提高学生灵活运用信息技术解决实际问题的能力。
素质目标	培养学生敢于大胆尝试的能力，增强学生团队合作与互帮互助意识。

Excel最强大的功能就是利用排序、筛选、分类汇总、合并计算、数据透视表等功能，帮助用户快速整理和分析数据。下面将对图5-66中已经得出运算结果的"药品销售情况表"进行数据分析。

序号	类别	药品名称	销售日期	规格	单价	数量	金额
001	维生素、矿物质类	多维元素片	2020年2月1日	盒	45	8	360
002	维生素、矿物质类	葡萄糖酸钙口服溶液	2020年2月1日	盒	37	6	222
003	消化系统类	健胃消食片	2020年2月1日	盒	20	12	240
004	消化系统类	肠炎宁片	2020年2月2日	盒	20.9	5	104.5
005	感冒咳嗽类	感冒灵颗粒	2020年2月2日	盒	12.4	8	99.2
006	心脑血管类	速效救心丸	2020年2月2日	盒	35	7	245
007	清热解毒类	牛黄解毒片	2020年2月3日	盒	9.9	8	79.2
008	感冒咳嗽类	小柴胡颗粒	2020年2月3日	盒	16.8	4	67.2
009	消化系统类	吗丁啉	2020年2月4日	盒	29.1	16	465.6
010	清热解毒类	黄连上清片	2020年2月4日	盒	19.8	8	158.4
合计						82	2041.1
最大值						16	465.6

图5-66 药品销售情况表

5.6.1 排序

（1）排序规则

Excel的排序规则如表5-3所示。

● 表5-3 Excel排序规则

数据类型	排序规则
数值	按数值的大小排列
日期	按日期的前后顺序排列
文本	按字符串从左到右逐个字符进行排序，即先按第1个字符排序，当第1个字符相同时，再按第2个字符排序，依次类推。汉字按拼音的首字母进行排序
逻辑	FALSE排在TRUE之前
空单元格	无论是升序还是降序，空单元格（不包括含有空格的单元格）总是排在最后

（2）数据排序

在工作表中，可以对一列或多列数据按照指定的顺序排序。

将“药品销售情况表”复制到新的工作表中，并将复制后的工作表标签重命名为“数据排序”，然后将工作表销售区域中的数据按照“销售日期”降序排列，再按“单价”升序排列，排序的操作步骤如图5-67、图5-68所示，排序后的结果如图5-69所示。

排序时应注意选定单元格区域，否则排序将影响整个工作表。当对工作表的单列数据进行简单排序时，可以在选定单元格区域后，单击“数据”选项卡下的“排序和筛选”组中“升序”或“降序”按钮。在Excel中，绝大多数的排序是针对列进行的，特殊情况下也可以针对行进行排序。

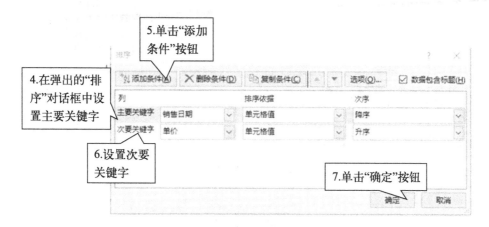

图 5-67　数据排序（1）

图 5-68　数据排序（2）

图 5-69　多个关键字排序结果

5.6.2 数据筛选

数据筛选是将不符合条件的数据隐藏起来，只显示满足指定条件的。在Excel中，用户可以使用自动筛选或自定义筛选来完成数据筛选功能。

将"药品销售情况表"复制到新的工作表中，并将复制后的工作表标签重命名为"数据筛选"，然后筛选出类别为"消化系统类"的药品，筛选的操作步骤如图5-70所示，筛选后的结果如图5-71所示。

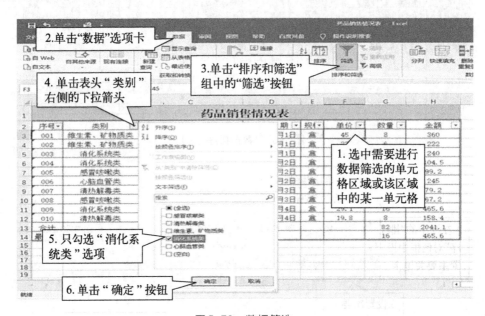

图 5-70   数据筛选

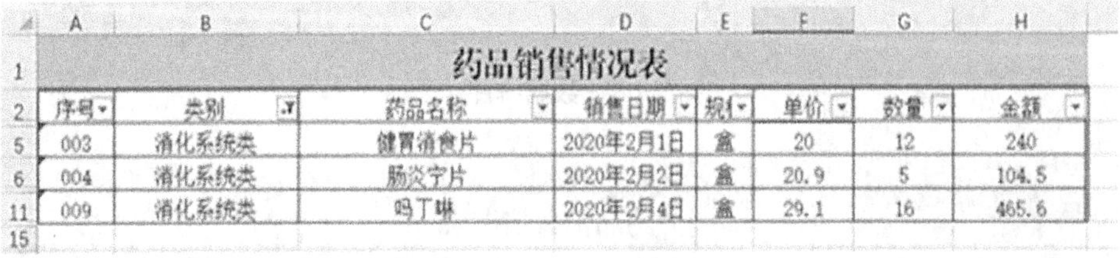

图 5-71   筛选后的结果

数据筛选功能对工作表所有列都适用，如果只想对某一列适用筛选功能，就需要首先选中，然后再单击"筛选"按钮。

如果需要取消对某一列的筛选，可以单击列标标签右侧的按钮，在弹出的菜单中勾选"全选"复选框；如果要取消工作表中的所有筛选，可以在"数据"选项卡下的"排序和筛选"组中单击"清除"按钮；如果要退出筛选，可以再次单击"数据"选项卡下的"排序和筛选"组中"筛选"按钮。

用户还可以创建条件进行较为复杂的筛选，如要在"药品销售情况表"中筛选出"单价大于20"的药品，具体操作步骤如图5-72所示。

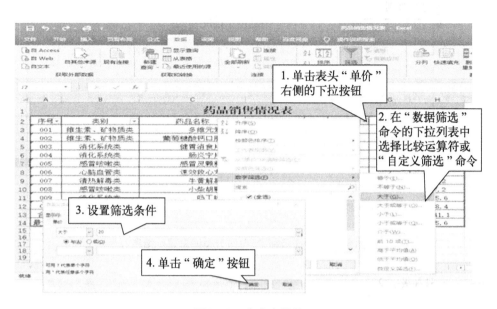

图 5-72 自定义筛选

5.6.3 分类汇总数据

分类汇总是指对排序后的数据按"求和""计数""平均值"等方式进行统计汇总。

将"药品销售情况表"复制到新的工作表中,并将复制后的工作表标签重命名为"分类汇总",删除"合计"和"最大值"两行数据,然后按"类别"进行分类,对"数量"和"金额"进行汇总,分类汇总的操作步骤如图5-73所示。分类汇总后数据可以分级显示,如图5-74~图5-76所示。

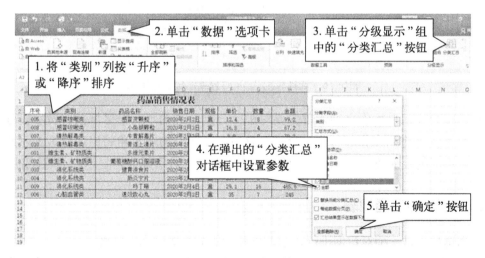

图 5-73 分类汇总

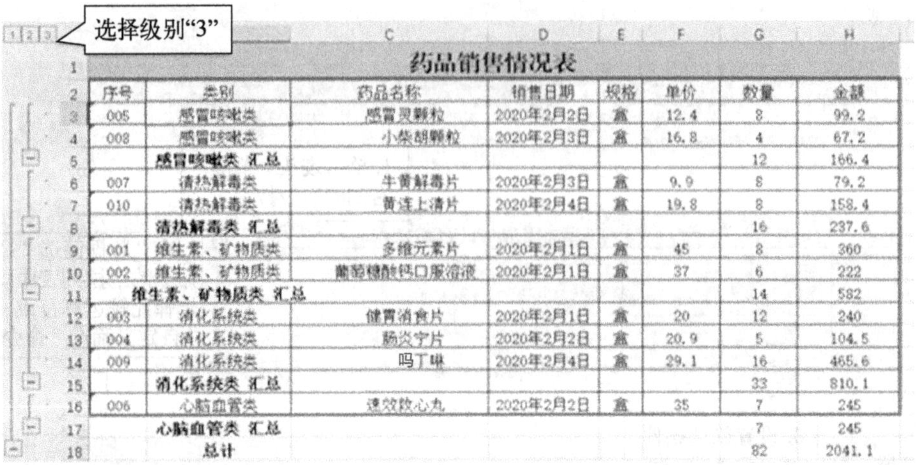

序号	类别	药品名称	销售日期	规格	单价	数量	金额
005	感冒咳嗽类	感冒灵颗粒	2020年2月2日	盒	12.4	8	99.2
008	感冒咳嗽类	小柴胡颗粒	2020年2月3日	盒	16.8	4	67.2
	感冒咳嗽类 汇总					12	166.4
007	清热解毒类	牛黄解毒片	2020年2月3日	盒	9.9	8	79.2
010	清热解毒类	黄连上清片	2020年2月4日	盒	19.8	8	158.4
	清热解毒类 汇总					16	237.6
001	维生素、矿物质类	多维元素片	2020年2月1日	盒	45	8	360
002	维生素、矿物质类	葡萄糖酸钙口服溶液	2020年2月1日	盒	37	6	222
	维生素、矿物质类 汇总					14	582
003	消化系统类	健胃消食片	2020年2月1日	盒	20	12	240
004	消化系统类	肠炎宁片	2020年2月2日	盒	20.9	5	104.5
009	消化系统类	吗丁啉	2020年2月4日	盒	29.1	16	465.6
	消化系统类 汇总					33	810.1
006	心脑血管类	速效救心丸	2020年2月2日	盒	35	7	245
	心脑血管类 汇总					7	245
	总计					82	2041.1

图5-74 选择级别“3”时分类汇总显示结果

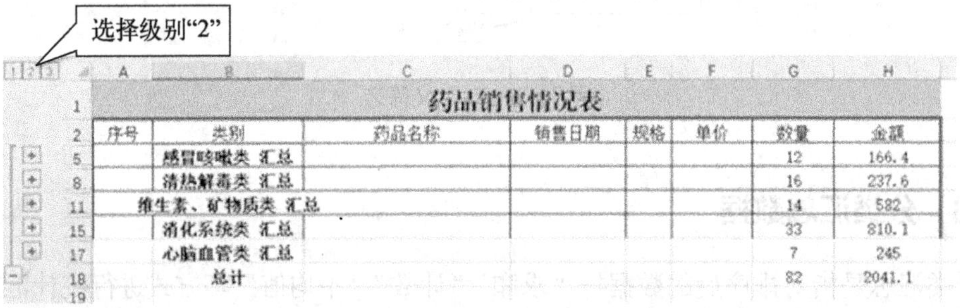

序号	类别	药品名称	销售日期	规格	单价	数量	金额
	感冒咳嗽类 汇总					12	166.4
	清热解毒类 汇总					16	237.6
	维生素、矿物质类 汇总					14	582
	消化系统类 汇总					33	810.1
	心脑血管类 汇总					7	245
	总计					82	2041.1

图5-75 选择级别“2”时分类汇总显示结果

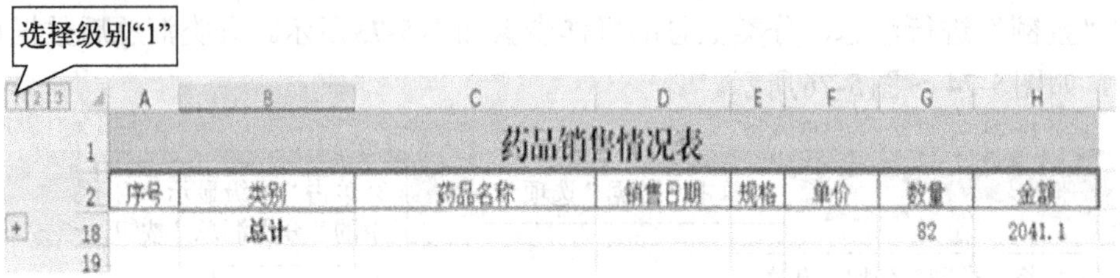

序号	类别	药品名称	销售日期	规格	单价	数量	金额
	总计					82	2041.1

图5-76 选择级别“1”时分类汇总显示结果

在执行分类汇总操作之前，首先要对进行分类汇总的单元格区域按关键字排序，使相同关键字的行排列在相邻行中。分类汇总后，工作表的左上角将出现分级显示级别按钮，单击不同的级别按钮，显示不同级别的汇总数据（数字越大，显示内容越详细）。

5.6.4 创建数据透视表

数据透视表是一种对数据进行快速汇总分析的交互式动态工作表。

将“药品销售情况表”复制到新的工作表中，并将复制后的工作表标签重命名为“数据透视表原始数据”，创建数据透视表的操作步骤如图5-77、图5-78所示。

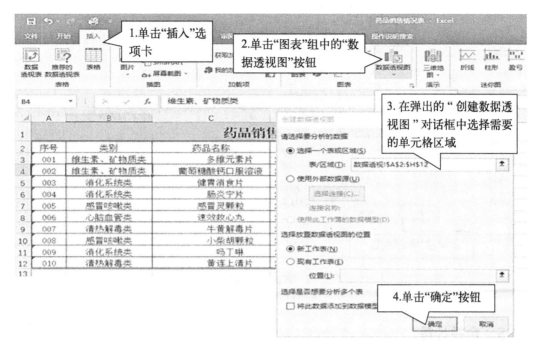

图5-77　创建数据透视表（1）

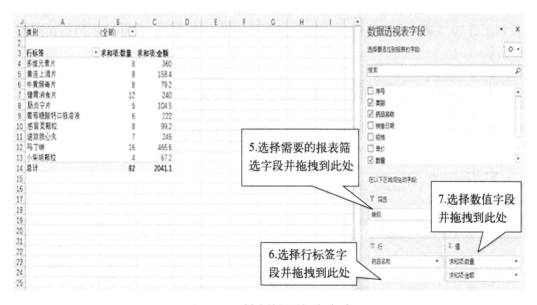

图5-78　创建数据透视表（2）

在创建好的数据透视表中，用户可以单击"类别"右侧的下拉箭头筛选出要显示的药品类别，如选择仅显示"消化系统类"，如图5-79所示。

当数据透视表的源数据发生变化时，数据透视表不能自动更新，必须在数据透视表工作表中通过单击鼠标右键弹出的快捷菜单中的"刷新"命令进行手动更新。

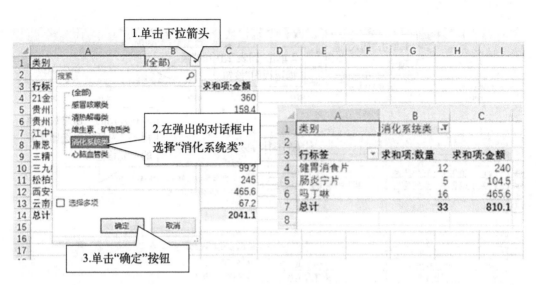

图 5-79　数据透视表的使用

5.6.5　合并计算

合并计算是将一个或多个工作表的多个单元格区域中的数据合并到一个新的单元格区域中。例如，某药店一月份至三月份的销售数据分别在工作簿的三个工作表中，合并计算到工作表"第一季度"中，具体操作步骤如图 5-80 所示，合并计算后的结果如图 5-81 所示。

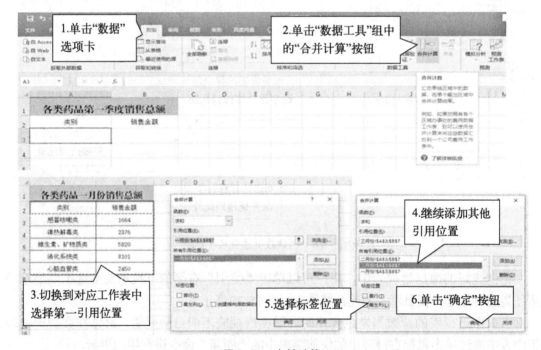

图 5-80　合并计算

	A	B
1	各类药品第一季度销售总额	
2	类别	销售金额
3	感冒咳嗽类	6830
4	清热解毒类	7220
5	维生素、矿物质类	20138
6	消化系统类	24060
7	心脑血管类	7669

图 5-81　合并计算后的结果

 巩固练习

一、选择题

1.某公司要统计雇员工资情况，把Excel工作表按工资从高到低排序，若工资相同，以年龄降序排列，则以下正确的是（　　）。

　　A.关键字为"年龄"，次关键字为"工资"

　　B.关键字为"工资"，次关键字为"年龄"

　　C.关键字为"工资+年龄"

　　D.关键字为"年龄+工资"

2.使用Excel的数据筛选功能，是将（　　）。

　　A.将满足条件的数据突出显示

　　B.不满足条件的数据暂时隐藏起来，只显示满足条件的数据

　　C.不满足条件的数据用另外一个工作表保存起来

　　D.满足条件的数据显示出来，而删除不满足条件的数据

3.在Excel中，可以通过（　　）选项卡对所选单元格进行数据筛选，以筛选出符合要求的。

　　A.页面布局　　　　　B.公式　　　　　　C.插入　　　　　　D.数据

4.在Excel中，执行一次排序时最多能设（　　）个关键字段。

　　A.任意多个　　　　B.2　　　　　　　C.3　　　　　　　D.1

5.在Excel降序排序中，在序列中空白的单元格行被（　　）。

　　A.放置在排序数据清单的最前　　　　B.放置在排序数据清单的最后

　　C.不被排序　　　　　　　　　　　　D.应重新修改公式

6.在Excel分类汇总中，（　　）字段进行汇总。

　　A.只能对一个　　B.只能对两个　　　C.只能对多个　　D.可对一个或多个

7.在进行分类汇总前，必须对数据进行（　　）。

　　A.筛选　　　　　　B.排序　　　　　　C.建立数据库　　　D.计算

8.对Excel的自动筛选功能，下列叙述错误的是（　　）。

　　A.使用自动筛选功能筛选数据时，将隐藏不满足条件的行

　　B.使用自动筛选功能筛选数据时，将删除不满足条件的行

　　C.设置了自动筛选的条件后，可以取消筛选条件，显示所有数据行

　　D.单击"数据"选项卡→"排序和筛选"组→"筛选"按钮，可以进入和退出自动筛选状态

9.对Excel的分类汇总功能，下列叙述正确的是（　　）。

　　A.在分类汇总之前需要按分类的字段对数据排序

　　B.在分类汇总之前不需要按分类的字段对数据排序

　　C.Excel的分类汇总方式是求和

　　D.可以使用删除行的操作来取消分类汇总的结果，恢复原来的数据

10.想要创建数据透视表，可以在选中原始数据工作表后，单击（　　）选项卡中的"数据透视"命令。

　　A.页面布局　　　　B.公式　　　　　　C.插入　　　　　　D.数据

二、填空题

1.Excel提供了_____和_____两种排序方法。

2.Excel的筛选功能包括筛选和_____。

3.在使用Excel的自动筛选功能查找数据时，应单击"数据"选项卡→"排序和筛选"组_____命令。

4."排序"对话框中的"递增"和"递减"指的是_____。

5.分类汇总是将工作表中某一列已_____的数据进行_____，并在表中插入一行来存放_____。

三、判断题

1.在Excel中，数据透视表与图表不同，它不能自动随数据清单中的数据变化而变化。（　　）

2.在Excel中，"分类汇总"是指将表格的数据按照某一个字段的值进行分类，再按这些类别求和、求平均值等。（　　）

3.Excel不能对字符型的数据排序。（　　）

4.在Excel中，筛选数据后没有显示的数据将被删除。（　　）

5.在Excel中，最多可对两个关键字排序。（　　）

知识巩固与归纳表　　　激励式教学评价表

1.本任务学习之后，请扫描二维码下载知识巩固与归纳表，填写本任务的记忆点，并归纳总结。

2.激励式教学评价表可作为期末成绩的一项考评，请扫描下载并填写。

5.7 制作图表

课时目标

知识目标	1. 能够掌握插入图表的操作方法。 2. 能够掌握设置数据源和图表格式的方法。
能力目标	提高学生的技术应用能力和类推能力。
素质目标	培养学生善于发现问题与积极思考问题的能力，增强学生团队合作意识。

Excel 的图表功能可以将数据以图形的形式展示出来，方便用户查看数据的差异和变化趋势。下面将针对图 5-82 所示"药品第一季度销售汇总表"中的数据制作图表。

药品第一季度销售汇总表			
类别	一月	二月	三月
感冒咳嗽类	1664	2854	2312
清热解毒类	2376	1423	3421
维生素、矿物质类	5820	7560	6758
消化系统类	8101	9410	6549
心脑血管类	2450	3652	1567

图 5-82 药品第一季度销售汇总表

5.7.1 创建图表

使用"药品第一季度销售汇总表"中的"类别""一月""二月"和"三月"4 列数据，创建一个"三维柱形"图表，具体操作步骤如图 5-83 所示，创建好的图表效果如图 5-84 所示。

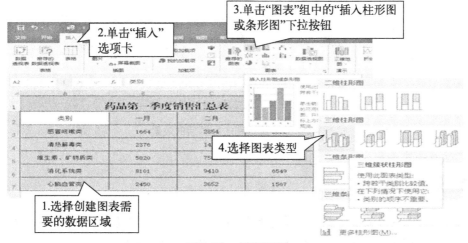

图 5-83 创建图表

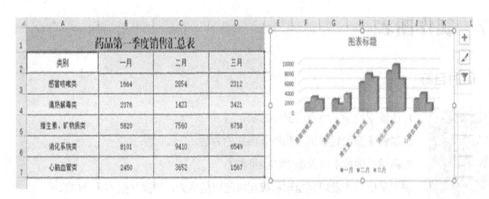

图 5-84　创建好的图表效果

图表创建好后，可以通过"图表工具"选项卡修改图表各组成部分的布局和格式。

5.7.2　修改图表标题

将图表标题修改为"药品第一季度销售汇总"，直接在"图表标题"框中修改和输入文字即可。修改后效果如图 5-85 所示。

药品第一季度销售汇总

■一月　■二月　■三月

图 5-85　修改图表标题后的效果

5.7.3　添加数据标签

图表中默认不精确显示数值，为了能在图表中更加直观地反映出数据值，可以添加数据标签，具体操作步骤如图 5-86 所示，添加后的效果如图 5-87 所示。

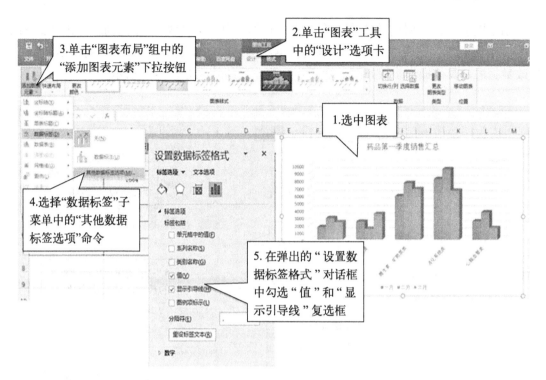

图5-86 添加数据标签

药品第一季度销售汇总

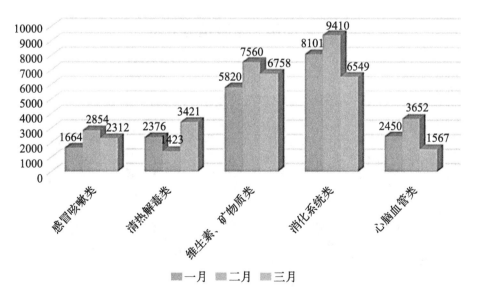

图5-87 添加数据标签后的效果

5.7.4 更改数据源

创建图表后，有时需要改变图表的数据区域。例如，想要在已经创建好的"药品第一季度销售汇总"图表中只对一月份的数据绘图，此时需要重新选择数据区域，也就是更改数据源，具体操作步骤如图5-88所示，更改后的效果如图5-89所示。

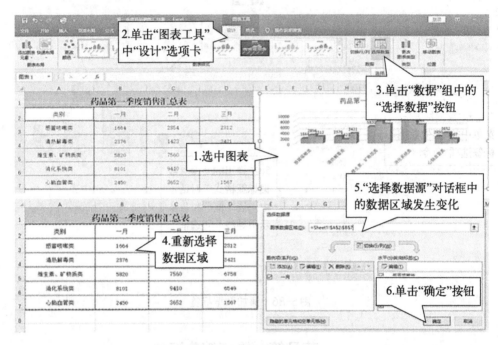

图5-88 更改数据源

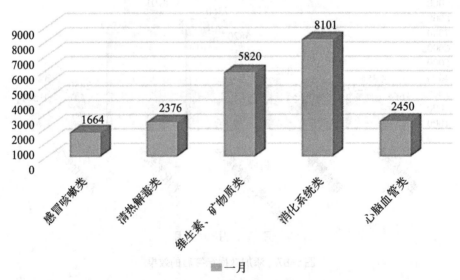

图5-89 更改数据源后的效果

5.7.5 更改图表类型

使用图表进行数据分析时，有时需要更换图表类型来更好地展示数据。例如，想要将已经创建好的"药品第一季度销售汇总"图表的柱形图改为折线图，具体操作步骤如图5-90所示，更改后的效果如图5-91所示。

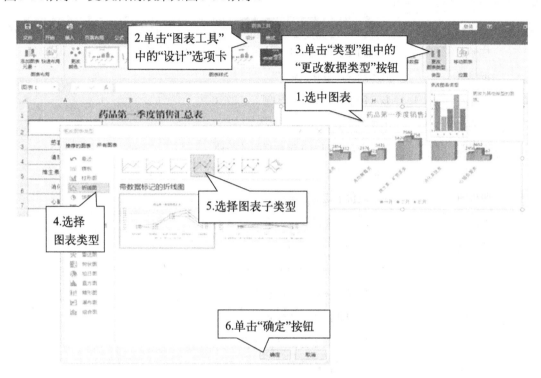

图5-90 更改图表类型

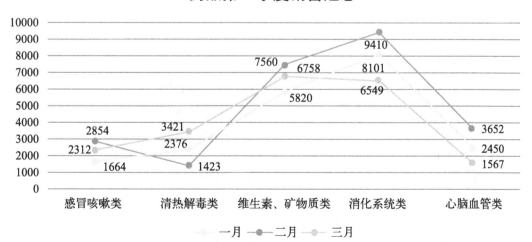

图5-91 更改图表类型后效果

5.7.6 图表类型

Excel为用户提供了15种内置的图表类型，每一种图表类型中又包含了若干子类型。图表类型及其功能如表5-4所示。

● 表5-4　图表类型及其功能

图表类型	功能
柱形图	默认的图表类型，用于比较若干类别的数值大小
折线图	显示随时间变化的趋势
饼图	显示每个值占总值的比例
条形图	比较多个值
面积图	突出一段时间内几组数据间的差异
散点图	也称为 XY 图，用于比较成对的数值之间的相关性和分布特性
股价图	显示股价的走势和波动
曲面图	用于寻找两组数据之间的最佳组合
圆环图	类似于饼图，但可以包含多个数据系列
雷达图	比较若干系列的聚合值，即相对于中心的数值
树状图	以矩形显示层级结构级别中的比例
旭日图	以环形形式层级结构级别中的比例
直方图	显示按储料箱划分的数据的分布
箱型图	显示一组数据中的变体
瀑布图	显示一系列正值或负值的累积影响，反映数据的增减变化
组合图（非内置）	不同类型图的组合

 巩固练习

一、选择题

1.Excel工作簿中既有工作表又有图表，当执行保存操作时（　　）。

　　A.只保存了其中的工作表　　　　　　B.只保存了其中的图表

　　C.将工作表和图表保存到一个文件中　　D.将工作表和图表保存到两个文件中

2.在Excel中，不能实现的功能是（　　）。

　　A.图表　　　　　　　　　　　B.数据库管理

　　C.统计运算　　　　　　　　　D.自动编写摘要

3.下面不是Excel主要功能的是（　　）。

　　A.大型表格制作功能　　　　　B.图表功能

　　C.数据库管理功能　　　　　　D.文字处理功能

4.在Excel中对工作表建立的柱形图表，若删除图表中某数据系列柱形图（　　）。

A.则数据表中相应的数据消失

B.则数据表中相应的数据不变

C.若事先选定与被删除柱形图相应的数据区域，则该区域数据消失，否则保持不变

D.若事先选定与被删除柱形图相应的数据区域，则该区域数据不变，否则将消失

5.对于Excel的数据图表，下列说法中正确的是（　　）。

A.嵌入式图表是将工作表数据和相应图表分别存放在不同的工作簿中

B.嵌入式图表与数据源工作表毫无关系

C.嵌入式图表是将工作表和图表分别存放在不同的工作表中

D.嵌入式图表是将数据表和图表存放在同一张工作表中

6.在Excel中，创建的图表和数据（　　）。

A.既可在同一个工作表中，也可在同一工作簿的不同工作表中

B.只能在同一个工作表中

C.不能在同一个工作表中

D.只有当工作表在屏幕上有足够显示区域时，才可在同一工作表中

7.Excel中根据数据生成的图表，当有数据发生变化后，图表（　　）。

A.必须进行编辑后才会发生变化

B.会发生变化，但与数据无关

C.不会发生变化

D.会发生相应变化

8.Excel的图表是（　　）。

A.工作表数据的图表表示　　　　　　　B.图片

C.可以用画图工具进行编辑　　　　　　D.根据工作表数据用画图工具绘制

9.一个工作簿中有两个工作表和一个图表，如果要将它们保存起来，将产生（　　）个文件。

A.1　　　　　　　B.2　　　　　　　C.3　　　　　　　D.4

10.下列关于Excel图表的说法正确的是（　　）。

A.Excel图表既可以是嵌入式图表，也可以是独立式图表，其不同在于独立式图表必须与产生图表的数据在一个工作表中

B.嵌入式图表不可以在工作表中移动和改变大小

C.嵌入式图表会其对应的数据改变时发生相应的改变，而独立式图表不会在其对应的数据改变时自动发生改变

D.无论是嵌入式图表还是独立式图表，当其对应的数据发生改变时，都会发生相应的改变

二、填空题

1.新建图表时，应选择_____选项卡的_____组，再选择需要的图表类型。

2.若生成一个图表工作表，在默认状态下该图表的名字是_____。

3.在Excel中，可以利用＿＿＿＿＿＿＿快捷键快速创建图表。

4.将图表和数据放在一个工作表中，会成为＿＿＿＿＿＿。

5.在Excel中制作图表时，可以对＿＿＿＿＿、＿＿＿＿＿等进行设置。

三、判断题

1.新建图表时，通常先选择图表的数据源，再单击"插入"选项卡→"图表"组。（　）

2.新建图表时，通常先选择图表的数据源，图表生成后无法更改。（　）

3.在Excel中，可以将表格中的数据显示成图表的形式。（　）

4.创建图表后，当工作表中的数据发生变化时，图表中对应数据会自动更新。（　）

5.折线图是Excel默认的图表类型，用于比较若干类别的数值大小。（　）

知识巩固与归纳表　　激励式教学评价表

1.本任务学习之后，请扫描二维码下载知识巩固与归纳表，填写本任务的记忆点，并归纳总结。

2.激励式教学评价表可作为期末成绩的一项考评，请扫描下载并填写。

5.8　打印工作表

 课时目标

知识目标	能够掌握页面设置和打印设置的操作方法。
能力目标	提高学生信息技术应用能力。
素质目标	培养学生热爱工作的意识，提高学生职业素养。

5.8.1　设置打印标题

在实际应用中，如果工作表的数据较多，将会打印出许多页。但在默认情况下，只有第一页有标题和表头，用户查看其他页的数据含义十分不便。此时，用户可以通过设置"打印标题"的功能，为每张打印页指定顶部或左侧重复出现的行或列。例如，将"药品第一季度销售汇总"中的标题行和表头设置为打印标题，具体操作步骤如图5-92所示。

5.8.2　设置页眉与页脚

为"药品第一季度销售汇总表"工作表添加位置为左部的页眉"存档报表"和位置为右部的页眉"2020年4月1日"以及形式为"药品第一季度销售汇总表，第X页"的页脚，具体操作步骤如图5-93所示。

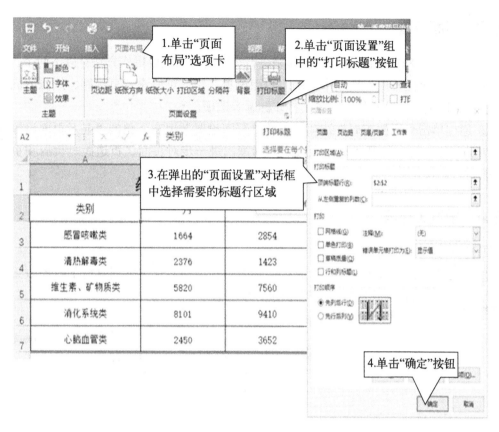

图 5-92　设置打印标题

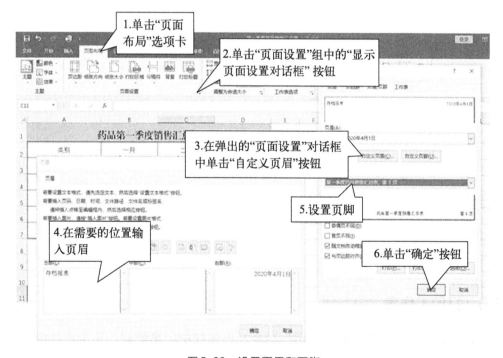

图 5-93　设置页眉和页脚

5.8.3 页面设置

在打印工作表前，用户需要对工作表进行页面设置，主要操作方法有以下两个。

① 通过"页面布局"选项卡下的"页面设置"组，可以设置页边距、纸张方向、纸张大小、打印区域、分隔符、背景、打印标题等选项。

② 通过单击"页面布局"选项卡下的"页面设置"组右下角的"显示页面设置对话框"启动按钮，可以打开"页面设置"对话框，进一步对页面、页边距、页眉和页脚及工作表进行设置。

5.8.4 预览工作表

① 选择要预览的工作表。

② 单击"文件"选项卡中的"打印"命令，在窗口右侧观察设置好的打印效果（图5-94）。如果有不满意的地方，还可以做进一步的修改。

图5-94　预览效果

5.8.5 打印工作表

单击"文件"选项卡中的"打印"命令，设置好相应参数后，单击"打印"按钮，即可按设置的内容进行打印。打印设置选项如图5-95所示。

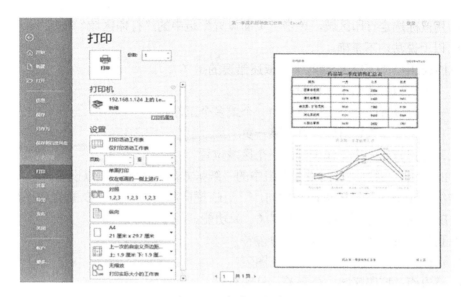

图 5-95 打印设置选项

 巩固练习

一、选择题

1.在Excel的打印页面中，增加页眉和页脚的操作是（ ）。

A.单击"文件"选项卡→"文本"组→"页眉和页脚"命令按钮

B.单击"插入"选项卡→"页面设置"组→"页眉和页脚"命令按钮

C.单击"插入"选项卡→"文本"组→"页眉和页脚"命令按钮

D.只能在打印预览中设置

2.在（ ）选项卡中设置页眉和页脚。

A.视图 B.页面布局 C.开始 D.插入

3.工作表的某行或某列被隐藏后，在打印预览时（ ）。

A.不可见 B.可见 C.不确定 D.不能预览

4.在"页面布局"选项卡中，不可以进行的操作是（ ）。

A.页眉 B.纸张类型 C.打印顺序 D.工作表背景

5.以下选项中可以实现将工作表页面的打印方向设置为横向的是（ ）。

A.进入"页面布局"选项卡，选中"纸张方向"功能下的"横向"命令

B.进入Office按钮下的"打印预览"选项，选中"方向"选区下的"横向"单选框

C.进入"页面布局"选项卡，选中"纸张方向"选区下的"打印区域"命令

D.利用快速访问工具栏中的"打印预览"按钮

6.在页面布局设置过程中，对选定部分区域内容进行打印的方法是（ ）。

A.单击"页面设置"组中的"打印标题"功能，然后用鼠标选定区域，单击"确定"按钮

B.直接用鼠标在界面上拖动

C.用鼠标选定打印区域，单击"页面设置"组中的"打印区域"按钮

D.以上说法均不正确

7.在Excel中，打印工作簿时下列叙述错误的是（　　）。

A.一次可以打印整个工作簿

B.一次可以打印一个工作簿中的一个或多个工作表

C.在一个工作表中可以只打印某一页

D.不能只打印一个工作表中的一个区域位置

8.在Excel中，通过"页面设置"组中的"纸张方向"功能，可以设置（　　）。

A.纵向和垂直　　　　B.纵向和横向　　　　C.横向和垂直　　　　D.垂直和平行

9.在Excel中，"页面设置"组中有（　　）功能。

A.页眉、页边距、打印区域、分隔符

B.页边距、打印区域、分隔符、图表

C.页边距、打印区域、分隔符、打印标题

D.页边距、打印区域、分隔符、打印预览

10.在Excel中，"页面设置"组可以设置很多项目，但不可以设置（　　）。

A.使每页具有相同标题的"顶端"标题行　　　　　　　　B.页边距

C.打印区域　　　　　　　　　　　　　　　　　　　　D.页面视图

二、填空题

1.使用_____选项卡的"页面设置"组，可以对工作表进行快速页面设置。

2.打印工作表时，应选择单击_____选项卡_____命令。

3.在Excel中，当打印一个较长的工作表时，通常需要在每一页上打印行或列标题。可以通过单击_____选项卡来设置。

4.更改了屏幕上工作表的显示比例，对打印效果_____。

5.在Excel中设置打印方向有_____和_____两种。

三、判断题

1.纸张和页边距一经设置，就无法更改。（　　）

2.打印预览时，要查看多个工作表，可以在"设置"下单击打印整个工作簿。（　　）

3.在Excel中设置"页眉和页脚"，只能通过"插入"选项卡来插入页眉和页脚，没有其他的操作方法。（　　）

4.Excel工作表中单元格的灰色网格在打印时不会被打印出来。（　　）

5.如果某工作表中的数据有多页，在打印时不能只打其中的一页。（　　）

知识巩固与归纳表

激励式教学评价表

1.本任务学习之后，请扫描二维码下载知识巩固与归纳表，填写本任务的记忆点，并归纳总结。

2.激励式教学评价表可作为期末成绩的一项考评，请扫描下载并填写。

⑥

模块6 演示文稿软件

信息技术

思维导图

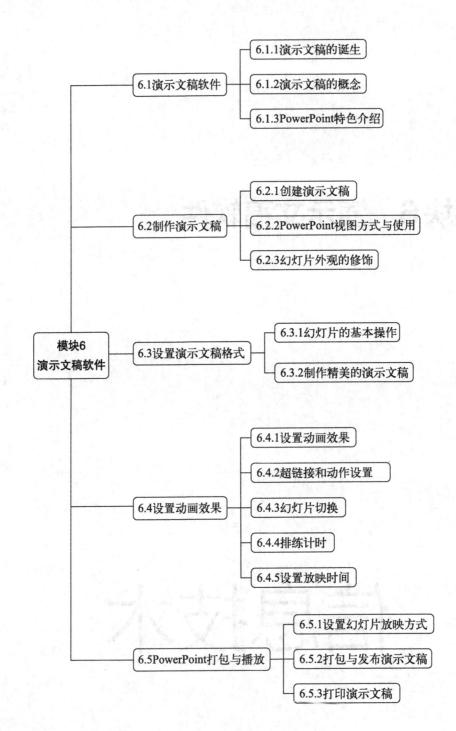

6.1　演示文稿软件

课时目标

知识目标	1. 了解常用的演示文稿软件。 2. 了解演示文稿的历史与发展。
能力目标	提高学生探索新鲜事物与发现事物的能力。
素质目标	1. 培养学生求实的科学态度与探索未知事物的积极性。 2. 培养学生信息素养与对信息技术的热爱。

6.1.1　演示文稿的诞生

PowerPoint1.0于1987年在苹果麦金塔电脑上运行。该软件一开始只有黑白版，只为透明投影幻灯片产生文字与图形页。虽然第一台彩色麦金塔电脑很快就进入市场，但是全彩版PowerPoint在原始版推出后一年才上市。第一版的用户手册相当独特，该手册是精装版蓝书，升级手册价格昂贵，所以没多久就被放弃了。

1987年末，微软收购了Forethought与PowerPoint。1990年，PowerPoint第一个窗口版本发行。自1990年以来，PowerPoint成为微软Office的一个标准成员。

PowerPoint2002版——Office XP专业版的一部分，提供了许多功能，例如比较和合并演示文稿，为各自的图片或文字自定动画路径，文氏图和缓存图案，幻灯片检视模式，利用"任务面板"检视和选择在剪贴板中的文字和对象，演示文稿密码保护，自动相册产生，利用"聪明标签"快速地选择文字模板格式到演示文稿中。

在成为Microsoft Office的一部分后，PowerPoint变成了世界上使用最广泛的演示文稿软件。随着微软Office文件从一个计算机用户传到另一个计算机用户，可以说其他演示文稿软件，如苹果的Keynote、OpenOffice的Impress等，最重要的特色变成了可以打开PowerPoint的文件。

6.1.2　演示文稿的概念

演示文稿是把静态文件制作成动态文件浏览，把复杂的问题变得通俗易懂，使之更为生动，是给人留下更为深刻印象的幻灯片。一套完整的演示文稿一般包含片头动画、PPT封面、前言、目录、过渡页、图表页、图片页、文字页、封底、片尾动画等。用户不仅可以在投影仪或者计算机上进行演示，也可以将演示文稿打印出来，制作成胶片，以便应用到更广泛的领域中。

Microsoft Office PowerPoint是一种图形程序，是功能强大的幻灯片制作软件，可协助用户独自或联机创建令人难忘的视觉效果。它增强了多媒体支持功能，利用PowerPoint

制作的文稿，可以通过不同的方式播放，也可将演示文稿打印成一页一页的幻灯片，使用幻灯片机或投影仪播放。可以将演示文稿保存到外存储器中以进行分发，并可在幻灯片放映过程中播放音频流或视频流。微软对PowerPoint的用户界面进行了改进并增强了对智能标记的支持，可以更加便捷地查看和创建高品质的演示文稿。利用PowerPoint不仅可以创建演示文稿，还可以在互联网上召开面对面会议、远程会议或在网上展示演示文稿。PowerPoint创建的演示文稿格式后缀为.ppt、.pptx，也可以保存为PDF、图片格式等。2010及以上版本中可保存为视频格式。演示文稿中的每一页称为幻灯片。

WPS演示是金山公司研发的WPS Office套件中的一部分。WPS演示功能强大，并兼容Microsoft Office PowerPoint的PPT格式，同时也有自己的.dpt和.dps格式。

OpenOffice Impress是OpenOffice办公套件的主要模块之一。它与各个主要的办公软件套件兼容，默认以.odf格式存档。极速Office演示是北京海腾时代开发的极速Office办公套件中的一部分，演示功能强大，支持激光指针、荧光笔、画笔等功能，并兼容PowerPoint的格式。

Keynote诞生于2003年，是由苹果公司推出的运行于Mac OS X操作系统上的演示幻灯片应用软件。Keynote不仅支持几乎所有的图片字体，还可以使界面和设计更图形化。另外，借助Mac OS X内置的Quartz等图形技术，制作的幻灯片也更容易夺人眼球。

6.1.3 PowerPoint特色介绍

（1）PowerPoint移动应用

借助专为手机和平板电脑设计的直观触控体验，可随时随地查看、编辑或创建具有冲击力的演示文稿，可通过各种设备在云中访问演示文稿。使用PowerPoint移动应用，让Office随己而动。

（2）让演示文稿更上一个档次

① 像专业人士般进行设计——只需几秒钟。

PowerPoint可最大限度地增强演示文稿的视觉冲击力，从而获得高质量的自定义演示文稿。添加一张图像、一个音频、一个视频，与文字相结合进行排版，可提高演示文稿的高级感。

② 单击一下，实现电影动作。

平滑切换工具操作起来几乎毫不费力，可轻松创建流畅动作，赋予影像生命。只需复制要同时变换的幻灯片，再根据所希望的动画方式移动对象，然后单击"平滑"即可。

（3）自信演示

① 吸引观众 缩放定位功能可让演示文档生动起来。其带有一个交互式的总结幻灯片，可使在演示文档中进行导航变得轻松有趣。在演示文档中，可按照受众给出的顺序，放大和缩小章节或幻灯片。

② 保持专注 使用PowerPoint中的演示者视图查看和排练演示文稿。在向第二个屏

幕放映演示文稿时，演示者视图将播放当前幻灯片、演讲者备注和下一张幻灯片。

③ 保持掌控　借助自动扩展向第二个屏幕放映演示文稿时，幻灯片将自动在相应屏幕上显示，无须为设置和设备而烦心。

（4）团队作业，导向成功

① 首先同步　默认情况下，演示文稿将在线保存在OneDrive、OneDrive for Business或SharePoint上。因此，在向所有人发送指向PowerPoint文件的链接以及在查看和编辑时，都将是最新版本。

② 同步作业　无论使用的是PowerPoint桌面版还是PowerPoint Online，整个团队的成员可同时在同一演示文稿上共同创作。整个团队的成员可编辑和更改团队其他成员的文档，且PowerPoint改进的版本历史记录可查看或返回到较早的草稿。

③ 保持同步　通过手机、平板电脑或PC/Mac，可在当前讨论的幻灯片的旁边添加和回复评论，回复者对所有人可见。

 巩固练习

一、选择题

1.PowerPoint是（　）家族中的一员。

  A.Linux　　　　　　B.Windows　　　　　C.Office　　　　　D.Word

2.PowerPoint是一种（　）软件。

  A.文字处理　　　　　　　　　B.电子表格

  C.演示文稿　　　　　　　　　D.系统

3.PowerPoint的主要功能是（　）。

  A.电子演示文稿处理　　　　　B.声音处理

  C.图像处理　　　　　　　　　D.文字处理

4.演示文稿与幻灯片的关系是（　）。

  A.演示文稿与幻灯片是同一个对象　　B.幻灯片由若干个演示文稿组成

  C.演示文稿由若干个幻灯片组成　　　D.演示文稿和幻灯片没有联系

5.*.ppt是（　）文件类型。

  A.模板文件　　　　　　　　　B.演示文稿

  C.其他版本文稿　　　　　　　D.可执行文件

6.下列对PowerPoint的主要功能叙述不正确的是（　）。

  A.课堂教学　　　　　　　　　B.学术报告

  C.产品介绍　　　　　　　　　D.休闲娱乐

7.演示文稿的基本组成单位是（　）。

  A.文本　　　　　B.图形　　　　　C.超链点　　　　　D.幻灯片

8.PowerPoint是（　）公司的产品。

  A.IBM　　　　　B.Microsoft　　　　C.金山　　　　　D.联想

二、简答题

1.简述演示文稿诞生的过程。

2.说一说PowerPoint的特点。

知识巩固与归纳表　　激励式教学评价表

1.本任务学习之后，请扫描二维码下载知识巩固与归纳表，填写本任务的记忆点，并归纳总结。

2.激励式教学评价表可作为期末成绩的一项考评，请扫描下载并填写。

6.2　制作演示文稿

 课时目标

知识目标	1. 能够掌握 PowerPoint 演示文稿的创建方式。
	2. 能够掌握 PowerPoint 演示文稿的视图类型与使用、幻灯片页面外观的修饰。
能力目标	1. 通过制作演示文稿培养学生独立探究、合作学习、交流沟通的能力。
	2. 通过制作演示文稿提升学生梳理、总结、归纳知识的能力。
素质目标	1. 培养学生探索知识的兴趣。
	2. 培养学生对同一事物不同解答方式的理解，增强学生对事物的包容性。

6.2.1　创建演示文稿

（1）启动 Microsoft PowerPoint 应用程序

PowerPoint应用程序启动方式很多，下面介绍几种常用的启动方式。

① 单击"开始"菜单→"Microsoft PowerPoint"命令，启动应用程序。

② 双击桌面上的Microsoft PowerPoint快捷图标（图6-1），启动应用程序。

图6-1　图标

③ 右击桌面上的Microsoft PowerPoint快捷图标，在弹出的快捷菜单中，单击"打开"命令，启动应用程序。

④ 单击桌面上的Microsoft PowerPoint快捷图标，按键盘上的Enter键，启动应用程序。

（2）PowerPoint界面组成

PowerPoint后期版本的功能是在PowerPoint2010的功能的基础上改进的。PowerPoint界面组成如图6-2所示。

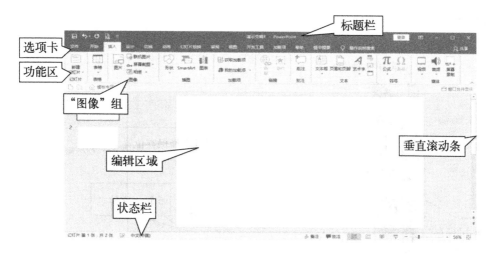

图6-2 PowerPoint界面组成

（3）新建演示文稿

① 在桌面空白处单击鼠标右键，在弹出的快捷菜单中选择"新建"下的"Microsoft PowerPoint"新建演示文稿。

② 在"Microsoft PowerPoint"应用程序窗口，依次单击"文件"选项卡→"新建"命令，双击"空白演示文稿"，如图6-3所示。

图6-3 新建演示文稿

Microsoft PowerPoint演示文稿新建完成后，默认文件名为演示文稿1、2、3、…，其扩展名为".pptx"。

（4）保存演示文稿

制作演示文稿过程中，为防止数据丢失，需要随时将其保存在指定位置。对于初次保存的文件，单击"文件"选项卡，单击"保存"命令，跳转到"另存为"对话框，单击"浏览"找到保存的位置，输入文件名，选择保存类型，单击"保存"按钮，如

图6-4所示。

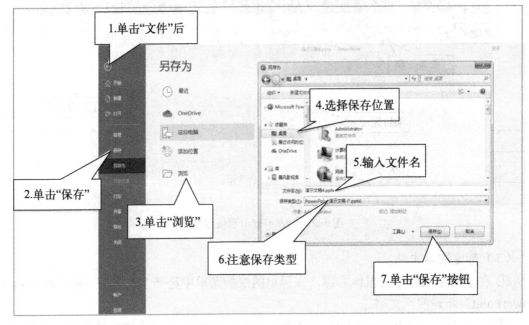

图6-4　保存演示文稿

6.2.2　PowerPoint视图方式与使用

PowerPoint的视图方式有普通视图、幻灯片浏览视图、备注页视图及阅读视图。在更改演示文稿的视图时，可通过"视图"选项卡下的"演示文稿视图"组来完成切换操作，也可以通过窗口右下角的视图切换方式来切换，如图6-5所示。

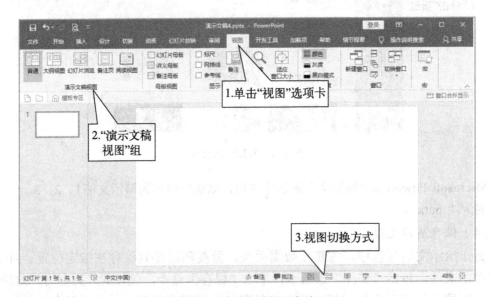

图6-5　演示文稿视图方式

（1）普通视图

它是PowerPoint的默认视图，能够查看视觉幻灯片的具体情况，可切换到相应的幻灯片下对其进行编辑，易于展示演示文稿的整体效果。

（2）幻灯片浏览视图

能够在一个窗口中预览到演示文稿中的所有幻灯片，并可以对演示文稿进行编辑，包括调整幻灯片的顺序、添加/删除幻灯片等。

（3）备注页视图

有利于对幻灯片中的备注进行编辑。

（4）阅读视图

可将幻灯片在PowerPoint窗口中最大化显示。通常在幻灯片制作最后用于对幻灯片进行简单的预览。

6.2.3 幻灯片外观的修饰

模板是一个特别设计的演示文稿，其中包含配色方案、幻灯片母版和标题母版以及用于控制幻灯片上对象的布局。使用模板，可以使演示文稿的各个幻灯片具有统一的外观。通过改变模板，可以使演示文稿有一个全新的面貌。用户在创建了一个全新的演示文稿后，也可以将它保存下来作为模板使用。保存为模板的演示文稿，可以包含自定义的备注母版和讲义母版。

模板是使演示文稿统一外观最快捷、最有利的方式。系统提供的模板是由专业人员设计的，因此各个对象的搭配比较协调，配色比较醒目，能够满足绝大多数用户的需要。在一般情况下，使用模板建立演示文稿，几乎用不着修改。用户既可以在建立演示文稿之前预先选定文稿所用的模板，也可以在演示文稿的编辑过程中更改模板。

（1）使用幻灯片母版

母版用于设置每张幻灯片的预设格式，这些格式包括每张幻灯片中的文本或者图形、正文文字的大小、标题文本的大小、位置、颜色以及背景颜色等。母版还包含背景项目，例如放在每张幻灯片或标题幻灯片上的背景图形。母版的更改将直接反映在每张使用该母版的幻灯片上。母版有四种类型：幻灯片母版、标题母版、讲义母版和备注母版。

其中，幻灯片母版控制幻灯片上标题和正文文本的格式与类型，标题母版控制标题幻灯片的文本格式和位置，备注母版用来控制备注页的版式以及备注文字的格式，讲义母版用于添加或修改在每页讲义中出现的页眉或页脚信息。

① 打开幻灯片母版 幻灯片母版、标题母版都包括背景效果、幻灯片标题和层次小标题文本的字体和格式、背景对象，正是这些因素赋予了文稿一个总体上协调一致的外观。修改幻灯片母版的方法是：打开需修改母版的演示文稿后，依次单击"视图"选项卡→"母版视图"组→"幻灯片母版"，进入幻灯片母版视图，如图6-6所示。

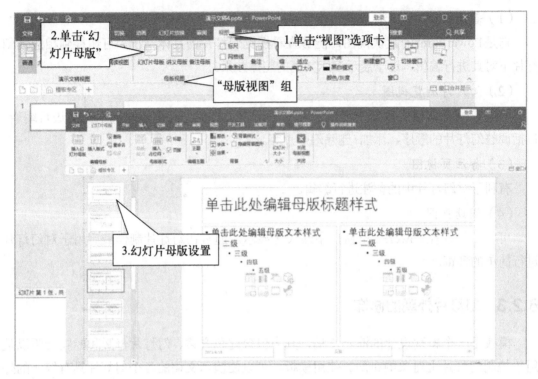

图6-6   幻灯片母版

幻灯片母版上有自动版式的标题区、自动版式的对象区、日期区、页脚区、数字区，用户可根据需要进行修改。

② 向幻灯片母版中插入对象   向幻灯片母版中插入的对象，将出现在以该母版为基础创建的每一张幻灯片上。

③ 更改文本格式   当更改幻灯片母版中的文本格式时，每一张幻灯片上的文本格式都会跟着更改。如果要对正文区所有文本的格式进行更改，则可以先选择对应的文本框，然后再设置文本的字体、字型、字号、颜色等。

如果只改变某一层次的文本的格式，则先选中该层次的文本，然后设置格式。例如，需将第三级文本设置为加粗格式，则先选中母版中的第三级文本，然后单击"格式"工具栏上的"加粗"按钮。

④ 更改幻灯片背景   改变幻灯片的颜色、图案、阴影或者纹理，可以改变幻灯片的背景。但是需要注意的是，在母版和幻灯片上只能使用一种背景类型。更改背景时，既可将改变应用于单独的一张幻灯片，也可应用于全体幻灯片和幻灯片母版。

如果要更改幻灯片的背景颜色，在幻灯片视图或母版视图中，单击"设置背景格式"，在右边出现"填充"列表选项，从列表中单击所需的填充效果。设置完毕后，如果要将设置应用于全体幻灯片，则单击"应用到全部"按钮，如图6-7所示。

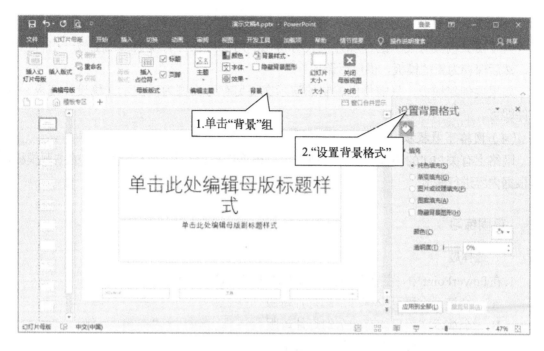

图6-7 更改幻灯片背景设置

（2）更改应用的演示文稿模板

打开需要更改模板的演示文稿后，单击"设计"选项卡→"主题"组，选择模板主题，如图6-8所示。

图6-8 主题模板设置

（3）自定义模板

为了使文稿具有统一的外观并且具有特色，用户可在已有模板基础上做一些特色处理，然后保存为新的模板，供以后调用。

如果要创建模板，只需将已编制的演示文稿另存为类型为"演示文稿设计模板"的文件即可。

（4）网络下载模板

网络上有关PPT的模板非常多，用户可以根据需要自行从网络下载所需的主题模板，再根据内容进行修改。

 巩固练习

一、选择题

1.在PowerPoint中，关于幻灯片母版说法正确的是（   ）。

　A.一个演示文稿至少有一个幻灯片母版

　B.一个演示文稿只能有一个幻灯片母版

　C.一个演示文稿可以没有幻灯片母版

　D.演示文稿的母版就是指幻灯片母版

2.PowerPoint中主要的编辑视图是（   ）。

　A.幻灯片浏览视图　　　　　　　　B.备注页视图

　C.幻灯片放映视图　　　　　　　　D.普通视图

3.PowerPoint中，设置幻灯片背景的操作应该选择（   ）选项卡。

　A.设计　　　　　　B.插入　　　　　　C.格式　　　　　　D.视图

4.要控制幻灯片的整体风格，可使用（   ）。

　A.模板　　　　　B.幻灯片母版　　　　C.背景　　　　　　D.动画

5.对幻灯片中备注进行编辑时，可以在（   ）下完成。

　A.阅读视图　　　　　　　　　　　B.普通视图

　C.幻灯片浏览视图　　　　　　　　D.备注页视图

6.进入幻灯片母版视图的操作步骤为（   ）。

　A.选择"切换"选项卡，单击"幻灯片母版"按钮

　B.选择"视图"选项卡，单击"幻灯片浏览"按钮

　C.选择"视图"选项卡，单击"幻灯片母版"按钮

　D.以上3个都正确

7.关于PowerPoint，下列说法正确的是（   ）。

　A.打开PowerPoint程序后，界面中有一张空白的幻灯片

　B.打开PowerPoint程序后，界面中不包含幻灯片

　C.打开PowerPoint程序后，界面中有一组幻灯片

　D.打开PowerPoint程序后，界面中只有一个演示文稿

8.在保存演示文稿时，下列说法错误的是（　　）。

　　A.保存演示文稿时，可以保存为".pptx"，也可以保存为".ppt"

　　B.保存演示文稿时，只能保存为".pptx"

　　C.保存演示文稿时，可以保存为"PowerPoint模板"

　　D.保存演示文稿时，只能保存为".pdf"

9.以下关于幻灯片母版的说法错误的是（　　）。

　　A.可以设置占位符的格式

　　B.可以删除已有占位符

　　C.只能插入标题区、对象区、日期区、页脚区四类占位符

　　D.可以更改占位符的大小和位置

10.下列关于幻灯片背景的说法错误的是（　　）。

　　A.用户可以为幻灯片设置不同的颜色、图案或纹理

　　B.可以使用图片作为幻灯片背景

　　C.不可以同时为多张幻灯片设置背景

　　D.可以为单张幻影片设置背景

二、判断题

1.普通视图是PowerPoint的默认视图。（　　）

2.更改幻灯片文稿的视图可以通过"视图"选项卡下的"演示文稿视图"组来完成。（　　）

3.幻灯片母版中不可以插入图片。（　　）

4.启动PowerPoint时，系统会自动创建一个默认名为Book1的空白演示文稿。（　　）

5.创建空白演示文稿时，可包含任何颜色。（　　）

6.在PowerPoint中，在大纲视图模式下可以实现在其他视图中可实现的一切编辑功能。（　　）

7.母版以.potx为扩展名。（　　）

8.用PowerPoint的幻灯片视图，在任一时刻，主窗口内只能查看或编辑一张幻灯片。（　　）

9.PowerPoint提供的设计模板只包含预定义的各种格式，不包含实际文本内容。（　　）

10.PowerPoint为了便于编辑和调试演示文稿，提供了多种不同的视图显示方式，包括幻灯片视图、大纲视图、幻灯片浏览视图、备注页视图、普通视图等。（　　）

三、简答题

1.创建演示文稿的方法有哪些？

2.简述如何保存创建的演示文稿。

3.幻灯片的视图方式有哪些？

4.简述幻灯片各个视图方式的使用方法。

5.简述幻灯片母版的使用方法。

 **实训案例**

假设在实习单位组织的座谈会上需要每位实习生介绍一下自己的个人信息、校园以及理想等。请根据本节所学的内容完成下列内容。

① 新建一个演示文稿，以自己的名字命名。

② 设计一个自己喜欢的幻灯片母版。

知识巩固与归纳表　　激励式教学评价表

　1.本任务学习之后，请扫描二维码下载知识巩固与归纳表，填写本任务的记忆点，并归纳总结。

　2.激励式教学评价表可作为期末成绩的一项考评，请扫描下载并填写。

6.3　设置演示文稿格式

课时目标

知识目标	1. 能够掌握 PowerPoint 幻灯片的添加、复制、删除、移动等基本操作方法。
	2. 能够掌握 PowerPoint 幻灯片与幻灯片页面内容的编辑操作、SmartArt 图形的创建和编辑等。
能力目标	1. 通过自主探究、小组合作的方法解决预设问题，培养学生收集信息、处理信息的能力。
	2. 通过直观演示、自主探究及实践操作的方法，引导学生熟练掌握本节知识与技能。
素质目标	1. 培养学生互相帮助与团结协作的良好品质。
	2. 激发学生的学习兴趣，提高学生的审美。

6.3.1　幻灯片的基本操作

（1）添加幻灯片

打开PowerPoint程序后，界面中只有一张空白的幻灯片。用户可以通过以下3种方法向当前的演示文稿中添加新的幻灯片。

① 通过快捷键添加幻灯片　按Ctrl+M快捷键，可以快速添加一张空白幻灯片。

② 通过快捷菜单添加幻灯片　右击"幻灯片"窗格，在弹出的快捷菜单中选择"新建幻灯片"命令，如图6-9所示。

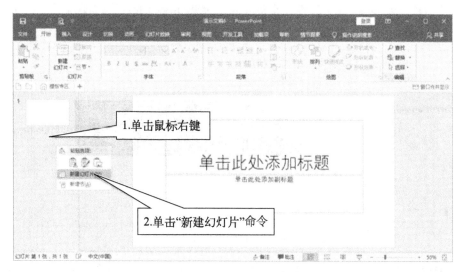

图6-9　新建幻灯片（1）

③ 通过选项卡添加幻灯片　依次单击"开始"选项卡→"幻灯片"组→"新建幻灯片"按钮，在展开的下拉列表中单击需要的幻灯片样式即可，如图6-10所示。

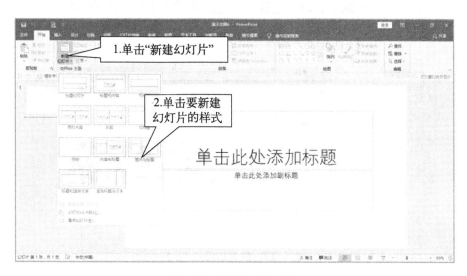

图6-10　新建幻灯片（2）

（2）复制幻灯片

复制幻灯片可以通过快捷键或快捷菜单来实现。

① 通过快捷键复制幻灯片　选择要复制的幻灯片，按Ctrl＋C快捷键执行"复制"命令，将光标移到要粘贴的位置，单击鼠标左键，按Ctrl+V快捷键执行"粘贴"命令即可。

② 通过快捷菜单复制幻灯片

a.右击要复制的幻灯片，在弹出快捷菜单中执行"复制幻灯片"命令，如图6-11所示。

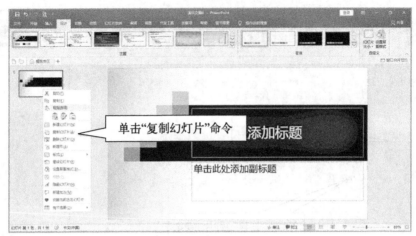

图6-11   复制幻灯片（1）

b.右击要复制的幻灯片，在弹出快捷菜单中执行"复制"命令，右击要粘贴的目标位置，在弹出的快捷键菜单中单击"粘贴选项"区域内的"使用目标主题"按钮，如图6-12所示。

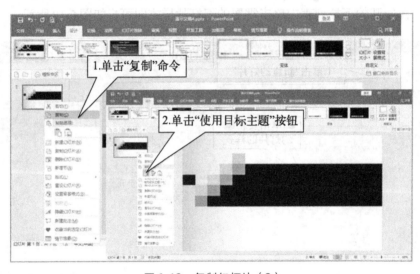

图6-12   复制幻灯片（2）

③ 通过"剪贴板"组复制幻灯片   选择要复制的幻灯片，选择"开始"选项卡，单击"剪贴板"组中的"复制"按钮，将光标移动到要粘贴位置，单击"剪贴板"组中的"粘贴"按钮，如图6-13所示。

（3）移动幻灯片

① 使用快捷键移动幻灯片   选中要移动的幻灯片，按Ctrl+ X快捷键剪切该幻灯片，选择目标位置，按Ctrl + V快捷键粘贴即可。

② 使用快捷菜单移动幻灯片   选择要移动的幻灯片，右击，在弹出的快捷键菜单中执行"剪切"命令，选中目标位置右击，在弹出的快捷菜单中执行"粘贴"命令即可。

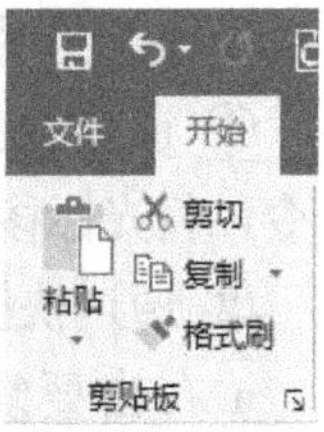

图6-13   剪贴板

③ 直接通过鼠标完成移动幻灯片 选择要移动的幻灯片，按下鼠标左键并拖动鼠标至目标位置处释放鼠标即可。

④ 通过"剪贴板"组移动幻灯片 选择要移动的幻灯片，选择"开始"选项卡，单击"剪贴板"组中的"剪切"按钮，将光标移动到要粘贴位置，单击"剪贴板"组中的"粘贴"按钮，如图6-13所示。

（4）隐藏幻灯片

隐藏幻灯片的目的是在幻灯片放映时阻止该幻灯片的放映。

右击要隐藏的幻灯片，在弹出的快捷菜单中执行"隐藏幻灯片"命令，如图6-14所示。

图6-14 隐藏幻灯片

（5）删除幻灯片

① 通过快捷键删除幻灯片 选中要删除的幻灯片，直接按键盘上的Delete键即可。

② 通过快捷菜单删除幻灯片 右击要删除的幻灯片，在弹出的快捷菜单中执行"删除幻灯片"命令即可，如图6-15所示。

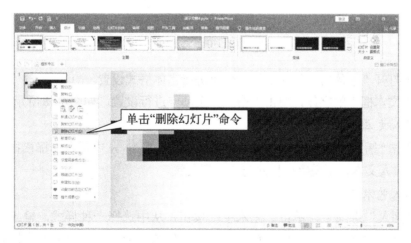

图6-15 删除幻灯片

6.3.2　制作精美的演示文稿

（1）设置演示文稿背景

选择要添加背景样式的幻灯片，单击"设计"选项卡，单击"背景样式"按钮，单击"设置背景格式"命令，在弹出的"设置背景格式"对话框中进行样式设置，如图6-16所示。

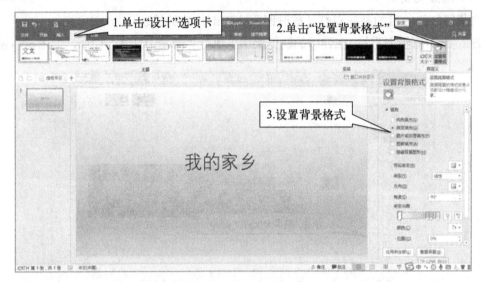

图6-16　设置背景样式

（2）设置字体格式

① 选择文本，单击"开始"选项卡，在"字体"组中设置字体格式，如图6-17所示。

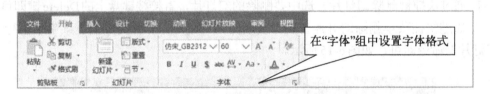

图6-17　设置字体格式

② 单击打开"字体格式"对话框，也可进行字体格式设置。

③ 选中文本框中的字体，单击"格式"选项卡进行设置，如图6-18所示。

（3）插入文本框

依次单击"插入"选项卡→"文本"组→"文本框"，从中可以选择横排文本框和竖排文本框，输入文本，调整字体格式与文本框位置。

（4）插入艺术字

单击"插入"选项卡，单击"艺术字"按钮，从中选择一种样式，输入文字，选择文字，单击"艺术字样式"组中的样式进行格式修改，或者打开"艺术字样式"对话框进行设置，如图6-19所示。

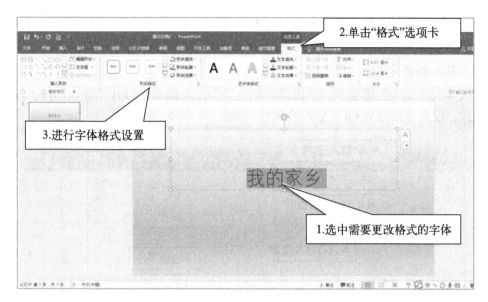

图6-18 设置字体格式

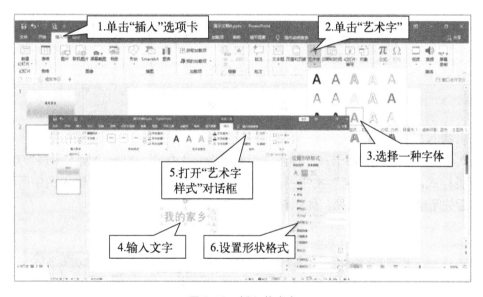

图6-19 插入艺术字

① 设置文本填充 设置文本填充不仅可以设置文本内部的颜色，还可将图像等设置为文本的填充内容。

选择文本，选择"格式"选项卡，单击"艺术字样式"组中的"文本填充"按钮，在弹出的快捷菜单中选择填充的类型。

② 设置文本轮廓 选择文本，选择"格式"选项卡，单击"艺术字样式"组中的"文本轮廓"按钮，在弹出的快捷菜单中选择文本轮廓的样式。

③ 添加文字效果 文字效果的作用是将阴影、映像、发光、棱台等多种特殊效果添加到文本中。

选择文本，选择"格式"选项卡，单击"艺术字样式"组中"文字效果"按钮，在弹出的快捷菜单中选择相应的文字效果。

（5）插入图片

依次单击"插入"选项卡→"图像"组→"图片"按钮，打开"插入图片"对话框，插入图片。设置方法与Word中格式设置方式类似，如图6-20所示。

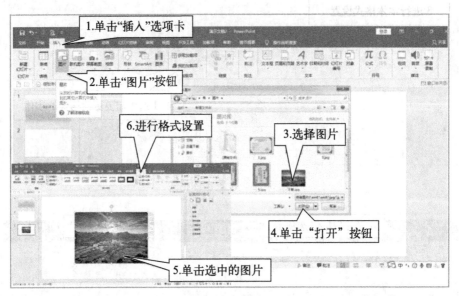

图6-20　插入图片

（6）插入图表

依次单击"插入"选项卡→"插图"组→"图表"按钮，打开"插入图表"对话框，选择图表样式，单击"确定"按钮，在弹出的Microsoft Excel窗口中输入图中所示的数据，然后关闭窗口，查看结果，如图6-21所示。

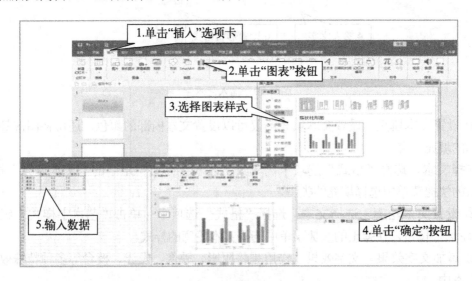

图6-21　插入图表

① 输入和编辑数据 依次单击"图表工具"下的"设计"选项卡→"编辑数据"命令，如图6-22所示。

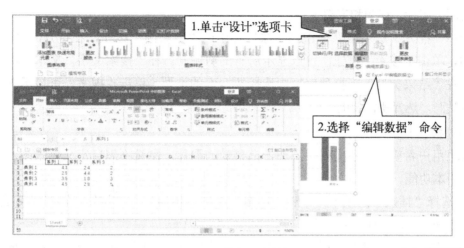

图6-22 编辑图表数据

② 更改图表类型 依次单击"图表工具"下的"设计"选项卡→"类型"组→"更改图表类型"命令，在"更改图表类型"对话框中选择新的图表。

③ 设置坐标轴样式 设置图表中的坐标轴可以辅助用户更好地查看图表数据。

选中图表，选择"布局"选项卡，单击"坐标轴"组中的"坐标轴"按钮，可以在弹出的菜单中设置"主要横坐标轴""主要纵坐标轴"的属性。

④ 设置对象区域形状样式 可以选择图表中的任意局部，选择"图表工具"下的"格式"选项卡，在"形状样式"组中选择合适的形状样式，包括"形状填充""形状轮廓""形状效果"等。

（7）插入SmartArt图形

依次单击"插入"选项卡→"插图"组中的"SmartArt"按钮，在弹出的对话框中选择一种图形，如图6-23所示。

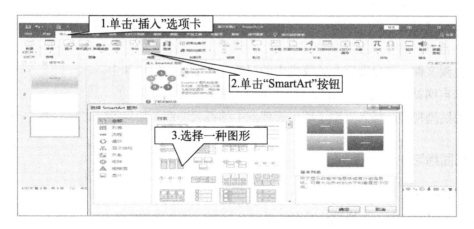

图6-23 插入SmartArt图形

（8）插入剪贴画

剪贴画是由Office系列软件内置的和由Office.com网站提供的。在剪贴画中包含了大量的插图、照片、视频和音频等素材。

选择"插入"选项卡，单击"图像"组中的"剪贴画"按钮，在打开的"剪贴画"面板中，单击"搜索"按钮，可以显示所有的剪贴画。在"搜索文字"文本框中输入关键字，在"结果类型"下拉列表框中选择要搜索的类型，单击"搜索"可显示关键字指定的剪贴画，选择所需要的剪贴画。

（9）插入相册集

如果用户希望向演示文稿中添加一批喜爱的图片，而又不想自定义每张图片，那么可以使用本功能。

① 选择"插入"选项卡，单击"图像"组中"相册"下拉按钮，选择"新建相册"命令，打开"新建相册"对话框。

② 在弹出的"相册"对话框中，单击"文件/磁盘"按钮，在弹出的"插入图片"对话框中选择相册中包含的图像，单击"新建文本框"按钮，为相册添加文本。

③ 插入的图片可以使用"上移"或"下移"按钮调整其顺序。

④ 选定其中一张图片，可以使用亮度/对比度按钮调整其亮度、对比度。

（10）插入媒体

① 插入音频文件　选择"插入"选项卡，单击"媒体"按钮，从下拉菜单中选择一种插入音频的方式。

a.文件中的音频：单击打开"插入音频"对话框，选择要插入的音频文件。

b.剪贴画音频：单击剪贴画音频，插入来源于剪辑管理器中的音频文件，如同插入"剪贴画"一样。

c.录制音频：打开"录音"对话框，单击"录制"按钮录制音频文件，单击"停止"按钮完成录制。单击"播放"按钮，可以试听录制的音频。单击"确定"按钮，可将录制的音频插入到幻灯片中。

② 插入视频文件　选择"插入"选项卡，单击"媒体"组中的"视频"按钮，从下拉菜单中选择一种插入视频的方式。

a.视频文件：将已保存在计算机中的视频文件插入到幻灯片中。

b.来自网站的视频：可以在幻灯片中插入来自网站的视频。

c.剪贴画视频：插入来源于剪辑管理器中的视频文件，如同插入"剪贴画"一样。

 巩固练习

一、选择题

1.PowerPoint中，下列说法错误的是（　　）。

　A.将图片插入到幻灯片中后，用户可以对这些图片进行必要的操作

B.利用"图片工具"选项卡的工具可裁剪图片、添加边框和调整图片的亮度与对比度

C.单击"视图"选项卡中的"图片"命令，可显示"图片"工具栏

D.对图片进行修改后不能再恢复原状

2.在PowerPoint中，使字体加粗的快捷键是（　　）。

A.Ctrl+B   B.Delete

C.Ctrl+M   D.Ctrl+V

3.删除幻灯片可使用（　　）快捷键。

A.Insert   B.Delete

C.Ctrl+M   D.Ctrl+V

4.在PowerPoint中，可以通过（　　）按钮改变幻灯片中插入图表的类型。

A.开始   B.格式

C.设计   D.更改图表类型

5.插入艺术字应选择（　　）选项卡。

A.开始   B.格式

C.设计   D.动画

6.输入组织结构应选择（　　）按钮。

A.形状   B.图表

C.SmartArt   D.图片

7.更改图表类型的操作错误的是（　　）。

A.右击图表，选择"更改图表类型"

B.选择"图标工具"下的"布局"选项卡中的"更改图表类型"

C.选择"图标工具"下的"设计"选项卡中的"更改图表类型"

D.选择"输入"选项中"插图"组中的"图表"按钮

8.关于剪贴画的说法正确的是（　　）。

A.剪贴画中只有插图

B.剪贴画中包含了照片、视频

C.剪贴画中不含有照片

D.剪贴画中包含了插图、照片、音频、视频

9.在PowerPoint中，可以通过"图表"菜单中的（　　）菜单项改变幻灯片中插入图表的类型。

A.数据表   B.绘图

C.文档结构图   D.图表类型

10.在PowerPoint中，要将所选的文本存入剪切板，下列操作无法实现的是（　　）。

A.单击"编辑"菜单的"复制"命令 B.单击工具栏中的"复制"按钮

C.使用快捷键Ctrl+C   D.使用快捷键Ctrl+T

二、判断题

1.幻灯片的复制、移动与删除一般在普通视图下完成。（　）

2.PowerPoint幻灯片中可以处理的最大字号为初号。（　）

3.在PowerPoint幻灯片中可以插入剪切画、图片、声音、影片等信息。（　）

4.在PowerPoint幻灯片中插入多媒体，不可对其设置、控制播放方式。（　）

5.在幻灯片中，只能加入图片、图标和组织结构图等静态图像。（　）

6.在演示文稿的幻灯片中插入剪切画或照片等图片，应在幻灯片浏览视图中进行。（　）

7.在PowerPoint中，用自选图形在幻灯片中添加图形时，插入的图形是无法改变大小的。（　）

8.在PowerPoint中，用"文本框"工具在幻灯片中添加图片时，文本框的位置和大小是确定的。（　）

9.选择PowerPoint中的文本时，如果文本选择成功后，下次就无法再次选择该文本。（　）

10.在PowerPoint中，当本次复制文本的操作成功后，上一次复制的内容自动消失。（　）

三、简答题

1.简述添加幻灯片的方法。

2.如何设置演示文稿背景？

3.简述插入图表的步骤。

4.如何对插入的图表更改样式？

5.简述插入音频、视频的方法。

实训案例

在上节实训案例的基础上，根据本节所学的内容，继续完善自己的演示文稿。

① 演示文稿中幻灯片不能少于10张。

② 在演示文稿中加入学校校徽、学校校歌等宣传资料。

③ 设计演示文稿时需要插入表格、音频、视频等。

④ 设计演示文稿时要做到字体整齐、图片美观。

知识巩固与归纳表

激励式教学评价表

1.本任务学习之后，请扫描二维码下载知识巩固与归纳表，填写本任务的记忆点，并归纳总结。

2.激励式教学评价表可作为期末成绩的一项考评，请扫描下载并填写。

6.4 设置动画效果

 **课时目标**

知识目标	1.能够掌握 PowerPoint 幻灯片的动画效果、超链接和动作的设置方法。 2.能够掌握幻灯片的切换、排练计时。
能力目标	1.培养学生动手操作的能力以及与同伴交流合作的意识、能力，增强学生团结协作的精神。 2.增加实践操作，培养学生创新能力。
素质目标	1.通过学习，引导学生把所学知识运用到生活实践中去，让学生学以致用，同时培养学生思维能力和动手操作能力。 2.通过作品展评，培养学生鉴赏美的能力。

6.4.1 设置动画效果

（1）添加动画效果

① 选中要添加动画的对象，依次单击"动画"选项卡→"动画"组中下拉箭头，选择动画效果，如图6-24所示。

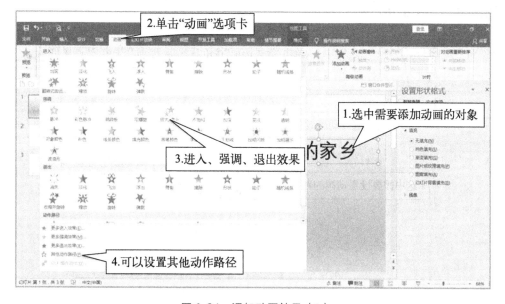

图6-24 添加动画效果（1）

② 选中要添加动画的对象，依次单击"动画"选项卡→"动画"组→"添加动画"按钮，添加动画效果，如图6-25所示。

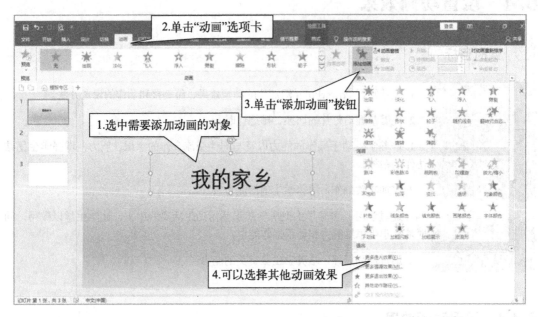

图6-25　添加动画效果（2）

（2）动画效果设置

选中要设置动画的对象，单击"动画"选项卡，单击"动画"组，选择"擦除"动画效果，单击"效果选项"按钮，单击"自左侧"命令，单击打开"动画窗格"，设置动画开始方式，如图6-26所示。

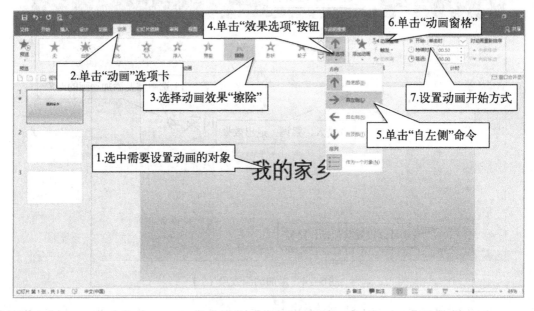

图6-26　设置动画效果

（3）设置动画出场顺序

选中要移动顺序的动画效果，依次单击"动画"选项卡→"计时"组→"对动画重新排序"，选择"向前移动"或"向后移动"；或者直接用鼠标拖动效果选项到目标位置，如图6-27所示。

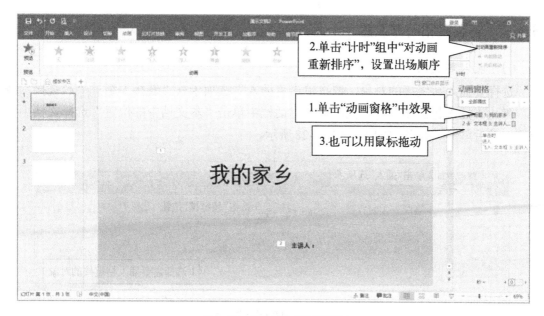

图6-27　设置动画出场顺序

（4）动画效果复制

① 将动画效果复制到单个对象上　如果A是一个已设置动画效果的对象，要让B也拥有A的动画效果，可进行如下操作。

a.单击A。

b.单击"动画"选项卡，再单击"动画"组中的"动画刷"按钮，或按快捷键Alt+Shift+C。

c.将鼠标指针移入幻灯片中，指针图案右边将多出一个刷子的图案。

d.将鼠标指针移向B，并单击B。

e.B将会拥有A的动画效果，同时鼠标指针右边的刷子图案会消失。

② 将动画效果复制到多个对象上　如果A是一个已设置动画效果的对象，现在要让B、C都拥有A的动画效果，可进行如下操作。

a.单击A。

b.单击"动画"选项卡，再双击"动画刷"按钮。此时如果把鼠标指针移入幻灯片中，指针图案的右边将多出一个刷子的图案。

c.将鼠标指针指向B，并单击B。

d.B将会拥有A的动画效果，鼠标指针右边的刷子图案不会消失。

e.对C重复步骤c和步骤d。

f.单击"动画刷"按钮，鼠标指针右边的刷子图案消失。

动画刷工具还可以在不同幻灯片或PowerPoint文档之间复制动画效果，当鼠标指针是刷子图案时，切换幻灯片或PowerPoint文档，刷一下对象，可将动画效果复制到其他幻灯片或PowerPoint文档上。

6.4.2 超链接和动作设置

（1）插入超链接

选择要插入超链接的对象，依次单击"插入"选项卡→"链接"组→"超链接"按钮，弹出"插入超链接"对话框，在该对话框中单击"本文档中的位置"选择文档中的位置，然后单击"确定"按钮，如图6-28所示。

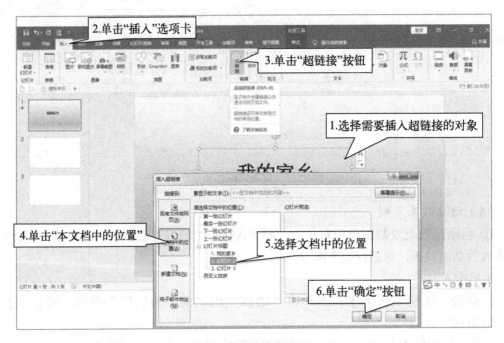

图6-28　设置超链接

（2）动作设置

在幻灯片上激活一个指定对象的交互方式有两种：一种是单击对象，另一种是将鼠标指针移到对象上。

① 设置单击对象的交互动作　选择用于创建交互动作的文本或动作按钮，依次单击"插入"选项卡→"链接"组→"动作"按钮，弹出"动作设置"对话框。在该对话框中单击"单击鼠标"标签，选择"超级链接到"按钮，在其下拉列表中选择链接到的位置，单击"确定"按钮。

② 设置鼠标移过时声音播放效果　选择用于创建交互的文本或动作按钮，依次单击"插入"选项卡→"链接"组→"动作"按钮，弹出"动作设置"对话框。在该对话框中

单击"单击鼠标"标签，选中"播放声音"复选框，在其下拉列表中选择一种声效，单击"确定"按钮。

6.4.3 幻灯片切换

选择要切换的幻灯片，单击"切换"选项卡，单击"切换此幻灯片"组，单击选择一种切换效果，通过"效果选项"设置声音、持续时间、全部应用、换片方式等，如图6-29所示。

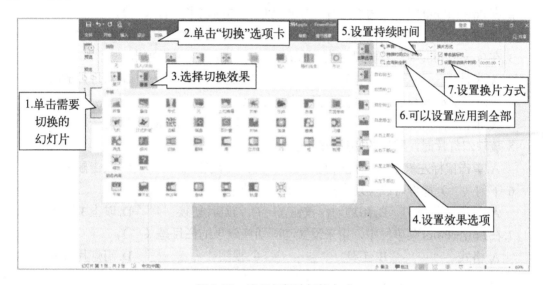

图6-29　设置幻灯片切换方式

6.4.4 排练计时

演示文稿可以在排练幻灯片放映的过程中自动记录幻灯片切换的时间间隔。

① 单击"幻灯片放映"选择卡，单击"设置"组中"排练计时"按钮，系统将切换到幻灯片放映视图，同时屏幕中会出现"录制"工具栏。

② 单击"下一项"按钮，就可在"幻灯片放映时间"框中记录时间。

③ 排练放映结束后会出现对话框，单击"是"按钮，就可以保留新的幻灯片排练时间；单击"否"按钮，就表示取消本次排练。

6.4.5 设置放映时间

在放映幻灯片时可以通过单击切换每张幻灯片，也可以自动切换，这就需要通过设置放映时间来实现。

① 选择要设置放映时间的幻灯片，单击"切换"选项卡，选中"计时"组中的"设置自动换片时间"。

② 在右侧文本框中输入幻灯片显示的秒数。

③ 如果单击"全部应用"按钮，所有幻灯片都将应用相同的换片时间。

巩固练习

一、选择题

1.在PowerPoint中，要使幻灯片在放映时能够自动播放，需要为其（　　）。

　A.设置超链接　　　B.设置动作按钮　　C.设置动画　　　　D.排练计时

2.在PowerPoint中，可为幻灯片对象设置的"动画效果"有（　　）。

　A.进入　　　　　　B.强调　　　　　　C.自定义动画　　　D.动画预览

3.在PowerPoint中，若要设置换片方式，应该选择（　　）选项卡。

　A.设计　　　　　　B.切换　　　　　　C.动画　　　　　　D.幻灯片放映

4.表示当前动画与前一动画同时开始播放为（　　）。

　A.单击时　　　　　B.上一动画之后　　C.与上一动画同时　D.上一动画之前

5.放映幻灯片时，默认的换片方式是（　　）。

　A.单击鼠标左键　　B.每隔时间　　　　C.单击鼠标右键　　D.双击鼠标

6.下列（　　）操作可以实现在演示文稿的放映中跳转幻灯片。

　A.自定义动画　　　B.添加动作按钮　　C.幻灯片切换　　　D.以上3种都正确

7.在PowerPoint菜单栏中，用来设置动画切换效果的栏目是（　　）。

　A.格式　　　　　　B.工具　　　　　　C.视图　　　　　　D.幻灯片放映

8.PowerPoint的超链接只能在（　　）中有效的。

　A.大纲视图　　　　B.幻灯片放映　　　C.幻灯片视图　　　D.幻灯片浏览视图

9.在PowerPoint中，激活超链接的动作可以是在超链接点用鼠标"单击"和（　　）。

　A.移动　　　　　　B.拖动　　　　　　C.双击　　　　　　D.右击

10.在PowerPoint中提供了4类动画样式，不包括（　　）。

　A.进入　　　　　　B.移动　　　　　　C.强调　　　　　　D.路径动画

二、判断题

1.PowerPoint中只能插入文件中的音频。（　　）

2.设计动画时，既可以在幻灯片内设计动画效果，也可以在幻灯片间设计动画效果。（　　）

3.幻灯片的切换效果是在两张幻灯片之间切换时发生的。（　　）

4.动画预设需要用到"视图"中的"工具栏"，而不是"工具"菜单。（　　）

5.在"自定义动画"对话框中，不能对当前的设置进行预览。（　　）

6.PowerPoint规定，对于任何一张幻灯片，都要在"动画效果列表"中选择一种动画方式，否则系统提示错误信息。（　　）

7.在PowerPoint中，"动画刷"可以快速设置相同的动画。（　　）

8.选择需要动态显示的对象必须在幻灯片视图中进行，不能在普通视图中进行。（　　）

9.在PowerPoint的幻灯片浏览视图中，可以设置幻灯片的动画效果。（　　）

10.在PowerPoint中，要取消已设置的超链接，可以将鼠标指针指向已经设置超链接的对象，单击鼠标右键，选择"超链接"后，再选择"删除超链接"。（　）

三、简答题

1.简述添加动画效果的步骤。

2.如何对动画效果进行复制？

3.简述插入超链接的方法。

4.如何设置幻灯片的切换？

5.如何设置幻灯片的放映时间？

实训案例

在上节内容的基础上，请根据本节所学的内容，继续完善自己的演示文稿。

① 汇报演示文稿时，要求时间不能超过5min。

② 演示中插入的文字、图片等要合理地设置动画。

③ 演示文稿设计时需要插入超链接。

④ 演示文稿设计要做到内容安排合理、动画设置不突兀。

知识巩固与归纳表

激励式教学评价表

1.本任务学习之后，请扫描二维码下载知识巩固与归纳表，填写本任务的记忆点，并归纳总结。

2.激励式教学评价表可作为期末成绩的一项考评，请扫描下载并填写。

6.5　PowerPoint打包与播放

课时目标

知识目标	能够掌握PowerPoint演示文稿的播放、打印、打包与发布。
能力目标	1.通过任务引导，培养学生自主探索、小组合作的能力。 2.培养学生利用所学知识解决实际问题的能力。
素质目标	1.通过任务探究，使学生体验作品成功的喜悦，在不断尝试中激发求知欲，在不断摸索中陶冶情操。 2.通过学习，引导学生把所学知识运用到生活实践中，让学生学以致用，同时培养学生的思维能力和动手操作能力。

6.5.1 设置幻灯片放映方式

单击"幻灯片放映"选项卡，单击"设置"组中"设置幻灯片放映"按钮，打开"设置放映方式"对话框，设置放映类型为"演讲者放映（全屏幕）"，放映选项为"循环放映，按Esc键终止"，放映幻灯片为"全部"，单击"确定"按钮，如图6-30所示。

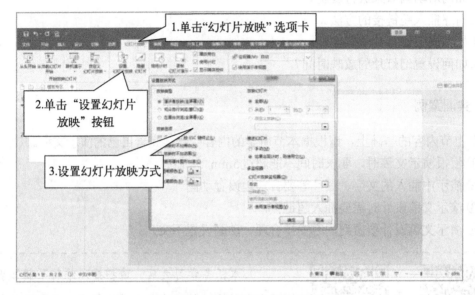

图6-30　设置幻灯片放映方式

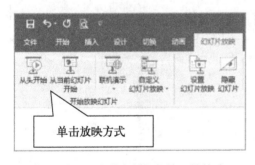

图6-31　设置从当前幻灯片开始放映

（1）放映幻灯片

单击"幻灯片放映"选项卡，单击"开始放映幻灯片"组中"从头开始"按钮或者"从当前幻灯片开始"按钮，如图6-31所示。

（2）自定义幻灯片放映

单击"幻灯片放映"选项卡，单击"开始放映幻灯片"组中"自定义幻灯片放映"按钮，打开"自定义"对话框，单击"新建"按钮，弹出"自定义放映"对话框，在"幻灯片放映名称"文本框中输入放映列表的名称，选择左侧列表中的幻灯片，单击"添加"按钮加入列表中，单击"确定"按钮，单击"放映"按钮进行放映。

（3）设置放映方式

在"设置放映方式"对话框中可以设置5种主要属性：放映类型、放映选择、放映幻灯片、换片方式及多监视器。

① 放映类型　放映类型可确定演示文稿的显示方式，主要分为以下3种方式。

a.演讲者放映：全屏自动显示内容，在播放完毕后将自动退出播放模式。

b.观众自行浏览：以窗口的方式显示，支持单击鼠标继续播放。

c.在展台浏览：以全屏的方式进行放映，自动播放演示文稿，无须手动操作。在播放完毕后自动循环播放。

② 放映选择 放映选择用于设置放映时的一些属性，主要包括以下5项内容。

a.循环放映，按Esc键终止：设置演示文稿循环播放。

b.放映时不加旁白：禁止放映演示文稿时播放旁白。

c.放映时不加动画：禁止放映时显示幻灯片切换效果。

d.绘图笔颜色：设置在放映时用鼠标绘制的标记的颜色。

e.激光笔颜色：设置录制演示文稿时显示的指示光标。

（4）录制幻灯片

① 从头开始录制

a.选择"幻灯片放映"选项卡，单击"录制幻灯片演示"按钮，选择下拉菜单中的"从头开始录制"命令。

b.在弹出的"录制幻灯片演示"对话框中选中"幻灯片和动画计时"和"旁白和激光笔"复选框，单击"开始录制"按钮。

c.进入幻灯片放映视图，弹出"录制"工具栏。

d.完成幻灯片演示的录制后，自动切换到幻灯片浏览视图。

对录制的旁白或计时不满意时，单击"设置"组中"录制幻灯片演示"按钮，选择下拉菜单中的"清除"命令，选择子菜单中的"清除当前幻灯片中的计时"命令或"清除当前幻灯片中的旁白"命令。

② 从当前幻灯片开始录制 从当前幻灯片开始录制就是从演示文稿中当前选择的幻灯片开始录制。选择开始录制的幻灯片，选择"幻灯片放映"选项卡，单击"录制幻灯片演示"按钮，选择下拉菜单中的"从当前幻灯片开始"命令。

6.5.2 打包与发布演示文稿

（1）打包演示文稿

打包演示文稿是指将与演示文稿有关的各种文件都整合到同一个文件夹中，只要将这个文件夹复制到其他计算机中，就可以正常播放演示文稿。

① 选择"文件"选项卡，选择"保存并发送"命令，选择"将演示文稿打包成CD"命令，单击"打包成CD"按钮，弹出"打包成CD"对话框。

② 在"将CD命名为"文本框中输入打包后的名称。

③ 单击"添加"按钮，可以添加多个演示文稿。

④ 单击"选项"按钮可弹出"选项"对话框，用于设置是否包含链接的文件，是否包含嵌入的True type字体，还可以设置打开、修改每个演示文稿时所用的密码，设置完成后单击"确定"按钮。

⑤ 单击"复制到文件夹"按钮，弹出"复制到文件夹"对话框，设置文件夹名称及位置，选中"完成后打开文件夹"复选框，在存放完成后将直接打开该文件夹。

⑥ 单击"复制到CD"按钮，将打包的文件记录到CD中。

（2）发布幻灯片

单击"文件"选项卡，选择"保存并发送"命令，选择"发布幻灯片"，单击"发布幻灯片"按钮，打开"发布幻灯片"对话框，选择"要发布到幻灯片库的幻灯片"旁的复选框，如果选择"全部幻灯片"，单击"全选"按钮，在"发布到"文本框中输入发布到的位置，单击"发布"按钮。

6.5.3　打印演示文稿

单击"文件"选项卡，单击"打印"，设置打印方式，单击"打印"按钮，如图6-32所示。

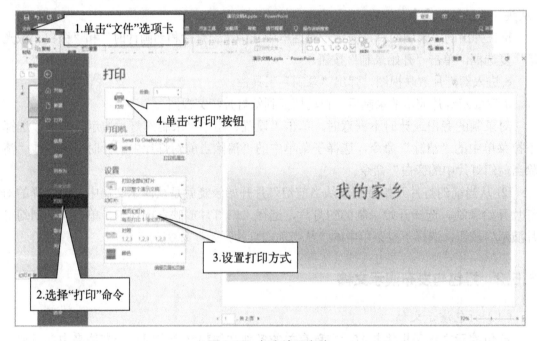

图6-32　打印演示文稿

 巩固练习

一、选择题

1.在PowerPoint中，下面（　）不是合法的"打印内容"选项。

　　A.幻灯片　　　　　　B.备注页　　　　　　C.讲义　　　　　　D.幻灯片浏览

2.在PowerPoint中，对于已创建的多媒体演示文档可以用（　）命令将其转移到其他未安装PowerPoint的机器上放映。

　　A.文件/打包　　　　　　　　　　　B.视图/发送

　　C.复制　　　　　　　　　　　　　D.幻灯片放映/设置幻灯片放映

3.在PowerPoint中，以下（ ）是无法打印出来的。
A.幻灯片中的图片　　　　　　　　B.幻灯片中的动画
C.母版上设置的标志　　　　　　　D.幻灯片的展示时间

4.用（ ），可以给打印的每张幻灯片都加边框。
A."插入"菜单中的"文本框"命令
B."绘图"工具栏的"矩形"按钮
C."文件"菜单中的"打印"命令
D."格式"菜单中的"线条和颜色"命令

5.在PowerPoint中打印幻灯片时，一张A4纸最多可打印（ ）张幻灯片。
A.任意　　　　　B.3　　　　　　C.6　　　　　　D.9

6.在PowerPoint中，要切换到"幻灯片放映"模式视图，可以直接按（ ）功能键。
A.F5　　　　　　B.F6　　　　　　C.F7　　　　　　D.F8

7.用户可以直接把自己的声音加到PowerPoint演示文稿中，这是（ ）。
A.录制旁白　　　B.复制声音　　　C.磁带转换　　　D.录音转换

8.在PowerPoint中，若一个演示文稿中有三张幻灯片，播放时要跳过第二张放映，可（ ）。
A.隐藏第二张幻灯片　　　　　　B.取消第二张幻灯片的切换效果
C.取消第一张幻灯片的动画效果　D.只能删除第二张幻灯片

9.如果将演示文稿置于另一台不带PowerPoint的计算机上放映，则应对演示文稿进行（ ）。
A.复制　　　　　B.移动　　　　　C.打包　　　　　D.打印

10.在PowerPoint中，当用工具栏上"打印"按钮打印幻灯片时，只能打印（ ）。
A.讲义　　　　　B.注释　　　　　C.幻灯片　　　　D.大纲

二、判断题

1.发布幻灯片时可以发布全部幻灯片，也可以只发布选定的幻灯片。（ ）

2.将演示文稿打包并刻录成CD是PowerPoint新增功能之一。（ ）

3.在PowerPoint中演示文稿的打包文件不能进行剪切。（ ）

4.在PowerPoint的幻灯片放映过程中，要回到上一张幻灯片，可以按PageUp键。（ ）

5.在PowerPoint中通过"打包"对话框给出提示信息，此时可以指定展开文件夹存放的位置。（ ）

6."演讲者放映"适合在展台或者大屏幕投影机上自动放映。（ ）

7.在PowerPoint演示文稿创建后，可以根据使用者设置的不同放映方式进行放映。（ ）

8.在不打开演示文稿的情况下，可以播放演示文稿。（ ）

9.在使用PowerPoint放映演示文稿的过程中，要结束放映可按Esc键。（ ）

10.PowerPoint在放映幻灯片时，必须从第一张幻灯片开始放映。（ ）

11.幻灯片只能从开头开始放映。（ ）

12.以在展台浏览放映类型播放完毕后将自动退出播放模式。（   ）

13.在幻灯片放映时观众可以看到备注的内容。（   ）

三、简答题

1.简述幻灯片放映的步骤。

2.简述录制幻灯片的步骤。

3.简述打包幻灯片的步骤。

4.简述发布幻灯片的步骤。

5.简述幻灯片打印的步骤。

 实训案例

在上节内容的基础上，请根据本节所学的内容，继续完善自己的演示文稿：

（1）对做好的演示文稿进行多次放映、校对与修改。

（2）为防止放映出现问题，录制自己的演示文稿做备份。

（3）演示文稿设计完后打包，并以自己的名字命名。

（4）打印自己设计的演示文稿。

知识巩固与归纳表

激励式教学评价表

1.本任务学习之后，请扫描二维码下载知识巩固与归纳表，填写本任务的记忆点，并归纳总结。

2.激励式教学评价表可作为期末成绩的一项考评，请扫描下载并填写。

⑦

模块7 多媒体技术基础知识

信息技术

思维导图

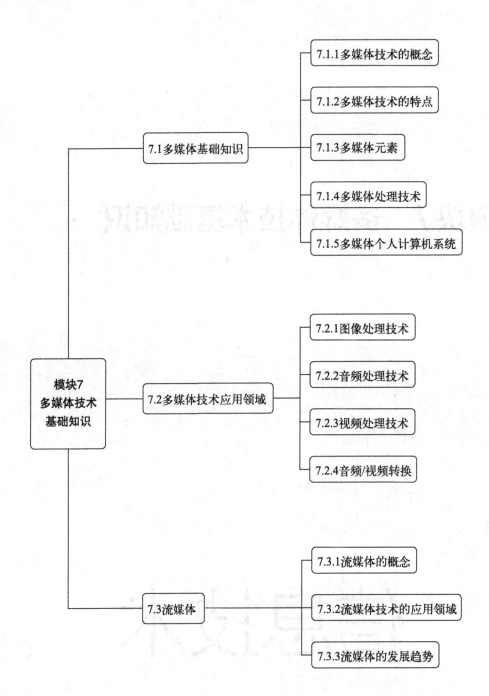

7.1 多媒体基础知识

课时目标

知识目标	1. 能够掌握多媒体技术的概念与特点。
	2. 能够掌握多媒体元素、处理技术、多媒体计算机系统的组成。
	3. 能够区分多媒体元素的格式。
能力目标	通过课前查阅资料自主预习与课中教师引导，提高学生的自主学习能力与认知能力。
素质目标	培养学生良好的信息素养与爱国主义精神，让学生懂得爱护教学设施。

7.1.1 多媒体技术的概念

多媒体技术是指通过计算机对文字、数据、图形、图像、动画、声音等多种媒体信息进行综合处理和管理，使用户可以通过多种感官与计算机进行实时信息交互的技术，又称为计算机多媒体技术。

在计算机领域，媒体（medium）有两种含义：一是指传播信息的载体，如语言、文字、图像、音频、视频等；二是指存储信息的载体，如 ROM、RAM、磁带、磁盘、光盘、半导体存储器等。多媒体技术是近几年出现的，正在飞速发展和完善之中。

我们所提到的多媒体技术中的媒体主要是指前者，就是利用计算机把文字、图形、图像、动画、声音及视频等媒体信息都数位化，并将其整合在一定的交互式界面上，使计算机具有交互展示不同媒体形态的能力。它极大地改变了人们获取信息的传统方法，符合人们在信息时代的阅读方式。

多媒体技术的意义有以下几个。

① 使计算机可以处理人类生活中最直接、最普遍的信息，从而使得计算机的应用领域与功能得到了极大的扩展。

② 使计算机系统的人机交互的界面和方法更加友好和方便，使非专业人员可以方便地使用和操作计算机。

③ 多媒体技术使音像技术、计算机技术和通信技术三大信息处理技术紧密地结合起来，为信息处理技术发展奠定了新的基石。

多媒体技术已经有多年的发展历史了。到目前为止，声音、视频、图像压缩等方面的基础技术已成熟，并形成了产品。现在热门的技术如模式识别、MPEG 压缩技术、虚拟现实（VR）技术、3D 仿真技术正在逐步走向各个应用领域。

7.1.2 多媒体技术的特点

多媒体是融合两种或两种以上媒体的人机交互式信息交流和媒体传播。多媒体技术具有以下关键特性。

（1）信息载体的多样性

指计算机处理媒体信息的多样化，它使人与计算机之间的交互不再局限于顺序的、单调的、狭小的范围。

（2）多媒体的交互性

指用户可以与计算机的多种信息媒体进行交互操作，从而为用户提供了更加有效的控制和使用信息的方法。

信息以超媒体结构进行组织，可以方便地实现人机交互。换言之，人可以按照自己的思维习惯与自己的意愿主动地选择和接受信息，拟定观看内容的路径。

（3）集成性

采用了数字信号，可以综合处理文字、声音、图形、动画、图像、视频等多种信息，并将这些不同类型的信息有机地结合在一起。

（4）友好性

提供了易于操作、十分友好的界面，使信息展示更直观、更方便、更亲切与更人性化。

（5）实时性

声音、动态图像（视频）是随时间变化的。人在感官系统允许的情况下可以实时地进行多媒体的处理和交互，相应的媒体能够得到实时控制。各种媒体在时空上紧密联系，同步、协调成为一个整体。

7.1.3 多媒体元素

（1）多媒体元素的概念

多媒体元素（multimedia elements）是指多媒体技术处理的对象，主要包括文本、图形图像、动画、声音及视频等。在演示文稿与网页中，多媒体元素扮演着重要的角色。

（2）多媒体元素的要素特点

① 文本　文本是以文字和各种专用符号表达的信息形式，它是现实生活中使用最多的一种信息存储和传递方式。它可以用于对知识的描述性表示，如阐述概念、定义、原理和问题以及显示标题、菜单等内容。

② 图形（图像）　图形（图像）是多媒体软件中最重要的信息表现形式，是决定一款多媒体软件视觉效果的关键因素。当前常见的图形（图像）文件格式有 BMP、DIB、PCP、DIF、WMF、GIF、JPG、TIF、EPS、PSD、CDR、IFF、TGA、PCD、MPT。除此之外，Macintosh（苹果公司的计算机品牌：麦金塔计算机）专用的图形（图像）格式还有 PNT、PICT、PICT2 等。

③ 动画　动画是利用人的视觉暂留特性，快速播放一系列变化的图形（图像），使之看起来连续变化，也包括画面的缩放、旋转、变换、淡入淡出等特殊效果。

④ 声音　声音是人们用来传递信息、交流情感最方便最熟悉的方式之一。可将声音

分为语音、音乐、音效三类。当前常见的音频格式有WAV、MP3、MP4、WMA、AAC、CD等。

⑤ 视频影像　视频影像具有时序性与丰富的信息内涵，常用于交代事物的发展过程。像我们熟知的电影和电视，有声有色，在多媒体中充当起重要的角色。视频是图像数据的一种，若干有联系的图像数据连续播放就形成了视频。视频文件的储存格式有AVI、MPG、MOV、RMVB等。

7.1.4　多媒体处理技术

多媒体技术是多门学科的综合，涉及计算机技术、通信技术及现代数字媒体技术。多媒体元素的相关处理技术包括以下几个。

（1）音频技术

音频技术发展较早，多前一些技术已经成熟并产品化，甚至进入了家庭，如数字音响。音频技术主要包括四个方面：音频数字化、语音处理、语音合成及语音识别。

（2）视频技术

虽然视频技术发展的时间较短，但是产品应用范围已经很广，与MPEG压缩技术结合的产品已开始进入家庭。视频技术包括视频数字化技术和视频编码技术两个方面。

（3）多媒体数据压缩和编码技术

多媒体数据压缩和编码技术是多媒体系统的关键技术。多媒体系统具有处理声、文、图的综合能力。数字化的声音和图像数据量非常大，压缩后更利于存储。

（4）多媒体软硬件平台技术

多媒体计算机需要快速实时地完成视频和音频信息的压缩和解压缩、图像的特技效果、图形处理、语言信息处理，因此要求高配置的软硬件系统及相关外部设备。

（5）多媒体数据库技术

多媒体数据库管理系统能对多媒体数据进行有效的组织、管理和存取，并能实现对象的定义，数据库的运行控制，数据库的建立和维护，以及数据库在网络上的通信。

（6）超文本与Web技术

超文本是一种新颖的文本信息管理技术，是一个非线性的结构，以节点为单位组织信息，在节点与节点之间通过表示它们之间关系的链连接，构成表达特定内容的信息网络。

超媒体最早起源于超文本。在多媒体应用系统中，一般都提供一种机制或结构，使不同的媒体能够有机地联系起来。用户可以按照自己设定的线路在各种媒体和信息中"航行"，这种联系机制或结构称为"超媒体"。

Web技术的核心有三点：超文本传输协议（HTTP）、统一资源定位符（URL）、超文本标记语言（HTML）。Web技术主要包括服务器、CGI、PHP、ASP、ASP.NET、Servlet和JSP。

（7）多媒体通信与分布处理技术

多媒体通信技术包含语音压缩、图像压缩和多媒体的混合传输技术。Internet上的多媒体信息离不开网络和通信技术。

分布处理技术：多媒体空间的合理分布和有效的协作操作将缩小个体与群体、局部与全球的工作差距。超越时空限制、充分利用信息、协同合作、相互交流、节约时间和经费等是多媒体信息分布的基本目标。

（8）虚拟现实技术

虚拟现实（VR）技术是指在人与计算机之间提供相当有效的逼真的三维交互接口，其具有多感知性、临场感、交互性、自主性等特征。其应用有三维鼠标、数据手套、数据头盔显示器等。

（9）多媒体存储技术

多媒体信息存储需要大量的存储空间。因此，多媒体存储技术是影响多媒体技术发展的重要因素，必须不断探索高密度高速信息存储的新材料、新器件和新技术。

7.1.5　多媒体个人计算机系统

多媒体个人计算机（MPC）是能够输入/输出并合理处理文字、声音、图形、图像和动画等多种媒体信息的计算机，简单地说就是一种具有多媒体信息功能的个人计算机。多媒体个人计算机一般由四个部分构成：多媒体硬件平台（包括计算机硬件、声像等多种媒体的输入/输出设备和装置）、多媒体操作系统（MPCOS）、图形用户接口（GUI）与支持多媒体数据开发的工具和软件。多媒体个人计算机具有同步性、集成性、交互性、综合性等特征。

多媒体个人计算机分为多媒体个人计算机硬件系统和多媒体个人计算机软件系统。

（1）多媒体个人计算机硬件系统

多媒体个人计算机的主要硬件除了常规的计算机硬件之外，还要有外置光盘驱动器、音频信息处理硬件和视频信息处理硬件等部分。

① 多媒体接口卡

a. 声卡又称音频卡，是处理音频信号的硬件，目前已作为微机必备功能集成在主板上。声卡的主要功能包括录制与播放、编辑与合成处理、提供MIDI接口三个部分。

b. 显卡又称图形加速卡，工作在CPU和显示器之间，控制计算机的图形图像的输出。显卡拥有图形函数加速器和显存，专门用来执行图形加速任务，从而减少CPU处理图形的负担，提高计算机的整体性能。

c. 视频采集卡可以获取数字化视频信息，能将视频信息显示在大小不同的视频窗口。另外，还提供许多特殊效果，如冻结、淡出、旋转、镜像以及透明色处理。

IEEE 1394作为一种数据传输的开放式技术标准，被应用在众多的领域，包括数码相机、高速外接硬盘、打印机和扫描仪等多种设备中。

②　光盘驱动器　光盘驱动器可分为只读光盘驱动器（CD-ROM）、可读写光盘驱动器（CD-R及CD-RW）、DVD-ROM、DVD-R、DVD-RW等。它们为多媒体个人计算机带来价格低廉的大容量存储方式。其中，可读写光盘驱动器又称刻录机，可用于读取或存储大容量信息。

③　交互控制接口　交互控制接口用来连接触摸屏、鼠标、光笔等人机交互设备，这些设备将大大方便用户对多媒体个人计算机的使用。

（2）多媒体个人计算机软件系统

多媒体个人计算机软件系统包括多媒体操作系统、多媒体工具（包括多媒体创作工具、多媒体素材编辑软件）、多媒体应用软件。

①　多媒体操作系统　多媒体操作系统实现多媒体环境下多任务调度，保证音频、视频同步控制及信息处理的实时性，提供多媒体信息的各种基本操作和管理。多媒体操作系统还具有独立于硬件设备的功能和较强的可扩展性。

②　多媒体工具

a.多媒体创作工具。多媒体创作工具是在多媒体操作系统上进行开发的软件工具，用于编辑生成多媒体应用软件。多媒体创作工具提供将媒体对象集成到多媒体产品的功能，并支持各种媒体对象之间的超链接以及媒体对象呈现时的过渡效果。多媒体创作工具包括 Authorware、Director等。

b.多媒体素材编辑软件。多媒体素材编辑软件及多媒体库函数是为多媒体应用软件进行数据准备的软件，主要是多媒体数据采集软件，作为开发环境的工具库，供设计者调用。如图像处理软件 Photoshop、声音处理软件 Audition、视频编辑软件 Premiere 和动画制作软件 Flash 等。

③　多媒体应用软件　多媒体应用软件是根据多媒体系统终端用户的要求定制的应用软件或面向某一领域用户的应用软件系统，如多媒体课件、多媒体广告系统、游戏软件、电子工具书、多媒体播放软件、多媒体模拟系统等。

巩固练习

一、选择题

1.下列选项中属于多媒体元素的有（　　）。

    A.图形、图像　　　　　　　　　　　B.动画、视频

    C.声音、文字　　　　　　　　　　　D.硬盘、U盘

2.（　　）不是多媒体技术的主要特征。

    A.多样性　　　　B.集成性　　　　C.交互性　　　　D.普遍性

3.下列选项中，属于多媒体操作系统的是（　　）。

    A.Authorware　　　B.Linux　　　　C.Windows　　　D.DOS

4.感觉媒体不包括（　　）。

    A.光盘　　　　　B.文字　　　　C.音频　　　　D.声卡

5.多媒体技术具有（　　）特性。

 A.集成性   B.交互性

 C.实时性   D.多样性

6."录音机"软件录制的声音文件是（　　）格式。

 A.MP3   B.MP4

 C.WMA   D.AVI

7.用数码摄像机拍摄获取的视频文件一般为（　　）格式。

 A.MP3   B.MP4

 C.WMA   D.AVI

8.以下除（　　）外，其他都是图像文件格式。

 A.MOV   B.GIF

 C.BMP   D.JPG

9.根据多媒体的特性判断以下（　　）属于多媒体的范畴。

 A.交互式视频游戏机   B.彩色画报

 C.电子出版物   D.彩色电视机

10.关于GIF和PNG格式图像的区别，下列说法中正确的是（　　）。

 A.GIF格式和PNG格式图像都支持动画

 B.GIF格式和PNG格式图像都不支持动画

 C.GIF格式不支持动画，PNG格式图像支持动画

 D.GIF格式支持动画，PNG格式图像不支持动画

二、判断题

1.矢量图可以任意缩小而不变形，而图像则不然。（　　）

2.因为图形文件比图像文件小，所以显示图像比显示图形慢。（　　）

3.CD格式也是网络上音频文件格式中的一种。（　　）

4.WAV泛指数字音乐的国际标准。（　　）

5.JPG格式不是视频文件格式。（　　）

三、简答题

1.什么是WAV文件？

2.简述多媒体元素的概念。

3.简述多媒体技术的特征。

知识巩固与归纳表　 激励式教学评价表

 1.本任务学习之后，请扫描二维码下载知识巩固与归纳表，填写本任务的记忆点，并归纳总结。

 2.激励式教学评价表可作为期末成绩的一项考评，请扫描下载并填写。

7.2 多媒体技术应用领域

课时目标

知识目标	1. 能够学会图像、音频、视频常用处理软件。 2. 能够了解常用多媒体软件的使用。
能力目标	通过课前自主预习，课中教师引导，能够独立完成图像、音频、视频的处理，提高学生动手操作能力。
素质目标	通过合作探究学习，培养学生良好的信息素养，提高学生审美意识，树立学生正确的"三观"，塑造学生良好人格。

多媒体技术集文字、声音、图像、视频、通信等多项技术于一体，即通过计算机把文本、图形、图像、声音、动画和视频等多种媒体综合起来，采用计算机的数字记录和传输方式，使之建立起逻辑连接，并对它们进行采样量化、编码压缩、编辑修改、存储传输和重建显示等处理，因此具有广泛的用途。多媒体个人计算机（MPC）甚至可代替各种家用电器，集计算机、电视机、录音机、录像机、VCD、DVD、电话机、传真机等各种设备为一体。

多媒体技术应用领域包括以下几个。

① 教育与培训。

多媒体技术可以将课文、图表、声音、动漫、影片等结合在一起构成教育产品，极大地丰富了教学内容，为学生营造生动的学习场景。

② 电子出版。

电子出版物是指以数字代码方式将多媒体信息存储在介质上，通过计算机等设备使用，可复制发行的大众传播媒体。电子出版物具有信息容量大、形式生动活泼、易于检索等优点。

③ 商业广告。

企业利用多媒体技术宣传产品和服务信息，可以使人们有更多的感性认知，从而取得更好的宣传效果。

④ 艺术创作、影视娱乐。

多媒体技术为音乐、美术创作提供了强有力的工具。可以利用多媒体技术制作电影特效、变形效果、MTV特技、三维成像模拟特技、仿真游戏等。

⑤ 医疗。

通过多媒体技术，可以进行网络远程诊断、网络远程操作。对于疑难病例，各路专家可以通过多媒体技术联合诊断。

⑥ 旅游。

利用多媒体技术可以在旅游景点的介绍上实现风光重现、风土人情介绍和服务项目介绍等。

⑦ 人工智能模拟。

利用多媒体技术，可以对生物形态、生物智能和人类智能进行模拟，达到想要的效果。

7.2.1　图像处理技术

（1）计算机图像

图像是客观对象的一种相似性的、生动性的描述或写真，是人类社会活动中最常用的信息载体。

计算机中的图像从处理方式上可以分为位图和矢量图。

① 位图　位图亦称为点阵图像或栅格图像，是由称作像素（图片元素）的单个点组成的。这些点可以进行不同的排列和染色以构成图样。

当放大位图时，可以看见构成整个图像的"无数"单个方块。扩大位图尺寸的效果是增大单个像素，从而使线条和形状显得参差不齐。然而，如果从稍远的位置观看它，位图的颜色和形状又显得是连续的，如图7-1所示。数码相机拍摄的照片、扫描仪扫描的图片以及计算机截屏图等都属于位图。位图的特点是可以表现色彩的变化和颜色的细微过渡，产生逼真的效果；其缺点是在保存时需要记录每一个像素的位置和颜色值，占用较大的存储空间。常用的位图处理软件有Photoshop（同时也包含矢量功能）、Painter和Windows系统自带的画图工具等。

图7-1　位图

图7-2　立体图形

图7-3　平面图形

② 矢量图　所谓矢量图，就是使用直线和曲线描述的图形，构成这些图形的元素是一些点、线、矩形、多边形、圆和弧线等。矢量图以几何图形居多。

几何图形，即从实物中抽象出的各种图形，可帮助人们有效地刻画错综复杂的世界。生活中所看见的一切都是由点、线、面等基本几何图形组成的。几何用于解决点线面体之间的关系。无穷无尽的丰富变化使几何图案本身拥有无穷魅力。

几何图形分为立体图形和平面图形，各部分不全在同一平面内的图形称为立体图形（solid figure），如图7-2所示；各部分都在同一平面内的图形称为平面图形（plane figure），如图7-3所示。Adobe Illustrator是矢量图软件。

（2）图像处理技术的概念

图像处理技术是用计算机对图像信息进行处理的技

术。图像处理主要包括图像数字化、图像增强与复原、图像数据编码、图像分割和图像识别等。

图像的处理方法包括点处理、组处理、几何处理和帧处理四种。

（3）图像处理软件

Photoshop是目前最流行的图像处理软件，也是Adobe公司最著名的平面图像设计、处理软件，它以强大的功能和易用性得到了用户的广泛应用。在图像处理领域，计算机的图形图像数字化处理技术已经得到普及。图像处理与特效是Photoshop最突出的功能。

ACDSee是一款优秀的数字图像处理软件，广泛应用于图像的获取、管理、浏览、优化。利用ACDSee相片管理器可以快速查看和寻找图像，修正不足，并通过电子邮件、打印和免费在线相册来分享自己的收藏。

AutoCAD是由美国Autodesk公司为在微机上应用CAD技术而开发的制图软件包，经过不断的完善，已成为国际上广为流行的制图工具。

除此之外，常用的图像处理软件还有美图秀秀、光影魔术手、海报工厂等。

（4）Photoshop图像处理软件

Photoshop简称"Ps"，是由Adobe公司开发和发行的图像处理软件。Photoshop主要处理以像素构成的数字图像。使用其众多的编修与绘图工具，可以有效地进行图像编辑工作。Photoshop有很多功能，在图像、图形、文字、视频、出版等各方面都有涉及。

① Photoshop功能 Photoshop功能如表7-1所示。

● 表7-1 Photoshop功能

专业测评	Photoshop 的专长在于图像处理，而不是图形创作。图像处理是对已有的位图图像进行编辑加工处理以及运用一些特殊效果，其重点在于对图像的加工处理；图形创作软件是用户按照自己的构思创意，使用矢量图形等来设计图形
平面设计	平面设计是 Photoshop 应用最为广泛的领域。无论是图书封面还是招贴画、海报，这些平面印刷品通常都需要 Photoshop 软件对图像进行处理
广告摄影	广告摄影对视觉要求非常严格，其最终成品往往要经过 Photoshop 的修改才能得到满意的效果
影像创意	影像创意是 Photoshop 的特长，通过 Photoshop 的处理，可以将不同的对象组合在一起，使图像发生变化
网页制作	在制作网页时，Photoshop 是必不可少的网页图像处理软件
后期修饰	制作建筑效果图，包括三维场景、人物与配景等，常常需要在 Photoshop 中增加并调整
视觉创意	利用 Photoshop 进行具有个人特色与风格的视觉创意
界面设计	界面设计是一个新兴的领域，受到越来越多的软件企业与开发者的重视。当前还没有用于界面设计的专业软件，因此绝大多数设计者使用的都是该软件

② Photoshop工作界面组成 Photoshop工作界面由菜单栏、选项栏、选项卡式文档窗、工具箱、面板组、编辑区、状态栏组成，如图7-4所示。

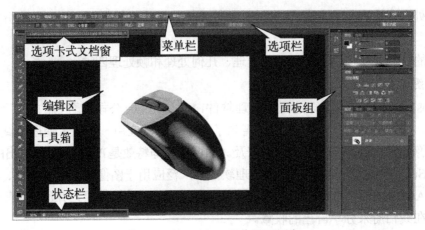

图7-4　Photoshop工作界面组成

　　a.菜单栏。菜单栏位于该应用软件的顶端。菜单栏通过各个命令菜单提供对Photoshop的绝大多数操作与窗口的定制。它包括文件、编辑、图像、图层、文字、选择、滤镜、视图、窗口和帮助10个菜单命令。

　　b.选项栏。选项栏也称工具选项栏，默认位于菜单栏的下方，可以通过拖动手柄移动选项栏。选项栏的参数是不固定的，它会随着所选工具的不同而改变。

　　c.选项卡式文档窗。选项卡式文档窗是用于切换窗口的。

　　d.工具箱。工具箱在初始状态下一般位于窗口的左侧，可以拖动到其他位置。利用工具箱中提供的工具，可以进行选择、绘画、取样、编辑、移动、注释和查看图像等操作，还可以更改前景色和背景色，以及进行图像的快速蒙版等操作。

　　e.面板组。面板组是Adobe公司常用的一种面板排列方法，以前通常称为浮动面板，因为它可移动。从最近几个版本开始，才将这些面板靠在软件界面的右侧。

　　f.状态栏。状态栏位于Photoshop文档窗口的底部，用来缩放和显示当前图像的各种参数信息，以及当前所用工具的信息。

　　③ 新建图像　依次单击"文件"菜单→"新建"命令，在弹出的"新建"对话框中更改参数，如名称、宽度、高度、分辨率、颜色模式、背景内容等，如图7-5所示。

图7-5　新建图像

④ 打开图像 依次单击"文件"菜单→"打开"命令,在弹出的"打开"对话框中选中要打开的图片,单击"打开"按钮,如图7-6所示。

图7-6 打开图像

 **技能提升**

设置照片格式:

要求1:将照片设置为2寸,2寸照片的高和宽是626像素×413像素,3.5cm×5.3cm。

要求2:学会更改照片底色。

(1)设置2寸照片格式的具体方法

① 单击"文件"菜单,单击"新建"命令。

② 在弹出的"新建"对话框中,修改画布大小为宽度35mm、高度53mm,单击"确定"按钮,如图7-7所示。

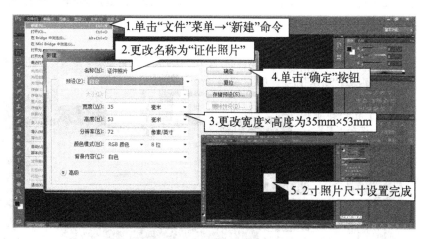

图7-7 新建画布

③ 单击菜单栏中"文件",再单击"打开",在"打开"对话框中选择要处理的2寸照片,或者将照片直接拖入Photoshop界面中。此照片是蓝色背景的,且尺寸可能大于2寸。

④ 将照片直接置入画布，调整位置，如图7-8所示。

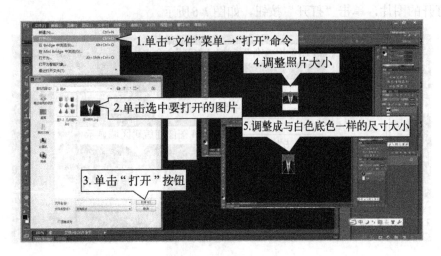

图7-8 调整2寸照片

⑤ 依次单击"文件"菜单→"另存为"命令，命名照片为"证件照片"。

（2）更改2寸照片底色的具体方法

① 依次单击"文件"菜单→"打开"命令，在"打开"对话框中选择要更改底色的2寸照片。

② 在左侧工具箱中单击"快速选择工具" ，选中背景区域，右击，选择"选择反向"，同时按住Ctrl+C组合键，复制选中的部分。

③ 依次单击"图层"菜单→"新建"命令→"图层"命令。

④ 在右侧面板组中找到"证件照片"图层，单击鼠标右键，选择"删除图层"命令，如图7-9所示。

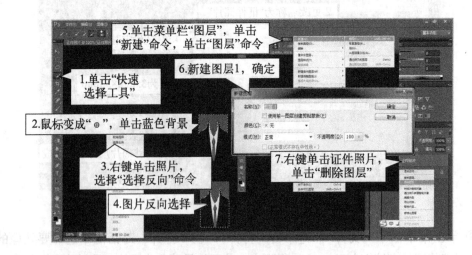

图7-9 更改2寸照片背景色

⑤ 在工具箱中设置背景色。设置背景色为"红色"，在新建的图层上右击，选中"取消选择"，同时按住Ctrl+Backspace组合键，会出现红色区域，同时按住Ctrl+V组合键，会发现图片的背景颜色已经变成红色，如图7-10所示。

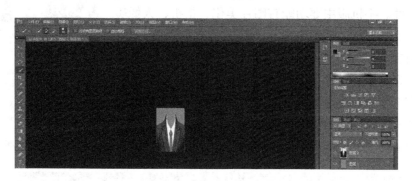

图7-10 更改红色背景

⑥ 依次单击"文件"菜单→"存储为"命令，选择保存的位置、文件名和保存的类型。具体图像的文件格式如表7-2所示。

● 表7-2 图像的文件格式

类型	阐述
BMP 格式	BMP（bit map picture，位图）是 Microsoft 公司为其 Windows 系列操作系统设置的标准图像文件格式。它以独立于设备的方法描述位图，各种常用的图像软件都可以对该格式的图像文件进行编辑和处理，但其不采用其他任何压缩，因此包含的图像信息较丰富，占用磁盘空间过大
GIF 格式	GIF（graphics interchange format，图形交换格式）是由 CompuServe 公司于 1987 年开发的图像文件格式。它主要用来交换图片，为网络传输和 BBS 用户使用图像文件提供方便。大多数图像软件都支持 GIF 文件格式，它特别适合于动画制作、网页制作及演示文稿制作等领域。GIF 格式文件既支持动态图像（动画），也支持静态图像
JPEG 格式	JPEG（joint photographic experts group，联合图像专家组）是第一个国际图像压缩标准。其高效的压缩格式，可对图像进行大幅度的压缩，最大限度地节约网络资源，提高传输速率。因此，用于网络传输的图像一般存储为 JPEG 格式
PNG 格式	PNG（portable network graphic，可携式网络图形）是图像文件存储格式。当 PNG 用来存储灰度图像时，灰度图像的深度可多到 16 位；当用来存储彩色图像时，彩色图像的深度可多到 48 位。一般应用于 Java 程序或网页中。因为它压缩比高，生成文件容量小
PSD 格式	这是 Adobe 公司的图像设计软件 Photoshop 的专用格式。PSD 文件可以存储 RGB 或 CMYK 模式，还能自定义颜色并加以存储，还可以保存 Photoshop 的图层、通道、路径等信息。它是目前唯一能够支持全部图像色彩模式的格式
CDR 格式	CorelDRAW Graphics Suite 是加拿大 Corel 公司出品的矢量图形制作软件。这个图形制作工具给设计者提供了矢量动画、页面设计、网站制作、位图编辑和网页动画等多种功能。CDR 是 CorelDRAW 软件特定的格式
WMF 格式	即图元文件，是微软公司定义的一种 Windows 平台下的图形文件的格式

（5）美图秀秀

美图秀秀是2008年10月8日由厦门美图网科技有限公司研发、推出的一款免费影像处理软件，现在是手机和电脑常用修图软件。手机版主要功能有图片美化、相机、人像美容、拼图、视频剪辑、视频美容等，如图7-11所示；电脑版主要功能有美化图片、人像美容、文字、贴纸饰品、边框、拼图、抠图等，如图7-12所示。

2021年1月，美图秀秀App首页全新改版，将工具栏和社区入口统一，并全新推出"美图配方"功能，在"一键同款"功能的基础上进一步丰富了内容模板。

图7-11　手机版美图秀秀

图7-12　电脑版美图秀秀

7.2.2　音频处理技术

（1）Windows自带的"录音机"

"录音机"是Windows提供的一种具有语音录制功能的工具。用"录音机"录制音频的文件默认格式为WMA格式；另外，"录音机"还可以录制WAV格式的文件。

（2）音频编辑软件

音频编辑软件是功能强大的音频编辑工具。使用它，用户可对WAV、MP3、MP2、MPEG、OGG、AVI、g721、g723、g726、VOX、RAM、PCM、WMA、CDA等格式的音频文件进行处理。如剪贴、复制、粘贴、多文件合并和混音等常规处理；对音频波形进行"反转""静音""放大""扩音""减弱""淡入""淡出""规则化"等常规处理；"混响""颤音""延迟"等特效处理；支持"槽带滤波器""带通滤波器""高通滤波器""低通滤波器""高频滤波器""低通滤波器""FFT滤波器"滤波处理。

① Gold Wave　Gold Wave是一款比较流行的音频编辑和处理软件。利用该软件可以进行录音、编辑、合成数字声音，可以保存为WAV或MP3格式。其缺点是一次只能编辑两个音轨，且不能处理MIDI、RM等音乐文件，它主要适用于对音频处理没有复杂要求的用户。

② Audio Converter　Audio Converter是一款全能音频转换器，支持将目前所有流行的音频、视频格式转换成MP3、WAV、AAC、WMA、AMR等音频格式。该软件更为强大的功能是能从视频格式中提取出音频文件，并支持批量转换。

③ Sound Forge　Sound Forge是Sonic Foundry公司的产品，意为"声音熔炉"。它在音乐和游戏音效制作领域应用广泛。

④ Audition　Adobe Audition是美国Adobe公司开发的一款多轨录音和音频处理软件。它集成了几乎全部主流音乐工作站软件的功能，可以完成音频录制和提取、声音编辑、混音、效果处理、降噪等处理，还可以为视频作品配音、制作流行歌曲，并与同类软件协同工作，完成音乐的创作。Audition的工作模式有编辑、多轨和CD三种，其中最常用的是编辑模式和多轨模式。

7.2.3　视频处理技术

视频（video）泛指将一系列静态影像以电信号的方式加以捕捉、记录、处理、存储、传送与重现的各种技术。连续的图像变化每秒超过24帧（frame）画面时，根据视觉暂留原理，人眼无法辨别单幅的静态画面，看上去是平滑连续的视觉效果，这样连续的画面叫做视频。

视频技术最早是为了电视系统而发展的，但现在已经发展为各种不同的格式以利于用户将视频记录下来。网络技术的发展也促使视频的纪录片段以流媒体的形式存在于Internet之上，并可被计算机接收与播放。视频与电影属于不同的技术，后者是利用照相技术将动态的影像捕捉为一系列的静态照片。

（1）视频通信技术和编码技术

视频通信技术即动态图像传输，在电信领域被称为视频业务或视讯业务，在计算机界常常称为多媒体通信、流媒体通信等。视频通信技术是实现和完成视频业务的主要技术。

视频编码技术是将数字化的视频信号经过编码变为电视信号，从而可以录制到录像带中或在电视上播放。不同的应用环境有不同的技术可以采用。从低档的游戏机到电视台广播级产品的编码技术都已成熟。

（2）视频文件的格式

视频文件的格式如表7-3所示。

● 表7-3   视频文件格式

类型	阐述
AVI 格式	音视频交错（audio video interleaved）格式。AVI 格式允许视频和音频交错在一起同步播放，一般用于保存电影、电视等各种影像信息。有时在 Internet 中，用于让用户欣赏新影片的精彩片段
MPEG 格式	MPEG 是运动图像压缩算法的国际标准。MPEG 压缩标准是针对运动图形而设计的，其图像和音响的质量非常好，并且在微机上有统一的标准格式，兼容性相当好
RM 格式	它是 Real Networks 公司所制定的音频/视频压缩规范 Real Media 中的一种，Real Player 能利用 Internet 资源对这些符合 Real Media 技术规范的音频/视频进行实况转播。在 Real Media 规范中主要包括三类文件，即 Real Audio、Real Video 和 Real Flash
MOV 格式	MOV 格式是苹果公司创立的一种视频格式，用来保存音频和视频信息。MOV 支持 25 位彩色，支持领先的集成压缩技术，提供了 150 多种视频效果，并配有提供了 200 多种 MIDI 兼容音响和设备的声音装置。MOV 格式因具有跨平台、存储空间要求小等技术特点，得到业界的广泛认可
ASF 格式	ASF（advanced streaming format，高级流格式）是微软公司为了和 Real Player 竞争而发展出来的可以直接在网上观看视频节目的文件压缩格式。ASF 使用了 MPEG-4 的压缩算法，压缩率和图像的质量都不错
WMV 格式	WMV 是一种独立编码的在 Internet 上实时传播多媒体的技术标准。WMV 的主要优点在于：可扩充的媒体类型、本地或网络回放、可伸缩的媒体类型、流的优先级化、多语言支持、扩展性等

（3）视频处理软件

常用的视频处理软件有Adobe Premiere、快剪辑、超级转换秀、iMovie、会声会影、喀秋莎等。

① Adobe Premiere是一款常用的视频编辑软件，由Adobe公司推出。它可以提升用户创作能力和创作自由度，提供了采集、剪辑、调色、美化音频、字幕添加、输出、DVD刻录一整套流程，并和其他Adobe软件高效集成，满足创建高质量作品的要求。

② 快剪辑是最易用、强大的视频剪辑软件，也是我国首款全能的免费视频剪辑软件。它由快剪辑团队凭借10余年的多媒体研发实力，历经6年以上创作而成。它完全根据国人的使用习惯、功能需求与审美特点进行全新设计，许多创新功能都颇具独创性。

③ 超级转换秀是我国首款集视频转换、音视频混合转换、音视频切割/驳接转换、叠加视频水印、叠加滚动字幕图片等于一体的优秀影音转换工具。其内置国际一流的解压技术，转换质量一流，同时支持各种指令系统的全面优化，拥有快速的转换速度。

④ iMovie是一款基于Mac OS编写的视频剪辑软件，是Macintosh计算机上的应用程序套装iLife的一部分，允许用户剪辑自己的家庭电影。它因为简洁而受到欢迎，大多数的工作只需要简单地点击和拖拽就能完成。它可以从大部分数码摄像机采集未经压缩的视频，并输入Macintosh计算机中。

⑤ 会声会影是加拿大Corel公司制作的一款功能强大的视频编辑软件，满足家庭或个人剪辑影片的需求。它具有图像抓取和编修功能，可以转换MV、DV、V8、TV视频和实时记录抓取的画面文件，并提供了100多种编制功能与效果，可导出多种常见的视频格式。

⑥ 喀秋莎（Camtasia Studio）本来是一款功能强大的专业屏幕录像软件，但是因为它集成了屏幕录像和视频剪辑功能，并且很好用，所以很多用户用它来制作视频，被认为是一款专业的视频制作软件。

技能提升

任务：喀秋莎视频剪辑技巧

使用 Camtasia Studio 软件编辑视频具体分为三大步骤：录制、剪辑以及保存和发布。

（1）录制

打开 Camtasia Studio 软件，单击"录制"按钮，打开录制屏幕功能进行相关设置，如图 7-13 所示。

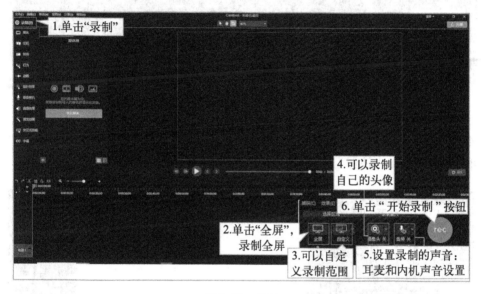

图 7-13　录制

开始录制之前，需要检查两个选项：在"选择区域"部分，选择"全屏"选项的作用是全屏录制；可单击"自定义"按钮，选择"选择区域录制"，可以根据需求指定区域窗口。

（2）导入媒体

可以对已录制好的视频进行编辑。单击"导入媒体"按钮，选择视频，单击"确定"按钮，导入视频，拖动视频到轨道，进行编辑，如图 7-14 所示。

（3）剪辑视频

对视频进行编辑时，先选中视频，单击"分割"按钮，可以对视频进行分割、剪辑；拖动多个视频到

图 7-14　导入媒体

轨道上，可对多个视频剪辑之后进行合并，具体操作方法如图7-15所示。

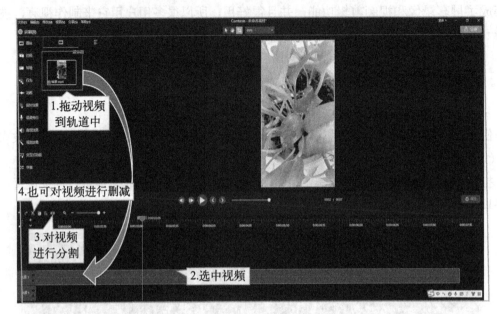

图7-15   剪辑视频

（4）设置注释

可以对视频添加"注释"效果，如图7-16所示。

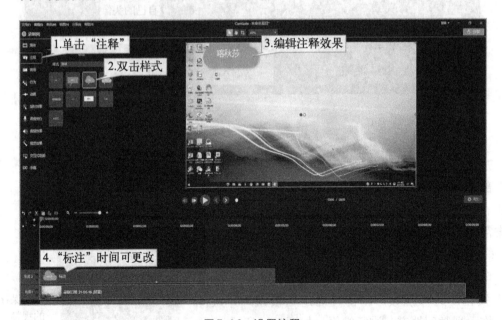

图7-16   设置注释

（5）设置转场效果

可以对视频添加"转场"效果，如图7-17所示。

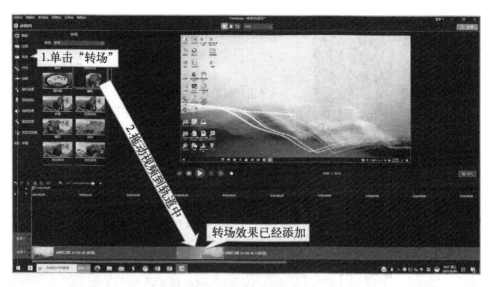

图 7-17　设置转场效果

（6）分离音频和视频

在喀秋莎中，可以分离音频和视频并分别剪辑，如图 7-18 所示。

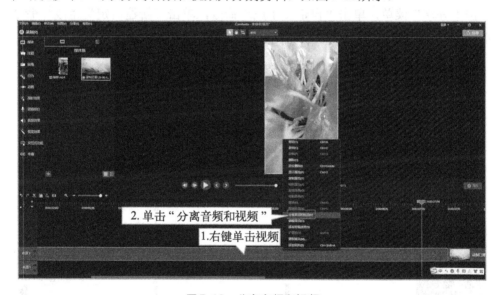

图 7-18　分离音频和视频

（7）添加字幕

单击左侧工具栏中"字幕"，单击"添加字幕"，输入字幕，单击其他位置，如图 7-19 所示。

（8）其他操作

在左侧工具栏中，还可以设置行为、动画、指针效果、语音旁白、音频效果与视觉效果等。

图 7-19   添加字幕

（9）视频发布

单击"分享"菜单，单击"自定义生成"命令，单击"新建自定义生成"命令，在"生成向导"对话框中进行相关设置，具体操作如图 7-20 所示。

图 7-20   导出视频

7.2.4   音频/视频转换

在多媒体技术快速发展的同时，产生了多种多样的媒体文件格式。不同格式的媒体文件会造成用户在使用交流过程中的诸多不便。在实际应用中，一种电子设备不可能支持所有格式的媒体文件，而一种媒体格式也不可能适应所有的电子设备。在这种情况下，我们需要对媒体文件格式进行转换。

（1）迅捷音频转换器

可视频格式互相转换，音频/视频合并，音频/视频分割转接，从视频中提取音频，可调节声道、音频质量、编码格式，可调节分辨率、比特率、帧数、编码格式等，附加音频格式互转、音频合并、音频分割等功能，高效易用。

（2）格式工厂

格式工厂是由上海格式工厂网络有限公司于2008年2月创立，是面向全球用户的互联网软件。格式工厂发展至今，已经成为全球领先的音频、视频、图片等格式转换客户端。现拥有音乐、视频、图片等领域的庞大的忠实用户，该软件在行业内处于领先地位，并保持高速发展趋势。

（3）视频转换大师

视频转换大师是一款非常实用的视频格式转换软件。视频转换大师为用户提供了无损优质音频，汇集视频播放、编辑、批量转换等功能于一体，满足用户批量转换视频的需求，是用户进行视频转换的必备工具。

（4）狸窝全能视频转换器

狸窝全能视频转换器是一款功能强大、界面友好的全能型音视频转换与编辑工具。有了它，用户几乎可以在所有流行的音视频格式之间任意相互转换。如RMVB、3GP、MP4、AVI、FLV、F4V、MPG、VOB、DAT、WMV、ASF、MKV、DV、MOV、TS、WEBM等视频文件，可编辑转换为安卓手机、iPod、iPhone、PSP、iPad、MP4机等移动设备支持的音视频格式。

狸窝全能视频转换器不单提供多种音视频格式之间的转换功能，它还是一款简单易用却功能强大的音视频编辑器。利用狸窝全能视频转换器的视频编辑功能，用户拍摄或收集视频可做到独一无二、特色十足。在视频转换设置中，用户可以对输入的视频文件进行可视化编辑，例如截取视频片段、剪切视频黑边、添加水印、合并视频、调节亮度与对比度等。

狸窝全能视频转换器支持输入的主要文件格式如下。

视频：RM、RMVB、3GP、MP4、AVI、FLV、F4V、MPG、VOB、DAT、WMV、ASF、MKV、DV、MOV、TS、MTS、WEBM等。

音频：AAC、AC3、AIFF、AMR、M4A、MP2、MP3、OGG、RA、AU、WAV、WMA、MKA、FLAC（无损）、WAV（无损）等。

狸窝全能视频转换器支持输出的主要文件格式如下。

MPEG-4 Video（*.mp4）为网络广播、视频通信定制压缩标准，很小的体积却有很好的画质。

MPEG-4 AVC Video Format（*.mp4）：MPEG-4视频格式的扩展，具有更高的压缩率。

MPEG-4 AVC/H.264（*.avi）：MPEG-4视频格式的扩展，具有更高的压缩率。

AVI（Audio Video Interleaved）（*.avi）：将影像与语音同步组合在一起的格式（有损压缩）。

XviD Movie（*.avi）：基于MPEG-4视频压缩格式，具有接近DVD的画质和良好的音质。

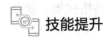 技能提升

任务：狸窝全能视频转换格式

要求：

1.学会转换视频格式。

2.学会设置视频转换参数。

1.本任务学习之后，请扫描二维码下载知识巩固与归纳表，填写本任务的记忆点，并归纳总结。

2.激励式教学评价表可作为期末成绩的一项考评，请扫描下载并填写。

7.3　流媒体

课时目标

知识目标	1. 能够掌握流媒体的概念与应用领域。 2. 能够了解流媒体发展趋势。
能力目标	通过任务驱动教学，提高学生查阅资料的能力与归纳总结的能力。
素质目标	培养学生良好的信息素养，提高学生审美意识，树立学生正确的价值观和爱国主义精神。

7.3.1　流媒体的概念

流媒体指采用流式传输技术在网络上连续实时播放的媒体格式，如音频、视频或多媒体文件。所谓流媒体技术（也称流式媒体技术），就是把连续的影像和声音信息经过压缩处理后放入网站服务器，由服务器向用户计算机顺序或实时地传送各个压缩包，让用户边下载边观看、收听，而不需要等整个压缩文件下载到本地计算机上才可以观看的网络传输技术。该技术先在使用端的计算机上创建一个缓冲区，在播放前预先下一段数据作为缓冲，在网络实际连线速度小于播放所耗的速度时，播放程序就会取用一小段缓冲区内的数据，这样可以避免播放的中断，也使得播放品质得以保证。

7.3.2　流媒体技术的应用领域

流媒体技术在互联网媒体传播方面起到了重要的作用，方便了人们在全球范围内的信息、情感交流，其在视频点播、视频会议、远程教育、Internet直播、网上新闻发布、网络广告等方面的应用空前广泛。

（1）视频点播（VOD）

随着计算机技术的发展，流媒体技术越来越广泛地应用于视频点播系统。现在，很多大型的新闻娱乐媒体，如中央电视台和一些地方电视台等，都在互联网上提供基于流媒体技术的节目。

（2）视频会议

市场上采用流媒体技术作为核心技术的视频会议系统并不占多数。视频会议是流媒体技术的一个商业用途。采用流媒体格式传送音视频文件，使用者不必等待整个文件传送完毕，就可以实时、连续地观看。虽然在画面质量上有一些损失，但是一般的视频会议并不需要很高的图像质量。当然，流媒体技术并不是视频会议的必需选择，但为视频会议的发展起了重要的推动作用。

（3）远程教育

计算机的普及、多媒体技术的发展以及Internet的迅速崛起，给远程教育带来了新的机遇。越来越多的远程教育网站开始采用流媒体作为主要的网络教学方式。在远程教学过程中，最基本的要求就是将信息从教师端传到远程的学生端，需要传送的信息可能是多元的，如视频、音频、文本、图片等。将这些信息从一端传送到另一端是实现远程教学需要解决的问题，在当前网络带宽的限制下，流式传输将是最佳选择。学生在家通过一台计算机、一条电话线、一个调制解调器就可以参加远程教学。教师也无须另外做准备，授课的方法基本与传统授课方法相同，只不过面对的是计算机或平板电脑、智能手机。

（4）Internet直播

随着宽带网的不断普及和流媒体技术的不断发展，冲浪者能够在Internet上直接收看体育赛事、商贸展览等，厂商可以借助网上直播形式将自己的产品和活动传遍全世界。网络带宽问题的改善促进了Internet直播的发展，Internet直播已经从实验阶段走向实用，并能够提供较令人满意的音视频效果。

（5）校园视频网

校园视频网的建设近几年来也逐渐呈现出蓬勃向上的态势。随着多媒体技术的不断发展，特别是多媒体传输技术的突破，使网络多媒体教学得以实现。现在产品已经成熟，可用来组建校园视频网，提供实时广播、定时广播、视频点播三种通信模式。

7.3.3　流媒体的发展趋势

流媒体技术的发展依赖于网络的传输条件、媒体文件的传输控制、媒体文件的编码压缩效率及客户端的解码等几个重要因素，其中任何一个因素都会影响流媒体技术的发展和应用。早期的流媒体主要在窄带互联网上应用，因为受带宽条件的制约，人们在网上仅可以看到一个很小的视频播放窗口。在一定带宽的局域网中，人们很难欣赏到高画质的影音节目，这是由网络带宽不足、音视频编码压缩算法不先进、客户端计算机解码运算速度低等造成的。

流媒体在中国的宽带建设中被列为最主要的应用之一，越来越多的网络运营商开始采用网络视频媒体服务解决方案，以增强在网络服务上的优势。互联网在这一点上的进步，与从传统的广播到电视的进步十分相似。

随着互联网的飞速发展，流媒体技术的应用越来越普及。如今，人们在互联网上看到的是可以和VHS、DVD画质相媲美的数字流媒体，从数字压缩到媒体传输控制，再到客户端的回放效果，比以前都有了质的飞跃。另外，在产品设计和技术上，流媒体技术应用也体现出越来越成熟的商业模式。

 巩固练习

选择题

1.多媒体技术在教育教学中得到广泛应用，其中CAI指的是（　　）。
　A.计算机辅助设计　　　　　　　　B.计算机辅助制造
　C.计算机辅助教学　　　　　　　　D.计算机辅助测试

2.下列选项中属于虚拟现实技术应用的有（　　）。

A.网络直播

B.3D网络游戏

C.使用计算机模拟美容效果

D.售楼处实体沙盘

3.下列选项中，属于Internet提供的信息服务功能是（　　）。

A.实时控制　　　　　　　　　B.文件传输

C.辅助系统　　　　　　　　　D.电子邮件

4.媒体所承载的是（　　）。

A.声音　　　　　　　　　　　B.信息

C.图像　　　　　　　　　　　D.文字

5.（　　）泛指数字音乐的国际标准。

A.WAV　　　　　　　　　　　B.VOC

C.MIDI　　　　　　　　　　　D.MOD

知识巩固与归纳表

激励式教学评价表

1.本任务学习之后，请扫描二维码下载知识巩固与归纳表，填写本任务的记忆点，并归纳总结。

2.激励式教学评价表可作为期末成绩的一项考评，请扫描下载并填写。

⑧

模块8　信息安全

信息技术

思维导图

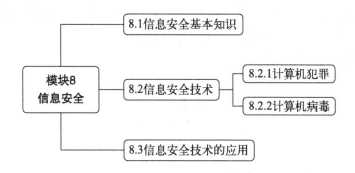

8.1　信息安全基本知识

课时目标

知识目标	能够掌握信息安全的基本知识。
	能够掌握常用的信息安全常识和技能。
能力目标	提高学生的辨别能力和防范意识。
素质目标	培养学生的信息安全意识和防范习惯。

　　信息安全是指信息网络的硬件、软件及系统中的数据受到保护，不受偶然的或恶意的原因而遭到破坏、更改、泄露，系统连续、可靠、正常地运行，信息服务不中断。它是一门涉及计算机科学、网络技术、通信技术、密码技术、信息安全技术、信息论等多学科的综合性学科。国际标准化组织已明确将信息安全定义为"信息的完整性、可用性、保密性和可靠性"。

　　（1）对信息安全的正确认识

　　如今，随着信息产业越来越庞大，网络基础设施越来越深入到社会的各个方面、各个领域。信息技术成为人们工作、生活、学习和其他各个方面必不可少的关键，信息安全的地位日益突出。它不仅是政府、企业的业务持续、稳定运行的保证，也成为个人安全的保证，甚至成为国家安全的保证。所以，信息安全是我国信息化战略中一个十分重要的方面。

　　（2）信息安全的基本要素

　　信息安全包括四大要素：技术、制度、流程和人。合适的标准、完善的程序和优秀的执行团队，是一个单位信息安全的重要保障。

　　信息安全是几个基本要素的有机结合，可以描述为：信息安全＝先进技术＋防患意识＋完美流程＋严格制度＋优秀执行团队＋法律保障。

（3）面临的威胁和风险

信息安全所面临的威胁大致可分为自然威胁和人为威胁。自然威胁是指那些来自自然灾害、恶劣的场地环境、电磁辐射和电磁干扰、网络设备自然老化等的威胁。自然威胁往往带有不可抗拒性，因此我们一定要注意人为威胁。

（4）养成良好的安全习惯

养成良好的安全习惯必须做到：

① 良好的密码设置习惯，定期更换密码。

 注意

密码不要用自己的生日或电话号码。

② 使用网络和计算机时，培养良好的安全意识。

③ 使用安全的电子邮件，学习识别恶意的电子邮件。

④ 保证计算机信息系统各种设备的物理安全，免遭自然环境或人为操作失误的破坏。

8.2　信息安全技术

 **课时目标**

知识目标	了解计算机病毒的种类与危害。 了解黑客的攻击手段和方法。
能力目标	提高学生自身观察能力，能对信息归纳整理。
素质目标	培养学生良好的判断意识和安全防范意识。

8.2.1　计算机犯罪

所谓计算机犯罪，是指行为人以计算机作为工具或以计算机资产作为攻击对象实施的犯罪行为。由此可见，计算机犯罪包括利用计算机实施的犯罪行为和把计算机资产作为攻击对象的犯罪行为。图8-1为黑客利用计算机进行犯罪。

（1）计算机犯罪的特点

计算机犯罪的特点有以下几个。

① 犯罪智能化。

② 犯罪手段隐蔽。

③ 犯罪目的多样化。

图8-1　黑客利用计算机进行犯罪

④ 犯罪分子低龄化。

⑤ 犯罪后果严重。

（2）计算机犯罪的手段

不法分子经常使用的计算机犯罪手段有以下几个。

① 制造和传播计算机病毒。

② 数据欺骗。

③ 口令破解程序。

④ 社交方法、电子欺骗技术、浏览、顺手牵羊和对程序、数据集、系统设备的破坏等。

（3）黑客

在信息安全中，黑客（hacker）指研究如何智取计算机安全系统的人员。

8.2.2　计算机病毒

（1）常见的计算机病毒

① 蠕虫病毒　蠕虫病毒的前缀是Worm，这种病毒的共有特性是通过网络或者系统漏洞进行传播。大部分蠕虫病毒都有向外发送带毒邮件、阻塞网络的特性，如"冲击波"（阻塞网络）、"小邮差"（发带毒邮件）等。

② 特洛伊木马　"木马"程序是目前比较流行的病毒。如图8-2所示，与一般病毒不同的是，它不会自我繁殖，也并不刻意地去感染其他文件，它通过自身伪装吸引用户下载执行，混入用户的计算机，然后在用户毫无察觉的情况下偷取用户的密码等信息并转发给"木马"的制造者，使他们可以访问用户的系统，偷取资料。特洛伊木马程序有很多，大部分的木马程序本身并不具有破坏作用，但是它们可以导致难以想象的后果。

图8-2　木马病毒

（2）计算机病毒的定义与特点

1994年出台的《中华人民共和国计算机信息系统安全保护条例》对病毒的定义是：计算机病毒，是指编制或者在计算机程序中插入的破坏计算机功能或者毁坏数据，影响计算机使用，并能自我复制的一组计算机指令或者程序代码。

计算机病毒具有如下特点。

① 可执行性。

② 传染性。

③ 破坏性。

④ 潜伏性。

8.3　信息安全技术的应用

 课时目标

知识目标	能够了解信息安全的防护措施。
能力目标	培养学生动手动脑能力，提高学生实践能力。
素质目标	培养学生安全使用网络的习惯。

目前，常见的信息安全技术有密码技术、防火墙技术、病毒与反病毒技术、虚拟专用网（VPN）技术以及其他安全保密技术。

（1）密码技术

密码技术是网络信息安全与保密的核心和关键，如图8-3所示。发送方要发送的消息称为明文，明文被交换成看似无意义的随机信息则称为密文。明文到密文的交换过程称为加密，其逆过程称为解密。非法接收者试图从密文分析出明文的过程称为破译。对明文加密采用加密算法，对密文解密采用解密算法。加密算法和解密算法是在一组仅有合法用户知道的秘密信息的控制下进行的，该信息称为密钥。

图8-3　密码技术应用

（2）防火墙技术

当构建和使用木质结构房屋的时候，为了防止火灾的发生和蔓延，人们将坚固的石块堆砌在房屋周围作为屏障，这种防护构筑物被称为防火墙。在当今的电子信息世界里，人们借助这个概念，使用防火墙来保护计算机网络免受非授权人员骚扰与黑客的侵入。不过，这些防火墙是由先进的计算机系统构成的。

（3）病毒与反病毒技术

计算机病毒具有自我复制能力，能影响计算机软件、硬件的正常运行，破坏数据的正确性与完整性，造成计算机或计算机网络瘫痪，给人们的经济和社会生活造成巨大的损失并且损失呈上升趋势。

计算机病毒的危害不言而喻，人类面临这一世界性的公害采取了许多行之有效的措施，如加强教育和立法，从产生病毒的源头上杜绝病毒；加强反病毒技术的研究，从技术上解决传播途径。

（4）Windows 10操作系统的安全

① Windows 10操作系统安装的安全　操作系统的安全从开始安装操作系统时就应该考虑。安装操作系统时应注意以下几点：一是选择NTFS格式来分区；二是进行组件的定制；三是分区和分配逻辑盘。

② 账户安全　Windows 10操作系统在安装过程中需要新建一个标准账户，标准账户

可以防止用户做出会对该计算机的所有用户造成影响的更改（如删除计算机工作所需要的文件），从而保护计算机。对于没有特殊要求的计算机用户，最好禁用 Guest 账户。另外，在设置账户密码时，尽量设置复杂密码，并对密码策略进行必要的设置。

③ 应用安全策略　应用安全策略包括：安装杀毒软件、使用防火墙、更新和安装系统补丁、停止不必要的服务。

 巩固练习

单项选择题

1.计算机病毒是一种（　　）。

  A.芯片   B.特制程序

  C.生物病毒   D.命令

2.计算机病毒最重要的传播途径是（　　）。

  A.键盘   B.打印机

  C.计算机网络   D.计算机配件

3.病毒清除是指（　　）。

  A.去医院看医生   B.请专业人员清洁设备

  C.安装监控器监视计算机   D.从内存、磁盘和文件中清除掉病毒

4.以下（　　）不属于网络的发展对道德的不良影响。

  A.淡化了人们的道德意识   B.冲击了现实的道德规范

  C.导致道德行为的失范   D.约束了网络从业人员的言行

5.（　　）是用来约束网络从业人员的言行与指导他们思想的一整套道德规范。

  A.网站建设能力   B.计算机网络道德

  C.信息技术   D.软件系统开发能力

6.可采用（　　）清除计算机病毒。

  A.关闭计算机   B.人工处理   C.反病毒软件   D.安装防火墙

7.一个好的"口令"应当（　　）。

  A.只使用大写字母   B.混合使用字母和数字

  C.避免让人不能轻易记住   D.具有足够的长度

8.下列属于计算机病毒的主要特点是（　　）。

  A.交互性   B.潜伏性   C.实时性   D.传染性

知识巩固与归纳表　　激励式教学评价表

1.本任务学习之后，请扫描二维码下载知识巩固与归纳表，填写本任务的记忆点，并归纳总结。

2.激励式教学评价表可作为期末成绩的一项考评，请扫描下载并填写。

⑨

模块9　新一代信息技术

信息技术

 思维导图

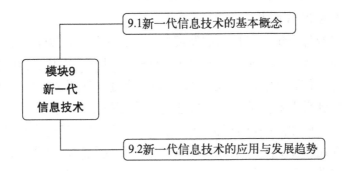

9.1　新一代信息技术的基本概念

◎ 课时目标

知识目标	掌握新一代信息技术的基本概念。
能力目标	提高学生的信息技术认知能力与创新能力。
素质目标	培养学生的创新意识与爱国精神。

　　"十二五"规划中明确了战略性新兴产业是国家未来重点扶持的对象，其中信息技术被确立为七大战略性新兴产业之一，将被重点推进。新一代信息技术分为六个方面，分别是下一代通信网络、物联网、三网融合、新型平板显示、高性能集成电路和以云计算为代表的高端软件。

9.2　新一代信息技术的应用与发展趋势

◎ 课时目标

知识目标	熟悉新一代信息技术的应用与发展趋势。
能力目标	提高学生对信息技术的认知能力。
素质目标	增强学生的爱国情怀与创新能力。

　　进入21世纪以来，学科交叉融合加速，新兴学科不断涌现，前沿领域不断延伸。以第五代移动通信技术（5G）、大数据、3D打印为代表的新一轮信息技术革命已成为全球关注重点。新一代信息技术创新异常活跃，技术融合步伐不断加快，催生出一系列新产

品、新应用和新模式，极大地推动了新兴产业的发展壮大，进而加快了产业结构调整，促进了产业转型升级，改变了传统经济发展方式。

（1）第五代移动通信技术（5G）

移动通信延续着每十年一代技术的发展规律，已历经1G、2G、3G、4G的发展。每一次代际跃迁，每一次技术进步，都极大地促进了产业升级和经济社会发展。从1G到2G，实现了从模拟通信到数字通信的过渡，移动通信走进了千家万户；从2G到3G、4G，实现了从语音业务到数据业务的转变，传输速率成百倍提升，促进了移动互联网应用的普及和繁荣。当前，移动网络已融入社会生活的方方面面，深刻改变了人们的沟通、交流乃至整个生活方式。4G网络造就了非常辉煌的互联网经济，解决了人与人随时随地通信的问题。随着移动互联网的快速发展，新服务、新业务不断涌现，移动数据业务爆炸式增长，4G移动通信系统难以满足未来移动数据流量暴涨的需求，急需研发下一代移动通信（5G）系统。

5G作为一种新型移动通信网络（图9-1），不仅要解决人与人的通信，为用户提供增强现实、虚拟现实、超高清（3D）视频等更加身临其境的极致业务体验，还要解决人与物、物与物的通信问题，满足移动医疗、车联网、智能家居、工业控制、环境监测等物联网应用需求。最终，5G将渗透到经济社会的各行业各领域，成为支撑经济社会数字化、网络化、智能化转型的关键。

图9-1　5G网络

（2）大数据

大数据（big data）是规模非常巨大的和数据类型特别复杂的数据集（图9-2），利用传统数据库管理工具处理起来会面临很多问题，比如获取、存储、检索、共享、分析和可视化，数据量达到PB、EB或ZB的级别。大数据有三个V，一是数据量（volume），数据量是持续快速增加的；二是高速率（velocity）的数据I/O；三是多样化（variety）数据类型和来源。随着云时代的来临，大数据也吸引了越来越多的人的关注。支撑大数据以及云计算的底层原则是规模化、自动化、资源配置、自愈性。大数据的处理流程：数据采集→统计分析→数据挖掘。

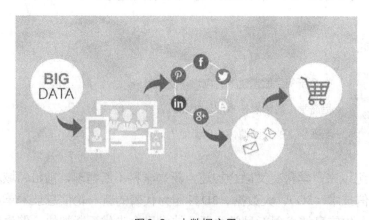

图9-2　大数据应用

① 数据采集：利用多种轻型数据库来接收来自客户端的数据，并且用户可以通过这些数据库进行简单的查询和处理工作，具有并发性高的特点。经常使用的产品有MySQL、Oracle、HBase、Redis和MongoDB等，这些产品的特点各不相同。

② 统计分析：将海量的来自前端的数据快速导入到一个集中的大型分布式数据库或者分布式存储集群，利用分布式技术来对存储于其内的集中的海量数据进行普通的查询和分类汇总等，以此满足大多数常见的分析需求。这一步面临导入数据量大、查询涉及的数据量大并且查询请求多的挑战。

③ 数据挖掘：基于前面的数据查询进行数据挖掘，来满足高级别的数据分析需求。这一步面临算法复杂并且计算涉及的数据量和计算量都大的难题，一般使用R、SAS等统计软件。

（3）3D打印技术

3D打印（3DP）是一种快速成型技术，又称增材制造。它是一种以数字模型文件为基础，运用粉末状金属或塑料等可黏合材料，通过逐层打印的方式来构造物体的技术。

3D打印通常是通过数字技术材料打印机来实现的。3D打印技术常在模具制造、工业设计等领域被用于制造模型，后逐渐用于一些产品的直接制造，已经有使用3D打印技术打印而成的零部件。该技术在珠宝、鞋类、工业设计、汽车、航空航天、牙科医疗、教育、地理信息系统、土木工程等领域广泛应用。

 巩固练习

选择题

1.以下属于新一代信息技术的是（　　）。

　　A.通信网络　　　　　　　　　　B.生物病毒

　　C.程序　　　　　　　　　　　　D.命令

2.以下有关5G说法正确的是（　　）。

　　A.上传速率达到20Mbit/s　　　　B.中国5G处于世界领先水平

　　C.以100Mbit/s的速度下载　　　　D.中国政府已于2018年10月发布5G标准

3.大数据的处理流程包括（　　）。

　　A.数据采集　　　　　　　　　　B.数据算法简单

　　C.监视计算机　　　　　　　　　D.数据不共享

知识巩固与归纳表

激励式教学评价表

1.本任务学习之后，请扫描二维码下载知识巩固与归纳表，填写本任务的记忆点，并归纳总结。

2.激励式教学评价表可作为期末成绩的一项考评，请扫描下载并填写。

参考文献

[1] 蔡飚. 计算机组装、维护、维修[M]. 北京：人民邮电出版社，2021.

[2] 闫宏印. 计算机硬件技术基础[M]. 2版. 上海：电子工业出版社，2019.

[3] 张成叔，陈向阳. 计算机应用基础[M]. 2版. 北京：高等教育出版社，2019.

[4] 蒋宗礼. 信息技术[M]. 北京：电子工业出版社，2021.

[5] 王协瑞. 计算机网络技术[M]. 4版. 北京：高等教育出版社，2022.

[6] 裴有柱. 网络综合布线与施工[M]. 2版. 北京：电子工业出版社，2022.